山东耕地质量评价与应用丛书

昌邑耕地

杨晓燕 苑振戈 于丽萍 主编

山东大学出版社

图书在版编目(CIP)数据

昌邑耕地/杨晓燕,苑振戈,于丽萍主编.—济南:山东大学出版社,2012.11
ISBN 978-7-5607-4691-3

Ⅰ.①昌…
Ⅱ.①杨…②苑…③于…
Ⅲ.①耕作土壤—土壤肥力—土壤调查—昌邑市
②耕作土壤—质量评价—昌邑市
Ⅳ.①S159.252.4②S158

中国版本图书馆 CIP 数据核字(2012)第 263301 号

山东大学出版社出版发行
(山东省济南市山大南路 20 号 邮政编码:250100)
山 东 省 新 华 书 店 经 销
山东鸿杰印务集团有限公司印刷
787 毫米×1092 毫米 1/16 12.5 印张 12 插页 302 千字
2012 年 11 月第 1 版 2012 年 11 月第 1 次印刷
定价:38.00 元

《昌邑耕地》编辑委员会

主　　任 孙建伟

副 主 任 冯义军　李伟宁

主　　编 杨晓燕　苑振戈　于丽萍

副 主 编 张西森　黄伟波　朱福庆

编 著 者 杨晓燕　苑振戈　于丽萍　张西森　黄伟波　朱福庆
姜学祥　钟百川　赵春生

调查试验与分析人员（以姓氏笔画为序）

于丽萍　马迅雷　王伟民　王伟娜　王国华　王晓艳
王家盛　王淑芹　吕建成　朱福庆　刘知利　刘春阳
刘维维　齐伟杰　孙丽梅　孙国成　孙素娟　杨晓燕
李增福　苏咏梅　吴钧波　邹恩民　陈丽娟　张付群
张尧东　张美芳　张桂来　苗春凤　苑振戈　范作晓
赵曰凤　赵春生　赵新晓　钟百川　姜学祥　姜淑芳
贾传华　徐双玲　徐跃亮　黄伟波　寇玉湘　梁孟菊
韩玉敏　董颖男　焦罗成　焦绪章

序言

农业是国民经济的基础，耕地是农业生产的基础，是人类赖以生存的重要资源，它关系到国家粮食安全、社会和谐稳定和经济长远发展。只有合理利用和切实保护好我们有限的耕地，才能保障社会和国民经济的可持续发展。新中国成立以来，历届昌邑市委、市政府都十分重视耕地的保护、利用和改良工作。1952 年和 1980 年，在全市范围内先后开展了两次土壤普查工作，基本查清了我市各种土壤类型、面积及分布，并进行了质量评价，对当时及以后一段时间内耕地资源的合理利用、施肥制度的改革起到了重要作用，也为提高农产品产量和农民增收作出了积极贡献。

昌邑市农业生产条件优越，是全国重要的商品粮生产基地。农业种植以小麦、玉米、棉花、花生、生姜、土豆、苹果、梨等为主，农产品非常丰富。近年来，昌邑市步入了发展的快车道，经济及社会事业迅猛发展，人民生活日益改善，对农产品质量的要求不断提高。面对人口、资源、环境等发展要素带来的压力，以及改革开放以来农业和农村经济结构、耕作制度、种植制度的变化，加之化肥、农药等农业投入品的使用，使我市的耕地质量发生了很大变化。人们对提高农业生产经济效益、农产品数量和质量越来越重视，对耕地的要求也越来越高，过去掌握的耕地资料已远远不能满足现代农业发展的需要。

面对新形势、新变化和新要求，农业部、财政部开展了全国测土配方施肥工作。我市作为 2008 年的项目县，同时开展了耕地地力评价工作。按照农业部的统一部署，在山东省和潍坊市农业部门的大力支持帮助下，昌邑市农业局组织全市农业科技人员，历时四年多时间，完成了耕地土样采集、施肥及生产调查、科学化验分析等工作，并精心汇总整理，编写了《昌邑耕地》这部全面反映昌邑耕地状况的专著。

《昌邑耕地》一书的出版发行，填补了昌邑农业的一项空白，标志着昌邑农业科技又上了一个新台阶。该书注重理论与实践相结合，内容丰富，针对性强，是一本难得的农业工具书。希望全市广大农业科技工作者、农村基层干部、农业科技示范带头户及农民群众认真阅读、借鉴和应用。同时，也希望昌邑市农业局及该书的编著者根据读者提出的意见和要求，不断对该书进行补充、更新、充实和完善，使其更加具有针对性和指导意义，为我市农业增效、农民增收、农村经济社会的发展作出更大的贡献。

昌邑市人民政府副市长

2012 年 3 月

前　言

耕地是土地的精华，是农业生产中不可替代的重要生产资料。它既是人类赖以生存和发展最基本的物质基础，又是一切物质生产最基本的源泉。我们必须十分重视保护耕地资源，要因地制宜地进行农、林、牧布局，维持生态平衡。耕地资源对农业生产的发展，以及对人们物质生活水平的提高，乃至对整个国民经济的发展都有着巨大的影响。

为了贯彻落实《基本农田保护条例》，切实加强耕地质量保护，昌邑市农业局依照《测土配方施肥技术规范》，开展了昌邑市耕地地力调查与质量评价。调查采用了现代信息技术，充分利用了第二次土壤普查成果，查清了昌邑市耕地基础生产能力、土壤肥力状况、土壤障碍因素，分析研究了耕地退化原因，提出了耕地资源合理利用与改良对策，为制定粮食发展规划与农业结构调整规划、耕地质量保护与建设、耕地改良利用、科学施肥以及节水农业、生态农业等提供了科学依据，也为农业和种植业结构调整、绿色农产品生产及食品安全提供了合理的决策依据。

按照《全国土地利用现状调查技术规程》中的土地利用现状分类系统，耕地包括水田、水浇地、旱地，而果园属于园地范围。考虑到果品生产也是昌邑市的一大产业，为了便于指导农业生产，我们对果园也进行了理化性状分析与评价。

基于耕地地力调查与质量评价工作形成的一些宝贵的技术资料，我们建立了昌邑市耕地地力基础属性信息数据库、基础空间数据库，整理编绘了26种比例尺为1∶50000的图件，包括土地利用现状图、土壤图、地貌图、耕地地力调查点点位图、灌溉分区图、潜水矿化度分布图、坡度图7种基础图件，pH分布图以及有机质、全氮、碱解氮、有效磷、速效钾、缓效钾、交换性钙、交换性镁、有效硫、有效硅、有效锌、有效硼、有效锰、有效钼、有效铜、有效铁含量分布图和耕地地力评价等级图、生姜产地地力评价等级图19种成果图件。

昌邑市的耕地地力调查与质量评价工作，受到了山东省土壤肥料总站李涛研究员、潍坊市土壤肥料工作站张西森研究员、青州市土壤肥料工作站岳玉德研究员的悉心指导，山东农业大学资源与环境学院、山东天地亚太国土遥感公司的有关专家在图件制作中也提供了帮助，市、镇（街道）农业科技人员在土样采集和调查工作中也付出了艰辛的劳动，在此一并表示感谢。

在开展测土配方施肥和耕地地力调查与质量评价工作的基础上，我们编写了本书，目的就是为昌邑市的农业科技人员、农村基层干部指导农业生产提供参考，为昌邑市发展高产、优质、高效农业提供帮助。由于耕地地力调查与质量评价涉及多个专业领域，加之我们水平有限，书中难免有错误和纰漏之处，敬请读者批评指正。

编　者

2012 年 3 月

目 录

第一篇 耕地资源评价与管理

第二篇　耕地改良与合理利用

第三篇 测土配方施肥指标体系及技术应用与推广

第四篇 专题报告

第一篇　耕地资源评价与管理

第一章　自然与农业生产概况

土壤既是人类赖以生存和发展最基本的物质基础，又是一切物质生产最基本的源泉。耕地是土壤的精华，是农业生产中不可替代的重要生产资料。耕地地力是在多种自然条件作用下形成的，并在人类活动的影响下发生深刻的变化，对农作物的产量、品质有着直接的影响。

第一节　自然条件

一、地理位置与行政区划

昌邑市位于山东半岛西北部，渤海莱州湾南岸，地处北纬 36°25′～37°08′、东经 119°23′～119°34′，隶属山东省潍坊市。东与莱州市、平度市交界，西同寒亭区、坊子区接壤，南与安丘市、高密市为邻，北临莱州湾。市域南北长 75km，东西最宽处为 32.5km，最窄处为 5km，是一个纵长横窄的带状冲积平原，总面积为 162746.98hm^2，其中耕地面积为 73675.13hm^2。全市辖 2 个街道、6 个镇、691 个行政村(居委会)，18.06 万户，57.97 万人，其中乡村总户数为 15.04 万，乡村总人口为 49.81 万。

二、气候条件

昌邑市属暖温带半湿润大陆性季风气候区，四季分明，过渡平缓。春季干燥，风大易旱；夏季湿热多雨，间有伏旱；秋季温和凉爽，时有阴雨；冬季干冷，雨雪稀少。

（一）日照

全年平均日照时数为 2608h，日照率为 59％。日平均气温稳定通过 0℃期间，日照时数为 2098.5h，占全年的 80.46％；日平均气温稳定通过 20℃期间，实际日照时数为 818.1h，占全年的 31.37％。一年中实际平均日照时数以 6 月最多，为 276.5h，日照率为 65％。

(二)气温、地温

全年平均气温为12.3℃,曾出现的最高气温为40.4℃,最低气温为-19℃。不低于0℃的积温为4278.6℃,无霜期平均为195天。

地温随气温的变化而变化,多年平均5cm地温为14.1℃。从各月情况来看,以1月最低,平均为-2.7℃;7月最高,平均为29.6℃。其变化趋势与气温基本一致,且与降水量变化也呈一致性。水热同季,对作物生长十分有利,也直接影响到土壤的生化过程。

(三)降水量

多年平均降水量为604.5mm,且年内、年际时空分布不均匀,春季(3~5月)降水量占13.96%,夏季(6~9月)降水量占73.48%,秋后10月至次年2月占12.56%。全年蒸发量为1337.5mm,为降水量的2.2倍。

三、地形、地貌

昌邑市地形特征是南部埠陵、中部平原、北部盐碱涝洼。海拔高度为0~33m,海岸线长35km。河流和地表径流自南向北偏东方向流动。

根据地貌形态特征和成因、地面组成物质及人类活动的影响,全市大体可分为3个地貌类型、10个微地貌单元(见表1-1)。

表1-1 昌邑市地貌类型表

地貌类型	名称	微地貌单元面积(hm^2)	占(%)	主要土壤类型(亚类)
埠陵坡地	丘陵埠地	2449.6	1.51	褐土性土、淋溶褐土、褐土
	陵间坡地	13227.84	8.13	淋溶褐土、潮褐土、砂姜黑土
	缓平坡地	11712.15	7.2	潮土、湿潮土、潮褐土
微斜平地	微斜平地	34156.61	20.99	潮土、褐土化潮土、砂姜黑土
	缓岗(土埠)	4378.66	2.69	风沙土、潮土
	沿河洼地	24664.41	15.16	潮土、砂姜黑土、湿潮土
	河滩高地	10839.48	6.66	褐土化潮土、潮土
	河漫滩地	5404.43	3.32	褐土化潮土、潮土
滨海浅平洼地	浅平洼地	35917.26	22.07	盐化潮土、滨海潮盐土
	海滩地	19996.54	12.29	滨海潮盐土

四、岩石与母质

母质是形成土壤的基础物质,决定土壤的理化性状,对土壤的形成和肥力有着很大的影响。昌邑市土壤多属第四纪土壤,母质多为冲积物,局部地区为坡积洪积物、洪积冲积物和海相沉积物。

市境南部岩性多为钙质岩,局部为酸性岩,母质为坡积洪积物、洪积冲积物。中部潍河沿岸岩性为酸性岩风化物，母质为冲积物。北部岩性为酸性和钙质岩混合风化物，母质为冲积和海相沉积物。

潍河发源于沂山北麓箕屋山，纵贯南北，流经昌邑市百余千米。由于在历史上屡次决口改道，因而本市北部土壤母质多为潍河冲积物。

北部滨海地区底层母质多为海相沉积物，含盐量很高，地表虽有河流冲积覆盖，但盐随潜水上升，成为盐化土，近海地区海相沉积母质裸露，即为海滩地。

五、河流

市域水网密布，有大小河流 20 多条，多为季节性河流。按其流域分为 3 个水系：东为胶莱河水系，其支流有官河、麻湾河、渔池河、小新河、中李河、佐家河、吴沟河、清泉河、漩河等；中为潍河水系，其支流有甘棠河、太祖河、九曲河、小龙河、拐子河、蒲河；西为虞河水系，其支流有夹沟河、瀑沙河、浞河、丰产河、堤河、尹家河等。潍河和胶莱河是境内的两条主要河流，流域内土质松软，易于耕植；岸边水草充足，利于放牧；水文条件优越，便于灌溉。

六、植被

长期以来，由于人类的活动和土地资源的开垦利用，原生自然植被多被破坏，栽培植被成为植被主体。栽培植被以农作物为主，有小麦、玉米、棉花、花生、蔬菜等；林木主要有杨、柳、榆、槐、泡桐、苹果、桃、梨、杏、枣、柿、山楂等。自然植被以杂草为主，非盐碱地带主要有皮草、艾子、车前子、苦菜、麦蒿、齐齐菜、节节草等；盐碱地主要有茅草、芦苇、马绊草、黄蓿、囟蓬、碱蔓菁、柽柳等。

近年来，昌邑市委、市政府加大对生态林业体系建设投入，逐步建成了沟、渠、路、林相配套的高效复合型生态网络。在北部沿海地区营造了长 30.5km 的防护林带，成为北部沿海地区抗拒风沙、海潮、盐碱侵袭的绿色屏障。同时，还把苗木业作为优化农业产业结构、增加农民收入的主导产业来抓，先后引进和繁育了黄金槐、美人梅、八卦木等 20 多种名贵苗木，基本上形成了北部发展耐盐碱树种，中部发展城市绿化、美化树种，南部发展速生杨、多倍体刺槐等速生林树种为主的多品种、多元化发展格局。全市森林覆盖率达到 23.6%。

第二节　农村经济与农业生产情况

一、农村经济状况

2009 年，全市地区生产总值为 201.2 亿元，比上年增长 13.5%。其中，第一产业为 25.5 亿元，增长 4.5%；第二产业为 122.2 亿元，增长 15.1%；第三产业为 53.5 亿元，增长 13.9%。三大产业比重由上年的 13.2∶61.1∶25.7 优化为 12.7∶60.7∶26.6。人均地区生产总值为 34658 元。全年实现财政总收入 18.1 亿元，其中地方财政收入为 9.6 亿元。

2009 年，农村启动了以沼气、自来水、公路、社区服务中心等为主的新农村建设工程，农村经济强势增长，农民人均纯收入达 7643 元，比上年增长 8.3%。农业基础设施建设不断加强：农民人均住房面积达 26.9m^2；完成农村公路总长度达 574.9km 的改造项目 228 个；全市柏油路通村率达到 82.4%；自来水普及率达到 98%；农村社会医疗保险投保人数近 50 万人；发放农村最低生活保障金 350 万元；社会事业全面进步，科技对经济增长的贡献率达到 58.4%。

2009 年，农作物总播种面积为 96985hm^2。其中，粮食作物播种面积为 70880 hm^2，瓜菜播种面积为 10912 hm^2，经济作物播种面积为 15193 hm^2。近年来，昌邑市委、市政府全面落实国家强农惠农政策，加大扶持力度，不断加大投入，积极实施科技兴农战略，农民积极性不断提高，农业生产运行良好。2009 年，全市实现粮食总产 49.3 万吨、瓜菜总产 56.8 万吨、水果总产 7.3 万吨（见表 1-2）。

表 1-2　　2009 年农作物面积和产量

作物名称	播种面积（hm^2）	单产（kg/hm^2）	总产量（吨）
粮食作物	70880	6949	492533
1. 小麦	32980	6800	224280
2. 玉米	35705	7300	260639
3. 红薯	320	6297	2015
4. 大豆	1427	2993	4271
经济作物	15193		
1. 棉花	9271	1177	10908
2. 花生	3032	5974	18112
3. 其他经济作物	2870		
瓜菜	10912	52014	567576
1. 蔬菜	9737	53149	517508
2. 瓜类	1175	42611	50068

2009 年，实现农、林、牧、渔业总产值 506537 万元。其中，农业为 271932 万元，林业为 7891 万元，牧业为 146339 万元，渔业为 51775 万元，农、林、牧、渔服务业为 28600 万元（见表 1-3）。

表 1-3　　2007～2009 年农、林、牧、渔业总产值

年　份	2009 年		2008 年		2007 年	
	产值（万元）	%	产值（万元）	%	产值（万元）	%
总计	506537	100	484380	100	492355	100
农业	271932	53.7	268864	55.5	266233	54.1

续表

年　份	2009 年		2008 年		2007 年	
	产值(万元)	%	产值(万元)	%	产值(万元)	%
林业	7891	1.6	7183	1.5	11696	2.4
牧业	146339	28.9	138083	28.5	141853	28.8
渔业	51775	10.2	45750	9.4	49900	10.1
农、林、牧、渔服务业	28600	5.6	24500	5.1	22673	4.6

二、农业生产现状

(一)粮食生产

2009 年,昌邑市粮食作物总播种面积为 70880hm²,总产为 492533 吨。其中,小麦播种面积为 32980hm²,玉米为 35705hm²。近几年,随着国家粮食产业工程项目的实施、惠农政策的落实及耕地基础地力的提高,小麦、玉米等粮食作物播种面积稳中有升。

(二)蔬菜与果品生产

2009 年,昌邑市蔬菜种植面积为 9737hm²,总产为 517508 吨。其中,生姜、马铃薯已形成规模种植,生姜种植面积为 4020hm²,占蔬菜种植面积的 41.3%,马铃薯种植面积为 3527hm²,占蔬菜种植面积的 36.2%。果树栽植面积为 2851.41hm²,主要栽植果树品种有苹果、桃、梨、山楂、葡萄、杏、柿子、冬枣、核桃等,水果总产量为 72752 吨。

目前,昌邑市已认证无公害、绿色、有机蔬菜及果品等产品 20 个,其中无公害产品 6 个、绿色产品 9 个、有机产品 5 个,涵盖花生、辣椒、梨、大蒜、枣、生菜、西红柿、生姜、土豆、金针菇、黑木耳、鸡腿菇、葡萄、大葱、核桃等品种,认证基地总面积为 16847 hm²,注册商标 10 个,其中昌邑金昌大姜、山阳大梨为国家地理标志产品。

(三)畜牧业生产

至 2009 年底,全市大牲畜存栏为 0.99 万头;猪存栏为 19.4 万头,出栏为 26.4 万头;羊存栏为 1.7 万只;家禽存栏为 882.4 万只,出栏为 4635.2 万只。肉、蛋产量分别为 10.09 万吨、0.6 万吨,畜牧业产值为 14.63 亿元,占农、林、牧、渔业总产值的 28.9%。

三、发展优势与潜力

(一)自然资源条件良好

昌邑市属暖温带半湿润大陆性季风气候区,气候温和,四季分明,光、热、水资源充足。土壤肥沃,生态环境较好,工业污染较小,适合多种作物生产。

(二)符合产业振兴规划

昌邑市是国家优质粮食生产基地,市委、市政府高度重视粮食生产。在今后的发展中,农业生产将会得到国家更多的政策倾斜支持。特别是中央对建设社会主义新农村采取"城市支持农村,工业反哺农业"、"多予、少取、放活"等的政策和国家对"菜篮子"、"米袋子"工程的高度重视，以及本市农业产业结构调整确定的特色农业、有机农业的定位，为发展农业生产创造了良好的政策基础。

（三）产业基础扎实

全市农业生产基础条件较好，耕地面积达 73675.13hm^2。昌邑市农业生产经过多年的发展，打下了扎实的产业基础。一大批生产基地通过了无公害、绿色、有机产品认证，并创出了一批名牌和品牌。广大农民积累了丰富的经验，掌握了一定的先进技术，种粮、种菜积极性较高。技术推广体系健全，产前、产中、产后服务体系完善。

（四）区位优势明显

市域内道路四通八达，形成网络。青银高速公路、潍莱高速公路、荣乌高速公路及胶济铁路、大莱龙铁路横穿东西，省道下小路纵贯南北，国道 206 线、国道 309 线、潍胶公路及环渤海公路均穿越境内，距青岛国际机场 150km，距潍坊机场 30km，距济南国际机场 200km，万吨级下营海港正在建设中，是山东省重要的交通枢纽。

（五）农产品质量监管体系完善

昌邑市委、市政府十分重视农产品质量监管体系建设，先后制定并实施了《昌邑市农产品质量安全管理意见》、《昌邑市农业投入品管理办法》；市级成立了农产品质量检测中心，镇（街道）设立了农产品质量管理办公室；在各镇（街道）的基地、重点龙头企业设立农产品检测站点；基地实行档案化管理；市场准入、准出制度完善。

第三节　农业基础设施情况

一、小型农田水利建设

昌邑市小型水利工程主要包括三项。

（一）峡山水库灌区昌邑灌区

峡山水库灌区昌邑灌区目前有效灌溉面积为 19333.3hm^2，现有小型灌溉扬水站 9 处，节制闸 2000 座，末级配套渠系 2959.22km。

（二）井灌区

现有灌溉用机井 14410 眼，配套功率为 9.2×10^4kW，工程完好率为 85%，年提水能力为 1.75×10^8m^3，控制灌溉面积为 31600hm^2。以低压管道灌溉为主的高效节水灌溉面积为 7140hm^2，安装铺设输水管道 653.4km，灌溉水利用系数为 0.8。

（三）田间工程

田间农田水利工程现建有斗、农沟渠 6779 条，总长为 3320.5km，大部分为土渠，部分渠系为灌排一体。另外建有各类桥涵闸 3500 余座，排涝泵站 3 座。

二、水资源情况

（一）地表水资源

大气降水是昌邑市地表水的主要来源，其次是河流。昌邑市多年平均地表水资源总量为 1.5543×10^8m^3。

（二）地下水资源

地下水天然补给量为地下水资源量，包括降水入渗补给量、地表水体补给量等。昌邑市境内多年平均地下水资源不重复计算量约为 82976m^3，地下水资源可利用量为 1.2176$\times 10^8 m^3$，对昌邑市的农业发展也起着举足轻重的作用。

（三）全市水资源总量

昌邑市水资源总量由地表径流量、外部流入量、地下水资源不重复计算量组成。昌邑市多年平均水资源总量为 1.11519$\times 10^9 m^3$，水资源可利用量为 3.4612$\times 10^8 m^3$。昌邑市水资源总量如表 1-4 所示。

表 1-4　　昌邑市多年平均水资源总量

地表水资源量（$\times 10^8 m^3$）		地下水资源不重复计算量（$\times 10^8 m^3$）	水资源总量（$\times 10^8 m^3$）
地表径流	外部流入量		
1.5543	1.3	8.2976	11.1519

三、灌溉情况

昌邑市北部滨海区以及龙池镇、柳疃镇和卜庄镇的北部，由于濒临渤海，地下水卤度和矿化度都很高，不适宜用作人畜饮水和农作物灌溉用水。地表水资源可利用率受降水量等因素的制约，局限性大，因此，灌溉用水保证率不高。北部地区以峡山水库灌区灌溉为主，灌溉形式为引水补源、提水灌溉，该区域面积约占全市总土地面积的 20%，有效灌溉面积为 19321hm^2，占全市有效灌溉面积的 39.7%。

中部平原区包括奎聚街道、都昌街道、围子镇、饮马镇等区域，土地肥沃，地下水资源丰富，为井灌区，有效灌溉面积为 26572hm^2，占全市有效灌溉面积的 54.6%。

南部低山丘陵区，为引库和井灌相结合区域，有效灌溉面积为 2774hm^2，占全市有效灌溉面积的 5.7%。

四、农业生产机械情况

2009 年，全市农业生产机械总动力为 1501556kW，平均每公顷耕地为 20.4kW，农用拖拉机为 23408 台，农用运输车为 71785 辆。机耕面积为 68708hm^2，占总耕地面积的 93.3%；机播面积为 88084hm^2，占总播种面积的 90.8%；机收面积为 71768hm^2，占总播种面积的 74%（见表 1-5）。

表 1-5　　农业生产机械情况一览表

农业机械总动力（kW）					农业机械化（hm^2）		
柴油机	汽油机	电动机	农用拖拉机	农用运输车	机耕地面积	机播面积	机收面积
1390072	16075	175010	350279	649807	68708	88084	71768

第二章 土壤与耕地资源状况

第一节 土壤类型与分布

一、土壤分类

土壤是自然界的客观实体，也是劳动的产物。按照土壤发生学观点，将自然土壤和农业土壤视为有机整体，综合考虑自然和社会成土条件、成土过程及其属性，采用土类、亚类、土属、土种和变种五级分类制进行土壤分类，具体分类方法参见昌邑市土壤分类检索表（见表 2-1）。

表 2-1 昌邑市土壤分类检索表

土类		亚类		土属			土种				
							划分依据				
代号	名称	代号	名称	代号	划分依据	名称	代号	土体构型（分母表示）	盐化程度（分子表示）	代号	表层质地（分子表示）
B	褐土	a	褐土性土	3	钙质岩类	石碴黄土	5	薄层酥石棚		5	壤质土
		c	淋溶褐土	3	坡积洪积物	坡黄土	1 3 5	均质 厚心 厚腰		2 3 4 5 6	紧砂土 砂壤土 轻壤土 中壤土 重壤土
		d	褐土	3	坡积洪积物	坡黄壤土					
		f	潮褐土	3	洪积冲积物	潮黄土					
C	潮土	a	褐土化潮土	1	褐土化潮土	上坡河淤土	2	厚砂土			
		b	潮土	3	滨海潮土	河淤土					
				4	非石灰性河潮土	河潮土	4	厚砂腰	盐化按缺苗分：①轻：缺苗一成②中：缺苗二三成③重：缺苗四五成 盐渍度以草色分：①轻：茅草、芦草②中：马绊、蒿子③重：黄须、碱蓬		
		c	盐化潮土	6	滨海盐化潮土	轻盐土	8	厚壤心			
		e	湿潮土	8	冲积黑潮土	洼黑土	14	厚黏心			

续表

土类		亚类		土属			土种				
D	盐土	b	滨海潮盐土	3	滨海潮盐土	盐碱土	16	厚黏腰			
				4	滨海滩地盐土	重盐土	19	均质			
G	砂姜黑土	a	砂姜黑土	2	洼坡	洼坡干勾土	3	按黑土层出现部位分厚黑土心			
				3	岗坡	岗坡干勾土					
I	风沙土	a	风沙土	1	冲积固定	沙土					

注：土体厚度：薄层 10～30cm，厚层＞30cm；土体层位："表"0～20cm，"心"20～60cm，"腰"60～100cm，"底"100～150cm；"均质"即全剖面质地均一，包括表土。

昌邑市有丘陵、平原、海滩，各地的气候、地形、水文、地质等自然条件不同，土壤的形成演变过程不同，形成的土壤类型也不同。按全国第二次土壤普查分类系统，现将耕地土壤调整为褐土、潮土、盐土、砂姜黑土、风沙土 5 个土类、11 个亚类、14 个土属、68 个土种（见表 2-2）。

表 2-2　　昌邑市耕地土壤类型表

土类	亚类	土属	土种	俗名
褐土	褐土性土	石碴土	壤质表薄层酥石棚钙质岩类褐土性土	石碴黄土
	淋溶褐土	坡黄土	轻壤表厚黏心洪积冲积淋溶褐土	黄土
			轻壤表均壤质洪积冲积淋溶褐土	黄土
	褐土	坡黄壤土	轻壤表均壤质洪积冲积褐土	黑黄土
	潮褐土	潮黄土	中壤表均壤质洪积冲积潮褐土	褐壤土
			轻壤表均壤质洪积冲积潮褐土	褐黄土
			中壤表厚黏心洪积冲积潮褐土	潮黄土
潮土	褐土化潮土	上坡河淤土	紧砂表均砂质褐土化潮土	上坡紧砂土
			砂壤表均砂质褐土化潮土	上坡砂壤土
			轻壤表均壤质褐土化潮土	上坡黄土
			中壤表均壤质褐土化潮土	上坡黄壤土
			轻壤表厚砂腰褐土化潮土	上坡漏砂黄土

续表

土类	亚 类	土 属	土 种	俗 名
潮土	潮土	河淤土	砂壤表厚砂心滨海潮土	砂黄土
			轻壤表厚砂腰滨海潮土	漏砂河淤土
			紧砂表均砂质滨海潮土	河淤紧砂土
			轻壤表均壤质滨海潮土	淤黄土
			轻壤表厚砂心滨海潮土	厚心砂淤土
			中壤表均壤质滨海潮土	河淤二性土
			中壤表厚黏心滨海潮土	黏心二性土
			中壤表厚黏腰滨海潮土	黏腰二性土
			中壤表厚砂心滨海潮土	漏砂二性土
			轻壤表厚黏腰滨海潮土	蒙金黄土
			中壤表厚砂腰滨海潮土	厚腰漏砂淤土
		河潮土	紧砂表均砂质非石灰性河潮土	紧砂土
			轻壤表均壤质非石灰性河潮土	黄壤土
			轻壤表厚砂心非石灰性河潮土	厚砂心黄壤土
			砂壤表厚砂心非石灰性河潮土	厚砂心砂壤土
			轻壤表厚黏腰非石灰性河潮土	蒙金土
			中壤表均壤质非石灰性河潮土	二性土
			砂壤表均砂质非石灰性河潮土	砂壤土
			砂壤表厚壤心非石灰性河潮土	蒙头砂土
			中壤表厚砂腰非石灰性河潮土	厚砂腰黄土
			中壤表厚黏心非石灰性河潮土	厚黏心黄土
	湿潮土	洼黑土	轻壤表厚黏腰冲积黑潮土	黑蒙金土
			中壤表厚黏腰冲积黑潮土	厚黏腰黑土
			中壤表厚黏心冲积黑潮土	二性黑土
			轻壤表均壤质冲积黑潮土	壤黑土
			重壤表均黏质冲积黑潮土	黑黏土
			重壤表厚黏心冲积黑潮土	厚心黑黏土
	盐化潮土	轻盐土	轻壤表厚砂腰中度滨海盐化潮土	厚砂腰轻盐土
			轻壤表厚砂心中度滨海盐化潮土	厚砂心轻盐土
			中壤表厚砂腰轻度滨海盐化潮土	砂腰二性轻盐土
			中壤表厚黏心轻度滨海盐化潮土	黏心二性轻盐土
			轻壤表均壤质轻度滨海盐化潮土	轻盐土
			中壤表厚黏腰轻度滨海盐化潮土	黏腰二性轻盐土
			中壤表厚砂心中度滨海盐化潮土	漏砂二性轻盐土
			中壤表均壤质轻度滨海盐化潮土	二性轻盐土
			中壤表均壤质中度滨海盐化潮土	二性碱土
			轻壤表厚黏心中度滨海盐化潮土	厚黏心碱土
			轻壤表厚黏腰轻度滨海盐化潮土	厚黏腰轻盐土
			砂壤表均砂质中度滨海盐化潮土	砂碱土
			重壤表均黏质轻度滨海盐化潮土	黏碱土
			重壤表厚黏心轻度滨海盐化潮土	黏心黑碱土
			轻壤表厚黏心轻度滨海盐化潮土	厚黏心轻盐土

续表

土类	亚类	土属	土种	俗名
盐土	滨海潮盐土	盐碱土	砂壤表均砂质中度滨海潮盐土	盐碱砂壤土
			紧砂表均砂质中度滨海潮盐土	盐碱砂土
			轻壤表厚砂心中度滨海潮盐土	漏砂心盐碱土
			中壤表厚黏心轻度滨海潮盐土	黏心二性盐碱土
			中壤表均壤质中度滨海潮盐土	二性盐碱土
			中壤表厚砂腰中度滨海潮盐土	厚砂腰盐碱土
			轻壤表厚黏心中度滨海潮盐土	厚黏心盐碱土
			中壤表厚黏腰轻度滨海潮盐土	厚黏腰盐碱土
盐土		重盐土	紧砂表均砂质重度滨海滩地盐土	重盐土
砂姜黑土	砂姜黑土	洼坡干勾土	轻壤表厚黑土心洼坡砂姜黑土	干勾黄土
			中壤表厚黑土心洼坡砂姜黑土	干勾黑土
		岗坡干勾土	轻壤表厚黑土心岗坡砂姜黑土	干勾黄壤土
			中壤表厚黑土心岗坡砂姜黑土	干勾二性土
风沙土	风沙土	沙土	砂壤表均砂质风沙土	粉沙土

二、土壤分布

(一)褐土土类(代号 B)

褐土土类主要分布在昌邑市南部埠岭地区，土壤面积为 10929.32hm^2，占可利用土地总面积的 12.53%；耕地面积为 10007.52hm^2，占耕地总面积的 13.58%。

褐土土类的剖面特征：通体呈棕色或褐色。由耕层、沉积黏化层和钙积层 3 个基本层段组成。剖面中分布有假菌丝体，由于黏粒有由表层向下移动的趋势，心土层较黏重，并且有明显的胶膜淀积，底土层中常可发现散布的小型石灰结核(砂姜)，土壤呈中性至微碱性反应，pH 为 7.5 左右。

该土类表层质地为轻壤和中壤，土体构型多为均壤质，物理性状一般，部分土壤有坚硬的犁底层和黏化淀积层，严重影响根系下扎和作物生长。在成土过程中，由于受地理位置、土体发育程度、淋溶作用强弱、潜水作用等附加因素的影响，使褐土属性出现差异，分别形成了 4 个亚类、4 个土属、7 个土种。

1. 褐土性土亚类(代号 Ba)。该亚类面积较小，主要分布在围子镇的北陈、前陈、唐家、赵家、民丰、韩家等村。土壤面积为 140hm^2，占褐土类面积的 1.28%，占可利用土地总面积的 0.16%；耕地面积为 54.37hm^2，占耕地总面积的 0.07%。

褐土性土是褐土地带内的一种粗骨薄层土壤。剖面发育不完全，无心土层，表层以下即为半风化母岩，土层浅薄，并含有大量粗砂或砾石，水土流失严重。

剖面特征：

0～20cm：褐色，轻壤，粒状，润、松，孔隙中等，根系较多，石灰反应弱，pH 为 7.1。

20～30cm：黄褐色，轻壤，粒状，润、较紧，孔隙较大，根系较多，石灰反应弱，pH 为 7.2。

30cm 以下:灰黄色钙质岩。

该土土层浅薄,30cm 以下是石碴,作物生长受到严重抑制;坡度大,水土流失严重,养分含量低。应整修梯田,防止水土流失,广开水源,发展灌溉,增施肥料,发展干果。

该亚类只划分了石碴土 1 个土属(代号 Ba3)和石碴黄土 1 个土种(代号 Ba3 $\frac{5}{5}I_2$)。

2. 淋溶褐土亚类(代号 Bc)。淋溶褐土亚类主要分布在奎聚街道的文山,饮马镇的青山、青龙山,北孟镇的李家埠、后周一带。土壤面积为 4973.33hm²,占褐土类面积的 45.5%,占可利用土地总面积的 5.7%;耕地面积为 4367.93hm²,占耕地总面积的 5.93%。

该亚类成土母质为坡积洪积物,所处地形部位较高,地下水位较深,1m 土层内无钙积层,无石灰反应,底土层有石灰结核,中下部出现铁锰胶膜与铁子淀积,土壤呈中性至微碱性。

剖面特征:

0～20cm:棕褐色,轻壤,粒状结构,少量铁子,潮湿、松,孔隙中等,根系多,有蚯蚓穴,无石灰反应,pH 为 7.6。

20～44cm:黄棕色,中壤,块状,少量铁子,紧实,孔隙少,根系较多,无石灰反应,pH 为 7.3。

44～115cm:褐色,中壤,块状,铁子较多,紧实,孔隙少,根系少,动物穴少,无石灰反应,pH 为 7.3。

115～150cm:黄棕色,中壤,块状,铁子多,紧实,孔隙少,根系少,无石灰反应,pH 为 7。

该亚类表层质地多为轻壤和中壤,土体构型多为均壤质,物理性状较好,养分含量不高,因分布地形部位较高,坡度大于 20°,有片蚀现象,水源不足,易干旱。应整修梯田,增施有机肥,实行秸秆还田,并发展灌溉,增强抗旱供肥能力。平缓地带宜种植小麦、玉米、红薯、棉花,坡度大的陵顶可发展林果。

淋溶褐土亚类只划分坡黄土 1 个土属(代号 Bc3),成土母质为坡积洪积物,其分布位置、面积和特征特性同亚类。该土属划分了 2 个土种,其代表土种为黄土(代号Bc3 $\frac{4}{1}I_2$),全称为"轻壤表均壤质洪积冲积淋溶褐土"。该土种主要分布在饮马镇的青山、青龙山,北孟镇的望仙埠以北,小南孟以北及北孟镇南部山西、周家庄等村。面积为 4933.33hm²,占褐土类面积的 45.14%,占可利用土地总面积的 5.66%;耕地面积为 4323.42 hm²,占耕地总面积的 5.87%,是淋溶褐土亚类中最大的一个土种。

该土种通体壤质,质地较适中,土壤通透性良好,易耕作,适耕期长。有机质、磷素、钾素含量中等,氮素含量中等偏下,地下水源缺乏,地面不平,有水土流失现象。应增施有机肥、氮肥,实行秸秆还田,培肥地力;整平土地,围固地堰,搞好水土保持,引水上埠,扩大灌溉面积。宜种植小麦、玉米、棉花、花生等。

3. 褐土亚类(代号 Bd)。褐土亚类主要分布在围子镇的密埠店、崔家庄、李家庄、陈家庄,土壤面积为 50hm²,占褐土类面积的 0.46%,占可利用土地总面积的 0.06%;耕地面积为 11.01hm^2，占耕地总面积的 0.01%。

该亚类土壤表层质地多为砂壤，土体构型多为均砂质，适耕期长，发小苗不发老苗，漏肥漏水，养分含量低，宜植树造林，发展林果。

褐土亚类只划分坡黄壤土 1 个土属（代号 Bd3）和黑黄土 1 个土种（代号 Bd3 $\frac{4}{1}$）。

4. 潮褐土亚类（代号 Bf）。潮褐土亚类分布于褐土区的低平处，主要分布在饮马镇的东黄埠、付家庄，北孟镇南部的毛家屯、高家屯、马家上疃等村。土壤面积为 5765.99hm^2，占褐土类面积的 52.76%，占可利用土地总面积的 6.61%；耕地面积为 5574.21hm^2，占耕地总面积的 7.57%。

该亚类成土母质为洪积冲积物，潜水埋深一般为 2～3m，心土层有黏化现象，底层有铁锰结核和锈纹、锈斑，pH 为 7.4 左右。

剖面特征：

0～25cm：黄褐色，中壤，碎块状，润、松，孔隙多，植物根系多，蚯蚓穴多，石灰反应弱，pH 为 7.6。

25～60cm：黑褐色，重壤，棱柱状，潮湿，孔隙少，植物根系较多，蚯蚓穴较多，有少量胶膜，石灰反应较强烈，pH 为 7.4。

60～110cm：浅灰色，重壤，棱柱状，湿润、紧，孔隙少，锈纹、锈斑明显，石灰反应强烈，pH 为 7.5。

该亚类表层质地为中壤和轻壤，土体构型为全剖面均壤质和厚黏心。表层质地适中，耕性良好，保肥、保水，但厚黏心影响根系下扎。有机质含量较丰富，速效养分含量较低。应逐年加深耕层，增施氮肥、磷肥和钾肥，适宜种植小麦、玉米、棉花、花生等。

潮褐土亚类只划分潮黄土 1 个土属（代号 Bf3），成土母质为洪积冲积物，其分布位置、面积和特征特性同亚类。该土属共划分 3 个土种。

(1)褐黄土（代号 Bf3 $\frac{4}{1}I_1$）。全称为“轻壤表均壤质洪积冲积潮褐土”。该土种主要分布在饮马镇的吴沟、北孟镇的后刘等村。土壤面积为 2839.53hm^2，占可利用土地总面积的 3.26%；耕地面积为 2743.52hm^2，占耕地总面积的 3.72%，是该土属面积最大的一个土种。

剖面特征：

0～20cm：黄褐色，轻壤，粒状，润、松，孔隙多，根系较多，蚯蚓穴少，石灰反应弱，pH 为 7.4。

20～50cm：浅褐色，轻壤，碎块状，润、松散，孔隙少，根系少，石灰反应弱，pH 为 7.3。

50～130cm：黑色，轻壤，块状，少量铁子，湿、较紧，孔隙少，石灰反应较强，pH 为 7.3。

该土种有机质含量较丰富，全氮含量中等，速效磷、速效钾的含量中等偏下，养分含量不均衡。耕性良好，适耕期长，但耕层浅。应深耕整平，加厚活土层，实行秸秆还田和配方施肥，发展喷灌。宜种植小麦、玉米、棉花，可实行粮棉轮作。

(2)潮黄土（代号 Bf3 $\frac{5}{3^{\#}}I_1$）。全称为“中壤表厚黏心洪积冲积潮褐土”。该土种主要分布在北孟镇的孙家营、马家村、曲家七沟、李戈庄等村。土壤面积为 1753.13hm^2，占可利用土地总面积的 2.01%；耕地面积为 1694.18hm^2，占耕地总面积的 2.3%。

该土表层质地适中，耕层浅薄，20cm 以下较黏重，影响作物根系下扎；团粒结构少，通透性差，易涝涝；有机质含量较高。应深耕整平，排灌配套，实行秸秆还田和配方施肥。宜种小麦、玉米、棉花等作物。

（二）潮土土类（代号 C）

潮土土类在本市各镇（街道）均有分布，是面积最大的一个土类。土壤面积为 59414.19hm^2，占可利用土地总面积的 68.13%；耕地面积为 51966.32hm^2，占耕地总面积的 70.53%。

潮土是直接发育在河流沉积物上、在潜水作用下形成的一类土壤。成土物质颗粒的粗细不仅在平面上有分选差异，而且在同一剖面中也往往有不同的质地层次排列。整个剖面层次分明，各土层的质地和色泽均一，中下部有明显的锈纹、锈斑或细小的铁锰结核。土壤呈中性至微碱性，pH 为 7.0～8.0。

该土类耕层质地多为轻壤，土体构型多为均壤质。虽然局部有涝涝和盐碱的威胁，但从全市来看，是较好的土壤类型。地下水源丰富，水质较好，土壤理化性状良好，适宜种植各种作物。

潮土土类分为褐土化潮土、潮土、湿潮土、盐化潮土 4 个亚类、5 个土属、47 个土种。

1. 褐土化潮土亚类（代号 Ca）。褐土化潮土亚类主要分布在柳疃镇、卜庄镇、奎聚街道、围子镇等镇（街道）的沿潍河一带，土壤面积为 4454.67hm^2，占潮土土类面积的 7.5%，占可利用土地总面积的 5.11%；耕地面积为 4007.81hm^2，占耕地总面积的 5.44%。

该亚类发育在地形部位较高的河滩高地上，潜水深埋一般为 3～4m，因受潜水影响较弱，心土层有黏粒胶膜，有假菌丝体，底土层有锈纹、锈斑。

该亚类耕层质地多为轻壤，砂壤次之，少数为紧砂和中壤。土体构型多为全剖面均壤质，均砂质次之。物理性状良好，适耕期长，保肥、保水性能中等。养分含量一般，宜种植小麦、玉米、生姜、马铃薯、花生等作物。

剖面特征：

0～20cm：黄褐色，轻壤，碎块状，潮湿、松，孔隙、根系中等，蚯蚓穴多，石灰反应弱，pH 为 7.0。

20～60cm：黄褐色，轻壤，碎块状，湿润、松，孔隙、根系多，石灰反应弱，pH 为 7.0。

60～80cm：黄褐色，轻壤，碎块状，假菌丝体较多，湿润、紧，孔隙多，植物根系较多，石灰反应弱，pH 为 7.0。

80～150cm：黄褐色，轻壤，块状，少量锈纹、锈斑，湿润、松，孔隙少，石灰反应弱，pH 为 6.5。

褐土化潮土亚类只划分上坡河淤土 1 个土属（代号 Ca1），其分布范围、面积和生产性能同亚类；有 5 个土种，其代表土种是上坡黄土（代号 Ca1 $\frac{4}{19}$），全称为“轻壤表均壤质褐土化潮土”。该土种主要分布在柳疃镇的东付、三官庙，奎聚街道的郭家岔河、西台一带，卜庄镇的西董、夏店周围。土壤面积为 2904.87hm²，占可利用土地的面积的 3.33%；耕地面积为 2526.84hm²，占耕地总面积的 3.43%。

该土种土层深厚，土壤物理性状好，通透性好，水、气、热协调，易耕作，保肥水能力一般，养分含量中等。应增施有机肥，氮、磷、钾配合施用，用地、养地结合，整平土地，扩大灌溉面积，缩短轮灌周期。适宜种植各种作物。

2. 潮土亚类（代号 Cb）。潮土亚类主要分布在奎聚街道西部，都昌街道南部，饮马镇北部，围子镇北部至夏营港以南潍河两岸，以及卜庄镇烟潍路两侧和龙池镇周围，土壤面积为 29065.53hm²，占潮土土类面积的 48.92%，占可利用土地总面积的 33.33%；耕地面积为 24505.12hm²，占耕地总面积的 33.26%，是潮土土类面积最大的一个亚类。该亚类所处地形部位比褐土化潮土低，比湿潮土高，成土母质为河流冲积物。

该亚类耕层质地多为轻壤和中壤，少数为砂壤和紧砂，土体构型多为均壤质，厚砂心和厚砂腰次之，少数为厚壤心、厚黏心和厚黏腰。土层深厚，熟化程度高，适耕期长，保肥、保水性能良好，土壤养分释放能力较强，是本市的高产田之一，适宜发展高产高效农业。

剖面特征：

0～20cm：黄褐色，轻壤，碎块状，湿润、松，孔隙、根系多，蚯蚓穴多，无石灰反应，pH 为 7.5。

20～42cm：褐色，轻壤，碎块状，湿润、较紧，孔隙、根系多，蚯蚓穴多，无石灰反应，pH 为 7.5。

42～122cm：浅黄色，轻壤，块状，有少量锈纹、锈斑，湿润、较紧，孔隙少，无石灰反应，pH 为 7.5。

122～150cm：黑黄色，中壤，块状，湿润、较紧，孔隙少，无石灰反应，pH 为 7.0。

潮土亚类分 2 个土属：河淤土（代号 Cb3）和河潮土（代号 Cb4），有 21 个土种。

（1）河淤土（代号 Cb3）。河淤土主要分布在龙池镇周围，卜庄镇北部沿潍河两岸，毛家寨村周围。土壤面积为 13894.68hm²，占可利用土地总面积的 15.93%；耕地面积为 11801.96hm²，占耕地总面积的 16.02%。该土潜水矿化度为 2～10g/L，局部高于10g/L，地表无盐斑。

该土属耕层质地多为轻壤和中壤，少数为紧砂和砂壤，土体构型多为均壤质，也有厚砂心、厚砂腰、厚黏心、厚黏腰。地下水位较浅，水质较差，有潜在盐碱化威胁。养分含量不高，应增施有机肥和磷肥，提高土壤肥力，深耕改土，加厚活土层，增加土壤团粒结构，合理灌溉，防止次生盐渍化。宜种植小麦、玉米、大豆、棉花等作物。

该土属的代表土种为淤黄土（代号 Cb3 $\frac{4}{19}$），全称为“轻壤表均壤质滨海潮土”。该土种主要分布在龙池镇的龙东、孙家庄，柳疃镇的西玉，卜庄镇的海眼、王芦、姚家、前卜庄镇及都昌街道的双台以西和西北部。土壤面积为 6483.33hm²，占可利用土地总面积的 7.43%；耕地面积为 5456.77hm²，占耕地总面积的 7.41%。

剖面特征：

0～20cm：黄褐土，轻壤，粒状，湿、较紧，孔隙、根系多，蚯蚓穴多，无石灰反应，pH 为 7.4。

20～116cm：褐土，中壤，块状，湿、紧，锈纹、锈斑较明显，孔隙少，根系较多，无石灰反应，pH 为 7.3。

116～150cm：黄褐土，轻壤，碎块状，锈纹、锈斑明显，湿、紧，孔隙少，根系少，无石灰反应，pH 为 7.3。

该土种土层深厚，耕层质地为轻壤，耕性好，适耕期长，保肥、保水性能尚可，通透性好，速效磷缺乏，有机质含量较高。应增施有机肥，调整氮、磷、钾比例，注意用地养地结合，整平土地，扩大灌溉面积，建成高产稳产田。

(2)河潮土(代号 Cb4)。河潮土主要分布在都昌街道以南、奎聚街道的西南部、饮马镇的北部、卜庄镇的东部及围子镇的大部。土壤面积为 15170.85hm^2，占可利用土地总面积的 17.4%；耕地面积为 12703.16hm^2，占耕地总面积的 17.24%。该土发育在微斜平地上，地下水源丰富，出流状况好，属淡水，土壤无盐渍威胁。

该土属耕层质地多为轻壤和中壤，少数为紧砂和砂壤，水、气、热状况协调，耕性好，适耕期长，保肥、保水性能尚可，有机质含量中等，速效磷含量偏低。应增施有机肥和磷肥，实行秸秆还田，改善水浇条件，缩短轮灌周期。宜种植各种作物。

该土属的代表土种为二性土和黄壤土。

二性土(代号 Cb4 $\frac{5}{19}$)，全称为"中壤表均壤质非石灰性河潮土"。该土种主要分布在围子镇的马家部、西陈、侯家坡一带。土壤面积为 1788hm^2，占可利用土地总面积的 2.05%；耕地面积为 1756.2hm^2，占耕地总面积的 2.38%。

剖面特征：

0～19cm，黄褐色，中壤，粒状，湿、松，孔隙、根系较多，蚯蚓穴较多，无石灰反应，pH 为 7.2。

19～57cm：棕黄色，中壤，碎块状，润、较紧，孔隙少，根系多，蚯蚓穴多，无石灰反应，pH 为 7.4。

57～114cm：浅褐色，中壤，碎块状，铁子较多，湿润、紧实，孔隙少，无石灰反应，pH 为 7.3。

114～150cm：灰黄色，中壤，块状，锈纹、锈斑明显，孔隙少，无石灰反应，pH 为 7.2。

该土质地适中，耕性良好，土层深厚，无障碍层次，保肥、保水性能较强，通透性较好，养分含量一般。应增施有机肥，氮、磷、钾配方施肥，合理灌溉，用地养地结合，充分发挥土壤的生产潜力，达到高产。

黄壤土(代号 Cb4 $\frac{4}{19}$)，全称为"轻壤表均壤质非石灰性河潮土"。该土种主要分布在围子镇古城以北，都昌街道南店以北、西辛庄以南，饮马镇的小营、李家庄一带及国防路以南。土壤面积为 10201.6hm^2，占可利用土地总面积的 11.7%；耕地面积为 8114.44hm^2，占耕地总面积的 11.01%。

该土种质地适中，耕性好，适耕期长，土层深厚，无不良层次，通透性好，地下水源丰富，水质好，养分释放能力较强，土壤养分含量较高。应全面实行秸秆还田，增施有机肥和氮、磷、钾协调施用，注意用地养地结合，充分利用地下水，发展喷灌、微灌，缩短轮灌周期，提高水的利用率，适宜种植各种作物。

3. 湿潮土亚类(代号 Ce)。湿潮土亚类主要分布在卜庄镇的郑家坡以西，围子镇的旋河两岸及沿胶莱河一带，饮马镇的明家庄、杨家桥一带。土壤面积为 8881.33hm^2，占潮土土类面积的 14.95%，占可利用土地总面积的 10.18%；耕地面积为 8547.82hm^2，占耕地总面积的 11.6%。

湿潮土群众俗称"黑土"、"黑黏土"。分布在沿河洼地上，是在较长期或季节性积水和较高的潜水条件下，经附近沼泽化或脱沼泽化成土作用形成的一种潮土。成土母质为河流冲积物。

剖面主要特征：上部色泽较深暗，土质较黏重，底土出现蓝灰色或灰黄杂色的潜育层。

该亚类表层质地多为重壤，中壤和轻壤次之，土体构型多为厚黏心和均黏质。质地较黏重，耕性差，通透性不良，水、气、热状况不协调，怕旱易涝，发老苗、不发小苗，保肥、保水能力强，供肥能力差，土壤有机质含量较高，但分解迟缓，速效养分含量较低。应搞好水利建设，做到排灌配套，提高抗旱防涝能力；增施有机肥；实行粮肥轮作，客沙压黏，深耕熟化，增加团粒结构，提高土壤的通透性。宜种植小麦、玉米、大豆、高粱、棉花、绿肥等作物。

湿潮土亚类只有洼黑土 1 个土属(代号 Ce8)，发育于冲积母质上，积水期较短，已脱沼泽化。分布范围、面积、生产性能和养分状况同亚类。该土属分 6 个土种，其代表土种为二性黑土(代号 Ce8 $\frac{5}{14}$)，全称为"中壤表厚黏心冲积黑潮土"。该土种主要分布在围子镇仓街以北和于家部的西北部，是湿潮土亚类中面积最大的一个土种。土壤面积为 2458hm^2，占可利用总面积的 2.82%；耕地面积为 2286.34hm^2，占耕地总面积的 3.1%。

剖面特征：

0～20cm：黄褐色，中壤，碎块状，润、较紧，孔隙中等，根系多，蚯蚓穴较多，无石灰反应，pH 为 7.2。

20～80cm：黑色，黏土，块状，有少量铁锰结核，湿、紧，胶膜多，无石灰反应，pH 为 7.2。

80～120cm：黑褐色，重壤，块状，铁锰结核多，湿、紧，胶膜明显，无石灰反应，pH 为 7.2。

120～150cm：黑色，黏土，块状，铁锰结核多，湿、紧，胶膜多，无石灰反应，pH 为 7.2。

该土种耕层质地较适中，耕性一般，20cm 以下是黏土，虽保肥、保水，但影响作物根系下扎，阻碍水肥运行，怕涝易旱，土壤养分含量中等。应深耕改土，加厚活土层，增施有机肥，实行秸秆还田，增加土壤团粒结构，提高通透性。宜种植小麦、玉米、大豆、高粱、棉花、绿肥等作物。

4. 盐化潮土亚类(代号 Cc)。该亚类主要分布在卜庄镇的东辛店以北、下肖路以东地区及大阎家、小韩家一带，都昌街道的渔洞埠以东，龙池镇的瓦东村北部，柳疃镇的老官庄、吴家庙周围。土壤面积为 17012.67hm^2，占潮土土类面积的 28.63%，占可利用土地总面积的 19.51%；耕地面积为 14905.57hm^2，占耕地总面积的 20.33%。

该土发育在浅平洼地边缘和微斜平地的中下端。潜水埋深为 1～2m，矿化度一般为 2～10g/L，局部高于 20g/L，地表有盐斑，缺苗 10%～50%。成土母质为河流冲积和海相沉积物。

剖面特征：

0～20cm：黄褐色，轻壤，粒状，松，小孔隙多，根系多，无石灰反应，pH为7.8。

20～69cm：褐色，中壤，碎块状，较紧，小孔隙多，根系多，石灰反应弱，pH为7.8。

69～150cm：灰黄色，砂壤，无结构，锈纹、锈斑明显，石灰反应强烈，pH为7.7。

该亚类表层质地多为轻壤和中壤，其次为砂壤，重壤很少。土体构型多为均壤质、厚黏心、厚砂心、厚砂腰，少数为厚黏腰。耕层物理性状较好，剖面通体有石灰反应，速效钾的含量较高。该土受盐碱威胁大。近几年来，采取引淡水灌溉，盐分逐年淋洗，逐年向脱盐方向发展。应进一步搞好农田水利基本建设，灌排配套，加速排盐、洗盐；增施有机肥，实行秸秆还田，逐年培肥地力。宜种植小麦、棉花、高粱、大豆和绿肥等作物，实行粮肥轮作。

盐化潮土亚类只有轻盐土1个土属（代号Cc6），分布在地面高程8m以下的滨海地区，其面积、分布、特征特性、生产性能及养分状况同亚类，有15个土种，其代表土种有2种。

(1)厚砂心轻盐土（代号Cc6 $\frac{4(二)}{2}$）。全称为“轻壤表厚砂心中度滨海盐化潮土”。该土种主要分布在卜庄镇的北赵家、军营一带，吕家庄北部，龙池镇的利渔以南。土壤面积为2142.67hm^2，占可利用土地总面积的2.46%；耕地面积为2031.96hm^2，占耕地总面积的2.76%。

剖面特征：

0～20cm：黄褐色，轻壤，粒状，润、松，孔隙多，石灰反应弱，pH为7.0。

20～48cm：黑褐色，砂壤，单粒，湿、紧，孔隙少，无石灰反应，pH为7.5。

48～150cm：灰黄色，砂壤，单粒，有少量锈纹、锈斑，湿、紧，孔隙多，无石灰反应，pH为7.0。

该土土体结构不好，表层质地为轻壤，易返盐，20cm以下是砂，漏肥、漏水，洗盐、脱盐效果明显，速效钾含量中等，有机质、氮、磷缺乏。应增施有机肥、氮肥、磷肥，酌施钾肥，整平地面，修好地堰，蓄淡压碱。宜种植小麦、大豆、棉花、绿肥等作物，实行粮肥轮作。

(2)黏心二性轻盐土（代号Cc6 $\frac{5(一)}{14}$）。全称为“中壤表厚黏心轻度滨海盐化潮土”。该土种主要分布在卜庄镇东辛庄的东南部、都昌街道渔洞埠以北及博乐埠的北部。土壤面积为2720hm^2，占可利用土地总面积的3.12%；耕地面积为2385.69hm^2，占耕地总面积的3.24%。

剖面特征：

0～20cm：黄褐色，中壤，碎块状，潮湿、较紧，孔隙中等，蚯蚓穴较多，石灰反应强烈，pH为7.7。

20～62cm：褐色，重壤，块状，潮湿、紧，孔隙少，蚯蚓穴少，石灰反应弱，pH为7.7。

62～92cm：黑色，重壤，块状，潮湿、紧，孔隙根系少，石灰反应弱，pH为7.5。

92～150cm：黑色，重壤，块状，湿、紧，孔隙少，pH为7.2。

该土表层质地较适中,耕性一般,20cm 以下土质黏重,影响作物根系下扎,阻碍水肥运行,起到了阻盐作用,养分含量中等偏下,有效磷缺乏。盐碱是生产中的主要障碍因素。应采取深沟排盐,降低地下水位,加快脱盐速度,采取农、林、水综合治理措施,粮肥轮作,消除盐碱危害。

(三)盐土土类(代号 D)

该土类主要分布在龙池镇、柳疃镇、卜庄镇的最北部。土壤面积为 4774.67hm^2,占可利用土地总面积的 5.48%;耕地面积为 1188.64hm^2,占耕地总面积的 1.61%。

该土类处于滨海滩地上,一般地表或接近地表的土层含有大量可溶性盐分,盐斑缺苗高于五成以上或成大片盐荒地分布,潜水矿化度一般为 10~30g/L,局部高于 50 g/L。

该土类表层质地多为紧砂,中壤和轻壤次之,土体构型为均砂质、厚砂心、均壤质、厚黏心、厚砂腰。耕层质地容重偏高,多数土壤漏肥、漏水。钾素含量较高,其他养分含量很低。该土盐分组成以氯化物为主,土壤含盐量很高,多为盐荒光板地。盐碱是发展农业生产的主要障碍因素。应采用农、林、水综合措施,灌排配套,淡水洗盐,种植牧草、绿肥等植物。

盐土土类本市只有滨海潮盐土(代号 Db)1 个亚类,其面积、分布、生产性能和特征特性同土类,根据盐土所处的地形部位和环境条件划分了 2 个土属:盐碱土(代号 Db3)和重盐土(代号 Db4),有 9 个土种。

1. 盐碱土(代号 Db3)。该土属主要分布在龙池镇、柳疃镇、卜庄镇的北部,地面高程在 3~4m 的海滩地上,潜水埋深为 1m 左右,矿化度为 10~50g/L,局部高于 50g/L,呈斑状或大面积分布。土壤面积为 4694.67hm^2,占可利用土地总面积的 5.38%;耕地面积为 1146.87hm^2,占耕地总面积的 1.56%。

剖面特征:

0~30cm:黄褐色,砂壤,散粒状结构,湿润、较松,孔隙多,植物根系多,石灰反应较强烈,pH 为 7.4。

30~70cm:黄褐色,砂壤,单粒状结构,潮湿、较紧,孔隙少,石灰反应强烈,pH 为 7.8。

70~150cm:灰黄色,砂壤,无结构,湿、较紧,孔隙少,pH 为 7.8。

该土属的生产性能及改良措施同土类。其代表土种有 2 种。

(1)漏砂心盐碱土(代号 Db3 $\frac{4(二)}{2}$)。全称为“轻壤表厚砂心中度滨海潮盐土”。该土种主要分布在卜庄镇的廒里以西和柳疃镇青乡西北部。土壤面积为 1523.2hm^2,占可利用土地总面积的 1.75%;耕地面积为 379.2hm^2,占耕地总面积的 0.51%。

剖面特征:

0~20cm:黄棕色,轻壤,碎块状,潮湿、较紧,孔隙多,根系较多,石灰反应弱,pH 为 7.3。

20~40cm:褐色,砂壤,粒状,有少量锈纹、锈斑,潮湿、较紧,孔隙中等,石灰反应中等,pH 为 7.5。

40~150cm:灰黄色,紧砂,粒状,锈纹、锈斑明显,湿、紧,根系少,石灰反应中等,pH

为 7.4。

该土含盐量高，20cm 以下是砂，漏肥、漏水，应增施有机肥，整平地面，修好地堰，蓄淡压碱，宜种植小麦、棉花、绿肥等作物，实行粮肥轮作。

(2)盐碱砂壤土(代号 Db3 $\frac{3(二)}{19}$)。全称为“砂壤表均砂质中度滨海潮盐土”。该土种主要分布在卜庄镇廒里周围及龙池镇东利渔盐场附近。土壤面积为 1530.13hm^2，占可利用土地总面积的 1.75%；耕地面积为 380.93hm^2，占耕地总面积的 0.52%。

该土种剖面特征同土属。该土通体砂质，结构性差，土壤含盐量高，地力差，除速效钾含量丰富，其他养分均不高。应进一步搞好灌排配套，蓄淡压盐，增施有机肥，种植绿肥作物，改善土壤理化性状。采取农、林、牧、水综合措施，加速土壤脱盐，使盐荒地变良田。

2. 重盐土(代号 Db4)。重盐土土属主要分布在北部沿海一带，现为军事占地。该土属分布于地面高程为 3m 以下的海滩地上，潜水埋深低于 1m，矿化度高于 30g/L，局部高于 200g/L。土壤面积为 80 hm^2，占可利用土地总面积的 0.09%；耕地面积为 41.77hm^2，占耕地总面积的 0.06%。该土属本市只有重盐土(代号 Db4 $\frac{2(三)}{19}$)1 个土种，全称为“紧砂表均砂质重度海海滩地盐土”。

剖面特征：

0～20cm：浅褐色，紧砂，单粒状，润、松，孔隙多，根系少，石灰反应较强烈，pH 为 7.5。

20～100cm：灰黄色，紧砂，无结构，湿、松，孔隙多，石灰反应强烈，pH 为 7.5。

该土通体砂质，理化性状不佳。地面覆盖率低，蒸发量大，土壤含盐量高。钾素含量很高，其他养分均极低。受海潮威胁很大，不能为农业利用。应建防潮堤坝，围田蓄淡压碱，种植绿肥和牧草，建立盐田，发展林业、牧业和晒盐业。

(四)砂姜黑土土类(代号 G)

砂姜黑土土类主要分布在围子镇、饮马镇、北孟镇等镇沿胶莱河一带和北孟镇的南部区域。土壤面积为 10400.38hm^2，占可利用土地总面积的 11.93%；耕地面积为 8924.4hm^2，占耕地总面积的 12.11%。

该土类分布于沿河洼地上，其剖面特征是：表层一般为后期覆盖的黄土层，厚薄不等，表层以下由灰黑色的土层和灰黄杂色的砂姜层组成。该土类表层质地多为中壤，轻壤次之，土体构型为厚黑土心。耕层质地比较黏重，耕性一般；厚黑土心质地黏重，保肥、保水，但影响作物根系下扎；土壤有机质含量较高，磷素含量低，钾不足；怕旱怕涝。应增施有机肥，氮、磷、钾配方施肥，整平土地，深耕细作，搞好排灌工程配套，达到旱能灌、涝能排。宜种植小麦、玉米、生姜、大葱、大蒜等作物。

砂姜黑土土类在本市只有砂姜黑土(代号 Ga)1 个亚类，该亚类根据黄土层覆盖厚度划分了 2 个土属：洼坡干勾土(代号 Ga2)和岗坡干勾土(代号 Ga3)，有 4 个土种。

1. 洼坡干勾土(代号 Ga2)。该土属主要分布在饮马镇的丰乐屯以北和北孟镇沿胶莱河一带的洼坡地。土壤面积为 9136.42hm^2，占可利用土地总面积的 10.48%；耕地面积为 7839.82hm^2，占耕地总面积的 10.64%。成土母质为冲积物和浅湖沼相沉积物，黑土层上面为后期覆盖的黄土层，厚度为0～30cm，其剖面特征特性、生产性能及改良措施同土类。其代表土种为干勾黑土（代号Ga2 $\frac{5}{3}$），全称为“中壤表厚黑土心洼坡砂姜黑土”。该土种主要分布在围子镇小官庄东南部、北孟镇的后李家庄子、范家屋子、常兴屯、麻姑庄以北等地区的浅平洼地。土壤面积为8015.33hm²，占可利用土地总面积的9.19%；耕地面积为6875.53hm²，占耕地总面积的9.33%。

剖面特征：

0～20cm：黄褐色，中壤，块状，湿润、较松，孔隙多，根系多，石灰反应弱，pH为7.4。

20～80cm：黑色，黏土，块状，润、紧，孔隙少，根系少，无石灰反应，pH为7.3。

80～110cm：黑黄色，黏土，片状，少量砂姜，湿润、紧，孔隙少，石灰反应强烈，pH为7.2。

110～150cm：灰黄色，砂姜层，无结构，铁锰结核多，湿、紧，孔隙少，石灰反应强烈，pH为7.2。

该土种表层质地多为中壤，20cm以下是黏土，影响作物根系下扎，底土层出现砂姜。物理性状不良，养分含量不均衡，对作物影响较大。应逐步加深耕层，熟化土壤，种植绿肥，实行秸秆还田，培肥地力，改良土壤结构。

2. 岗坡干勾土（代号Ga3）。该土属主要分布在围子镇大官庄周围，饮马镇崇德屯、郝家屯、常家屯以东一带。土壤面积为1263.95hm²，占可利用土地总面积的1.45%；耕地面积为1084.58hm²，占耕地总面积的1.47%。黄土层覆盖厚度为30～60cm，生产性能及改良措施同土类。其代表土种为干勾黄壤土（代号Ga3 $\frac{4}{3}$），全称为“轻壤表厚黑土心岗坡砂姜黑土”。该土种主要分布在饮马镇的崇德屯、郝家屯一带和常家屯以东地区。土壤面积为874.4 hm²，占可利用土地总面积的1.00%；耕地面积为753.75hm²，占耕地总面积的1.02%。

剖面特征：

0～20cm：黄褐色，轻壤，碎块状结构，润、松散，孔隙多，植物根系多，石灰反应弱，pH为7.4。

20～48cm：褐色，重壤，块状结构，润、较紧，孔隙中等，植物根系中等，无石灰反应，pH为7.2。

48～80cm：黑灰色，黏土，块状结构，潮湿、紧实，孔隙少，植物根系少，无石灰反应，pH为7.2。

80～150cm：灰黄色，砂姜层，无结构，潮湿、紧，孔隙少，无植物根系，石灰反应强烈，pH为7.6。

该土种表层质地适中，耕性好，20cm以下土质黏重，阻碍水肥运行，影响作物根系下扎，80cm以下有砂姜，漏肥、漏水。土壤有机质含量较高，速效养分中等。应实行秸秆还田，氮、磷、钾配方施肥，深耕改土，加厚活土层，提高土壤透性，搞好排灌配套，提高抗旱能力。

(五)风沙土土类(代号 I)

该土类主要分布在都昌街道的裴庄、东褚庄、远东庄、东永安、南双台、申明亭等村。土壤面积为 1686hm^2,占可利用土地总面积的 1.93%;耕地面积为 1588.25hm^2,占耕地总面积的 2.16%。该土类只有风沙土(代号 Ia)1 个亚类、沙土(代号 Ia1)1 个土属和粉沙土(代号 Ia1 $\frac{3}{19}$,全称为"砂壤表均砂质风沙土")1 个土种。

该土理化性状不好,容重大,代换量小,通体砂质,漏肥、漏水,养分含量很低,受干旱威胁较大,但耕性好,适耕期长。应增施各种肥料,培肥地力,引水上埠,提高抗旱能力,种植林果,也可种植西瓜、花生等作物。

(六)土壤类型调整

1. 水稻土土类调整。第二次土壤普查时,昌邑市土壤类型划分中含有水稻土土类,当时因种植水稻历史较短,将水稻土划为幼年水稻土亚类。幼年水稻土是 1964 年以后发展的一种新土壤类型,是由潮土和盐土经过水耕熟化演变而来。成土母质上层为河流冲积物,下层为海相沉积物。20 世纪 80 年代以后,本市已不再种植水稻,而改种小麦、玉米、棉花等作物,经过三十年耕作模式及气候等各种因素变化的影响,该土性质也发生了较大的变化。通过取样及剖面分析表现,该土类的剖面特征已经消失并演变为潮土土类,故将水稻土土类取消而归入潮土土类,其中大部分归为盐化潮土亚类,少部分归为湿潮土亚类。

2. 盐化潮土亚类不调整。土壤水溶性盐含量是评价土壤盐渍化程度的重要指标,按第二次土壤普查划分标准,土壤水溶性盐含量高于 1g/kg 氯化物或 2g/kg 硫酸盐为盐渍化土壤,多数作物的适宜性水溶性盐含量在 3～4g/kg 以下。全市盐化潮土亚类属氯化物盐化潮土,故就本市盐化潮土亚类是否调整这个问题,于 2011 年 4 月 3 日至 10 日,取盐化潮土亚类土壤样点 178 个,分表层(0～5cm)、亚表层(5～20cm)对土壤水溶性含盐量进行分析。

(1)表层(0～5cm)土壤水溶性盐含量。全市盐化潮土亚类耕地面积为 14905.57hm^2,占耕地总面积的 20.33%。表层(0～5cm)土壤水溶性盐含量高于 1g/kg 的面积占整个盐化潮土亚类耕地面积的 96.4%,表层土壤盐渍化程度较高(见表 2-3)。

表 2-3 表层土壤水溶性盐含量分级

级别	1	2	3	4	5	6	7
分级标准(g/kg)	>4	3～4	2.5～3	2～2.5	1.5～2	1～1.5	<1
耕地面积(hm^2)	485.52	1803.35	3606.7	2635.66	2427.58	971.03	416.16
占盐化潮土面积比例(%)	3.9	14.6	29.2	21.3	19.4	7.9	3.4

(2)亚表层(5～20cm)土壤水溶性盐含量。全市盐化潮土亚表层(5～20cm)土壤水溶性盐含量范围为 0.3～3.4g/kg,其中低于 1g/kg 的面积占整个盐化潮土亚类的 33.1%,

在1～2.5g/kg范围内的占59.6%，2.5～3g/kg的占6.2%，3～4g/kg的占1.1%，亚表层土壤盐渍化程度明显小于表层土壤(见表2-4)。

表2-4 亚表层土壤水溶性盐含量分级

级别	1	2	3	4	5	6	7
分级标准(g/kg)	>4	3～4	2.5～3	2～2.5	1.5～2	1～1.5	<1
耕地面积(hm^2)	0	138.72	762.96	971.03	2982.46	3398.62	4092.21
占盐化潮土面积比例(%)	0	1.1	6.2	7.9	24.2	27.5	33.1

近年来，虽然采取了淡水灌溉、增施有机肥、秸秆还田等农业措施，但盐化潮土亚类耕层土壤含盐量同第二次土壤普查相比仍没有明显改善，尤其是0～5cm土壤含盐量依然较高，受盐碱威胁依然较大，故不需要对本市的盐化潮土亚类进行调整。

三、与山东省土壤分类系统对照

与山东省土壤分类系统比较，昌邑市各土属可归纳为省分类系统的12个土属(见表2-5)。

表2-5 昌邑市土属与山东省土壤分类系统对照表

序号	昌邑市						山东省					
	土类		亚类		土属		土类		亚类		土属	
	名称	编号	名称	编号	名称	编号	名称	编号	名称	编号	名称	编号
1	褐土	B	褐土性土	Ba	石碴土	Ba3	褐土	05	褐土性土	0503	坡黄土	050301
2	褐土	B	淋溶褐土	Bc	坡黄土	Bc3	褐土	02	淋溶褐土	0203	金黄土	020304
3	褐土	B	褐土	Bd	坡黄壤土	Bd3	褐土	02	褐土	0201	黄钙土	020103
4	褐土	B	潮褐土	Bf	潮黄土	Bf3	褐土	02	潮褐土	0204	黄泥土	020401
5	潮土	C	褐土化潮土	Ca	上坡河淤土	Ca1	潮土	08	潮土	0801	非石灰性冲淤土	080105
6	潮土	C	潮土	Cb	河淤土	Cb3	潮土	08	潮土	0801	滨海石滩土	080107
7	潮土	C	潮土	Cb	河潮土	Cb4	潮土	08	潮土	0801	非石灰性冲淤土	080105
8	潮土	C	盐化潮土	Cc	轻盐土	Cc6	潮土	08	盐化潮土	0804	油盐潮土	080401
9	潮土	C	湿潮土	Ce	洼黑土	Ce8	潮土	08	湿潮土	0803	涝淤土	080302

续表

序号	昌邑市						山东省					
	土类		亚类		土属		土类		亚类		土属	
	名称	编号	名称	编号	名称	编号	名称	编号	名称	编号	名称	编号
10	盐土	D	滨海潮盐土	Db	盐碱土	Db3	滨海盐土	10	滨海盐土	1001	卤盐土	100101
11	盐土	D	滨海潮盐土	Db	重盐土	Db4	滨海盐土	10	滨海潮滩盐土	1003	盐滩土	100301
12	砂姜黑土	G	砂姜黑土	Ga	洼坡干勾土	Ga2	砂姜黑土	06	砂姜黑土	0601	盖黄鸭屎土	060102
13	砂姜黑土	G	砂姜黑土	Ga	岗坡干勾土	Ga3	砂姜黑土	06	砂姜黑土	0601	盖黄鸭屎土	060102
14	风沙土	I	风沙土	Ia	沙土	Ia1	风沙土	03	草甸风沙土	0301	冲积固定草甸风沙土	030103

第二节　土地利用状况

昌邑市土地总面积为162746.98hm²(昌邑市国土资源管理局,2009年),按照《土地利用现状分类》分类系统,一级类有8个,二级类有38个。其中耕地面积为73675.13hm²,占土地总面积的45.27%;园地面积为5660.09hm²,占土地总面积的3.48%;林地面积为3255.68hm²,占土地总面积的2%;草地面积为705.21hm²,占土地总面积的0.43%;城镇村及工矿用地面积为31148.07hm²,占土地总面积的19.14%;交通运输用地面积为4955.73hm²,占土地总面积的3.05%;水域及水利设施用地面积为31171.53hm²,占土地总面积的19.15%;其他土地面积为12175.54hm²,占土地总面积的7.48%(见表2-6)。

表2-6　农村土地利用现状一级分类面积表(2009年昌邑市国土资源管理局)

一级类型	耕地	园地	林地	草地	城镇村及工矿用地	交通运输用地	水域及水利设施用地	其他土地
面积(hm²)	73675.13	5660.09	3255.68	705.21	31148.07	4955.73	31171.53	12175.54
占土地总面积(%)	45.27	3.48	2	0.43	19.14	3.05	19.15	7.48

一、耕地

全市耕地包括水浇地和旱地 2 个类型。其中水浇地面积为 46720.56hm²,占耕地总面积的 63.41%,主要分布于饮马镇、围子镇、柳疃镇、卜庄镇、龙池镇、奎聚街道、都昌街道等镇(街道);旱地面积为 26954.57 hm²,占耕地总面积的 36.59%,主要分布于卜庄镇、柳疃镇、龙池镇的北部、都昌街道西部的土埠丘陵、饮马镇青龙山、博陆山等陵间坡地及北孟镇中南部的山地丘陵区。

二、园地

全市园地包括果园和其他园地 2 个类型。果园面积为 2851.41hm²,占园地总面积的 50.38%,广泛分布于卜庄镇、奎聚街道、饮马镇、围子镇、北孟镇等镇(街道),品种主要有苹果、山阳大梨、大线穗梨、杏、柿子、桃、枣等;其他园地包括桑园等,集中分布在饮马镇、卜庄镇、围子镇、北孟镇,面积为 2808.68hm²,占园地面积的 49.62%。

三、林地

全市林地包括有林地、灌木林地和其他林地 3 个类型。其中有林地面积为 1825.03hm²,占林地总面积的 56.06%;灌木林地面积为 2.94hm²,占林地总面积的 0.09%;其他林地面积为 1427.71hm²,占林地总面积的 43.85%。

四、草地

全市草地面积较小。

五、城镇村及工矿用地

全市城镇村及工矿用地包括 5 个二级类。其中城市用地面积为 2432.33hm²,占城镇村及工矿用地面积的 7.81%;建制镇面积为 973.5hm²,占 3.13%,分布于 6 个镇及 2 个街道政府驻地;村庄面积为 9480.19hm²,占 30.44%;采矿用地面积为 10648.64 hm²;占 34.19%;风景名胜及特殊用地面积为 7613.51hm²,占 24.44%。

六、交通运输用地

全市交通运输用地包括 5 个二级类。其中铁路用地面积为 255.09hm²,占全市交通运输用地面积的 5.15%;公路用地面积为 1684.45hm²,占 33.99%;农村道路用地面积为 3010.11hm²,占 60.74%;港口码头用地面积为 2.91hm²,占 0.06%;管道运输用地面积为 3.32hm²,占 0.07%。

七、水域及水利设施用地

全市水域及水利设施用地包括 6 个二级类。其中河流水面面积为 4353.14hm²,占水域及水利设施用地的 13.97%;坑塘水面面积为 4213.48hm²,占 13.52%;沿海滩涂面积为 14464.78hm²,占 46.4%;内陆滩涂面积为 1566.23hm²,占 5.02%;沟渠面积为

$6229.08hm^2$，占 19.98%；水工建筑用地面积为 $344.82hm^2$，占 1.11%。

八、其他土地

全市其他土地包括设施农用地、田坎、盐碱地、沙地及裸地。其中以盐碱地和设施农用田面积较大，为 $8150.06hm^2$ 和 $3771.48\ hm^2$，分别占全市其他土地面积的 66.94% 和 30.98%。本市盐碱地主要分布在北部龙池镇、柳疃镇、卜庄镇等沿海地区。沙地面积很少，现在主要分布在都昌街道的西部沙丘区域，面积为 $0.77hm^2$，仅占其他土地的 0.01%。

第三节　耕地利用及管理

一、耕地利用现状

2009 年，昌邑市耕地面积为 $73675.13hm^2$。其中旱地面积为 $26954.57hm^2$，占耕地面积的 36.59%；水浇地面积为 $46720.56hm^2$，占耕地面积的 63.41%。全市耕地主要用于小麦、玉米、棉花、花生、生姜、大蒜、大葱等作物的种植，耕地的主要耕作形式为一年一作和一年两作。

2009 年，农作物总播种面积为 $96985hm^2$，粮食作物播种面积为 $70880hm^2$，占农作物总播种面积的 73.08%，平均单产为 $6949kg/hm^2$，总产为 492533 吨。其中小麦播种面积为 $32980\ hm^2$，单产为 $6800\ kg/hm^2$；玉米播种面积为 $35705hm^2$，单产为 $7300\ kg/hm^2$；经济作物播种面积为 $15193hm^2$，占农作物总播种面积的 15.67%，其中花生播种面积为 $3032hm^2$，单产为 $5974\ kg/hm^2$，棉花播种面积为 $9271hm^2$，单产为 $1177\ kg/hm^2$；瓜菜播种面积为 $10912hm^2$，占农作物总播种面积的 11.25%，其中蔬菜播种面积为 $9737hm^2$，平均单产为 $53149kg/hm^2$，瓜类播种面积为 $1175hm^2$，平均单产为 $42611kg/hm^2$；果园种植面积为 $2851hm^2$，果品总产量为 72752 吨。昌邑市各镇（街道）主要农作物播种面积情况如表 2-7 所示。

表 2-7　2009 年昌邑市各镇(街道)主要农作物播种面积情况

镇(街道)	小麦(hm^2)	玉米(hm^2)	棉花(hm^2)	花生(hm^2)	蔬菜(hm^2)	瓜类(hm^2)	合计(hm^2)
奎聚街道	1398.33	1398	173.33	54.67	884	49.33	3957.67
都昌街道	2467.33	3084.27	2944.13	117	2281.07	371.07	11264.87
龙池镇	2139.73	2398.13	1251.87	46	10	0	5845.73
柳疃镇	2821.33	2822.67	1013.33	0.4	9.27	0	6667
卜庄镇	6411	6089	3298	287	105	47	16237
围子镇	7178.93	6846	57.33	80	2434	18	16614.27
饮马镇	4670	7333.33	233.33	866.67	3200	220	16523.33
北孟镇	5893.33	5733.33	300	1580	813.33	470	14790
合计	32980	35704.73	9271.33	3031.73	9736.67	1175.4	91899.87

二、耕地使用管理情况

昌邑市对耕地的管理和使用十分重视，始终严格执行《中华人民共和国土地管理法》、《基本农田保护条例》的有关规定，不断加强对耕地的管理和使用。始终坚持“珍惜、合理利用土地和切实保护耕地”的基本国策及“保护中开发，在开发中保护”的耕地保护总原则。在此基础上，为切实提高耕地质量和生产能力，针对耕地土壤的具体实际，先后实施了玉米、果树覆盖麦草技术和小麦、玉米秸秆还田技术等以提高耕地质量；实施中低产田综合改良利用，提高耕地的综合生产能力；因地制宜，合理优化和调整种植业结构，充分发挥不同耕地土壤的生产效能；全面实施测土配方施肥工程，实现培肥耕地和增产增收。上述措施的实施，不仅培肥了耕地土壤，提高了耕地质量，而且显著提高了耕地的生产能力。

三、耕地利用存在的问题

昌邑市属冲积平原，境内南部为埠陵，中部为平原，北部为盐碱涝洼。通过此次耕地地力评价发现，当前影响农业生产发展的土壤障碍因素主要有旱、盐、薄、隔。

旱：主要是水源不足，降水分布不均，常年出现季节性干旱。据气象资料统计，全市平均降水量为 660mm。同时在季风气候的影响下，降水分布不均，一年中降水多集中在夏季，且春旱、秋旱及冬旱较为严重，因而季节性的旱涝对农作物生长极为不利。从水力资源看，地下水的总储量约为 $1\times10^9m^3$，可供开采利用的仅占 1/10。全市地下水中部较丰富，靠井灌，北部沿海地区无浅层淡水，不能利用其灌溉，南部丘陵地区地下水源缺乏，灌溉困难。目前，旱地水源主要靠峡山水库，自流灌溉面积占耕地面积的 55%，但水库供水量仍受到严重影响，作物减产甚至绝产。因此，旱是当前影响农作物生产的主要因素。

盐：北部是受盐碱威胁的滨海潮盐土、盐化潮土，共 $16094.21hm^2$，占全市耕地总面积的 21.84%。地下水位一般为 1～2m，矿化度为 2～10g/L，局部高于 50g/L，最高达 200g/L，严重影响作物生长。

薄：有两方面的意思，一是土层薄，二是土壤养分瘠薄。南部埠陵地的耕层浅，犁底层紧实，土体较薄，土体厚度多在 70cm 左右，局部小于 50cm。这种土壤供肥、供水能力差，作物受到较大限制，土壤养分含量低是普遍存在的一个问题。从土壤类型看，潮褐土、湿潮土、姜砂黑土含有机质、全氮较高，但土质差，释放养分能力弱，供肥性差，与当前土壤中养分的含量和生产水平的需求很不适应，特别是有机质不足，是造成土壤结构不良，地力瘠薄的主要原因，也是影响高产的重要环节。

隔：即土体中有障碍层次。全市土壤有夹砂层的为 $17846.82hm^2$，有障碍作用的夹黏层的为 $17307.66hm^2$，以上都阻碍土壤水肥运行，影响作物正常生长发育。

四、耕地施肥状况

本次评价对全市 2198 个农户进行了施肥情况调查，主要调查不同用地类型的有机肥、化肥等施用情况，并在此基础上，通过“3414”试验，了解当前大量元素氮、磷、钾合理施用比例及利用率。

(一)有机肥施用情况

昌邑市耕地有机肥施用种类达16种，包括人畜粪便、植物及饼肥、腐殖酸及商品有机肥、菌肥、有机—无机复混肥等几个方面，主要以鸡粪、人畜粪、厩肥、商品有机肥为主，不同用地类型施肥量各不相同。有机肥的年施用量为粮田389.79kg/667m²、棉田406.76kg/667m²、菜地4057.52kg/667m²、园地1591.47kg/667m²。有机肥的施用品种主要以鸡粪为主，人畜粪次之，再次是厩肥和商品有机肥，粮田和棉田施用有机肥少，菜地和园地施肥相对较多，施用方式多为基施。

全市各用地类型有机肥年均施用量如表2-8所示。

表2-8 昌邑市有机肥年施用量

用地类型	鸡粪(kg/667m²)	人畜粪(kg/667m²)	厩肥(kg/667m²)	其他(kg/667m²)	合计(kg/667m²)
粮田	215.77	78.22	95.8		389.79
棉田	32.28	196.21	150.97	27.3	406.76
菜地	2797.68	995.9	123.72	140.22	4057.52
园地	280.49	756.1	554.878		1591.47

(二)化肥施用情况

多年来，全市耕地均全部施用了化肥，施用面积为73675.13hm²。化肥的主要施用方式为基施和追施。

1. 化肥种类

(1)氮肥：全市施用的氮素化肥基本为尿素，施用户占调查户的62.5%，主要用于小麦、玉米的追肥，少数用于园地、菜地。

(2)磷肥：全市单质磷素化肥的施用量很少，有钙镁磷肥和过磷酸钙两种。钙镁磷肥施用户占调查户的0.9%，过磷酸钙施用户占调查户的0.21%。

(3)钾肥：单质钾素化肥有硫酸钾和氯化钾两种，硫酸钾施用户占调查户的18.6%，主要用于蔬菜、花生，氯化钾施用户占调查户的0.54%。

(4)复合(混)肥：含氮、磷、钾元素中的三种或是两种的复合、复混型肥料，是施用品种、施用量最多的一类。全市常见的就是三元复合(混)肥，例如，硫酸钾型复合肥、氯化钾型复合肥、玉米专用复合肥、花生专用复合肥；其次是二元复合(混)肥，例如，磷酸二铵等。三元复合(混)肥施用户占调查户的96.8%，磷酸二铵施用户占调查户的28.92%。

2. 不同用地类型化肥施用量

全市主要化肥年用量及不同用地类型氮、磷、钾年用量如表2-9和表2-10所示。从调查结果可以看出，粮田化肥施用总量为82.28kg/667m²，折纯为38.27kg/667m²，主要施用品种为尿素、磷酸二铵和复混肥，分别占粮田化肥施用总量的33.4%、25.3%和41.3%；棉田化肥施用总量为50.95kg/667m²，折纯为21.5kg/667m²，主要施用品种为复混肥，占棉田化肥施用总量的47.6%；菜地化肥施用总量为288.89kg/667m²，折纯为

97.46kg/667m²,农户施用以复混肥和有机—无机复混肥为主,分别占菜地化肥施用总量的63.5%、13.1%;园地化肥施用总量为80.22kg/667m²,折纯为37.2kg/667m²,主要施用类型为磷酸二铵和复混肥,分别占园地化肥施用总量的23.98%、58.28%。

表2-9　不同用地类型主要化肥年用量

设施类型	尿素(kg/667m²)	硫酸钾(kg/667m²)	磷酸二铵(kg/667m²)	复混肥(kg/667m²)	有机—无机复混肥(kg/667m²)	其他(kg/667m²)	合计(kg/667m²)
粮田	25.33		19.22	31.36	3.77	2.6	82.28
棉田	6.11	3.8	5.83	21	6.81	7.4	50.95
菜地	17.24	15.35	11.76	189.82	39.22	15.5	288.89
园地	25.95	3.66	12.99	31.57	3.68	2.37	80.22

表2-10　不同用地类型氮、磷、钾年用量

设施类型	N(kg/667m²)	P_2O_5 (kg/667m²)	K_2O (kg/667m²)	$N+P_2O_5+K_2O$ (kg/667m²)
粮田	20.3	13.57	4.39	38.27
棉田	9.55	7.46	4.5	21.5
菜地	35.41	25.17	36.88	97.46
园地	21.88	9.3	6.02	37.2

(三)化肥利用率

在目前化肥施用水平下,昌邑市小麦化肥当季利用率:氮肥为18.46%~21.33%、磷肥为8.55%~9.76%、钾肥为29.19%~39.09%;玉米化肥当季利用率:氮肥为11.79%~15.66%、磷肥为9.87%~15.73%、钾肥为17.76%~26.99%(见表2-11)。

表2-11　小麦、玉米氮、磷、钾化肥当季利用率

肥力水平	小麦(%)			玉米(%)		
	N	P_2O_5	K_2O	N	P_2O_5	K_2O
高肥力	21.33	8.55	39.09	15.66	15.37	26.99
中肥力	18.46	9.76	29.19	13.23	10.45	23.98
低肥力	19.45	9.54	31.46	11.79	9.87	17.76

(四)秸秆还田

随着农业机械化的发展,粮田秸秆还田面积有了较大增加。以直接还田为主,2011年小麦秸秆还田面积达到34300hm²,占播种面积的100%;玉米秸秆还田面积达到31302.67hm²,占播种面积的85%。秸秆还田面积和还田数量的增加,为土壤有机质的提高提供了条件。

（五）施肥趋势分析

1. 肥料施用量变化趋势分析

本次调查发现，有机肥施用种类比以前减少，主要减少了堆肥、骨粉等，但添加了氨基酸类有机肥。近年来，粮田、棉田、园地有机肥施用量有所降低，分别较2000年减少79.8kg/667m^2、56.3kg/667m^2、85.2kg/667m^2；菜地有机肥用量较2000年增加976.4kg/667m^2，特别是随着生姜种植面积的扩大，菜地有机肥用量大幅度提高（见表2-12）。

表2-12 较2000年肥料年施用量变化情况

用地类型	有机肥(kg/667m^2)	化肥(kg/667m^2)			
		N	P_2O_5	K_2O	$N+P_2O_5+K_2O$
粮田	−79.8	−1.8	−3.5	2.9	−2.4
棉田	−56.3	−3.5	−0.5	3.2	−0.8
菜地	976.4	4.5	2.8	8.9	16.2
园地	−85.2	−1.2	−3.6	−1.5	−6.3

粮田、棉田、园地化肥施用量较2000年均有减少。其中粮田、棉田氮素、磷素减少，钾素增加，氮、磷、钾折纯分别减少2.4kg/667m^2、0.8kg/667m^2；园地氮素、磷素、钾素均有所减少，氮、磷、钾折纯合计减少6.3kg/667m^2；菜地氮素、磷素、钾素均增加，氮、磷、钾折纯合计增加16.2kg/667m^2。2000年全市粮食产量平均为6141kg/hm^2，2009年平均为7060kg/hm^2，比2000年提高了14.96%。随着粮食产量的提高，化肥施用量却略有减少，这与近年来大力推广测土配方施肥技术有密切关系。

2. 肥料施用中存在的问题

（1）轻粮田、重经济田和蔬菜地过量施肥现象严重。由于种植经济作物的效益远远高于种植粮食作物，目前肥料施用量出现了轻粮田、重经济田和蔬菜地过量施肥的现象。据调查结果统计，粮田有机肥施用量为389.79 kg/667m^2，仅是菜地施用量的9.6%，化肥施用量折纯为38.27kg/667m^2，是菜地施用量的39.3%。蔬菜地肥料施用量偏大，尤其是磷酸二铵、复合肥料的大量施用，不仅造成蔬菜地土壤速效磷含量偏高，速效性氮、磷、钾比例失调，肥料利用率下降，菜地的经济效益降低，而且还破坏了土壤理化性状，导致土壤板结。

（2）地区间施肥量差异较大。镇与镇之间、户与户之间施肥量存在着较大的差异。都昌街道南逄村周围多年种植生姜，盲目大量施肥现象十分严重，施肥量折合氮、磷、钾纯养分合计为120.5kg/667m^2，而龙池镇主要种植粮食、棉花，施肥量较少，为27.9kg/667m^2，相差很大。

（3）肥料品种单一和施肥方法不当。有机肥：蔬菜地平均每亩施用有机肥4057.52kg。其中，菜地平均每亩施用鸡粪2797.68kg，占有机肥总量的68.9%。鸡粪中速效性氮、磷、钾含量较高，有机质含量偏低，大量施用可提供较多的速效养分，但不利于土壤有机质的积累和蔬菜地土壤的培肥。化肥：粮田、园地等用地类型均存在磷酸二铵比例偏高的现象，各用地类型磷酸二铵用量分别占化肥总用量的23.4%、16.2%。磷酸二铵为以磷为主的氮、磷二元复合肥料，氮、磷比例固定，施用量过大不利于氮、磷、钾的协调利用。

第三章　样品采集与分析

样品的采集与分析是耕地地力评价的基础，在充分考虑土壤类型、用地现状、作物品种等因素的基础上，按照典型性、代表性、广泛性的布点原则统一布点，用 GPS 定点取样，根据《测土配方施肥技术规范》测试分析要求进行化验分析，为耕地地力评价提供最基础的资料。

第一节　土壤样品的布点与采集

一、土壤样品的布点

（一）布点原则

1. 土种优先原则。土种是确定评价单元的依据，每个土种均有样点是评价的基础。昌邑市有 68 个土种，耕地面积较大的土种根据耕地面积布点，耕地面积较小的土种的样点数量不低于 3 个。

2. 用地类型兼顾原则。土样布点按照各种用地类型面积确定样点数量。

3. 种植作物兼顾原则。对全市小麦、玉米、生姜、马铃薯、大葱、棉花、花生、果树等种植的作物进行均匀布点，保证常见作物有样点、有调查。种植面积较大的作物要适当考虑种植年限、种植方式、土壤肥力水平等。

4. 代表性、均匀性原则。样点在土壤类型、用地类型、种植作物等方面具有广泛的代表性；各样点在土地利用现状图上均匀分布，便于评价过程的差值处理。

5. 布点与修正兼顾原则。土样采集原则上以布点为主，当布点要求与实际不符时，采样过程中要进行适当的调整，调整内容要求图上有标注、表中有记录。

（二）布点方法

参照 1981 年第二次土壤普查图，根据本市的地形地貌、土壤类型、种植作物、耕作制度、产量水平等确定取样地点，覆盖全市五大土类。根据规范要求的采样点密度，结合实际情况，将采样区域划分为若干个采样单元，每个采样单元的土壤性状尽可能均匀一致。2008～2010 年，共采集常规化验土壤样品 5489 个。为保证用于地力评价的点位数据的一致性，用于耕地地力评价的土壤样本全为 2008 年采样，共 2081 个，其中粮田 1272 个，菜地 424 个，棉田 345 个，园地 40 个，形成昌邑市耕地地力调查点点位图。

二、土壤样品采集

(一)采集前准备

土样采集是耕地地力评价的基础。2008 年 7 月，市政府召开了全市耕地地力评价工作会议，农业、财政、国土、工商、质监、统计、环保等有关单位的主要负责人和各镇(街道)的二十多名农业技术人员参加了会议，会上布置了土壤采集任务，农业局土肥站站长做了关于土壤采集工作的专题培训报告。分成了 8 个采样调查小组，由各镇(街道)的农技站站长任组长，农业技术人员为成员，负责本镇(街道)的土样采集工作，由农业局抽调 2 名技术骨干各分包 4 个小组，进行样点的采集及基础调查。各个采样组配备 GPS 1 部、样点登记表 1 份，以及不锈钢取土钻、竹铲、样品袋、铝盒、样品标签、记录表格、文具夹、铅笔等用品 1 套。

(二)土样采集

耕地地力评价土样为一定面积范围内多点位混合样。不同用地类型、不同作物土样的采集时间、方式不同，均按照“随机”、“等量”和“多点混合”的原则进行采样。

1. 粮田土样的采集。粮田土样在 9 月 25 日～10 月 5 日秋作物收获后进行采集。采样深度为 0～20cm。在 $1000m^2$ 范围内采用“S”法均匀随机采取 18 个采样点，充分混合后，四分法留取 1kg。整个采集样品过程中，样品不与不锈钢取土钻以外的铁器接触。采用 GPS 定位，记录经纬度，精确到 0.1"。采集的样品放入统一的样品袋中，用铅笔写好标签，内外各放一张。标签主要内容包括样品野外编号、采样深度、采样地点、采样时间、采样人等。

2. 菜地土样的采集。菜地土样在大田蔬菜生姜、马铃薯等主导蔬菜收获后采集，采样深度为 0～25cm。以农户同一块菜地为一个取样点，采用“S”法均匀随机采取 15 个采样点，要按照蔬菜地的沟、垄面积比例确定沟、垄取土点位的数量，土样充分混合后，四分法留取 1kg。其他同粮田土样的采集。打环刀测容重、孔隙度的位置，选择在蔬菜根系附近，第一层在 10～15cm，第二层在 35～40cm，每层打 3 个环刀。

3. 园地土样的采集。园地土样在 10～12 月苹果、桃、梨等水果收获后采集，采样深度为 0～30cm。以果农同一块果园为一个取样点，采用“S”法均匀随机选取 10 棵果树，以树干为圆心向外延伸到树冠边缘的 2/3 处采集，每株对角采两点。每个样品取 16 个样点充分混合后，四分法留取 1kg。其他同粮田土样的采集。

(三)农户调查

根据评价要求，设计取样点位调查表格，为基本情况调查表和农户调查表两张表格，调查内容主要有：采样地点、土种类型、地形地貌、土壤性状、农田设施、生产性能、施肥与喷药情况、管理措施、种植制度、产量水平、投入与产出等。为了保证调查的准确性和一致性，编制了各种调查表填写说明，并对调查人员进行培训。

取土点确定后，与取土点农户的主要管理者和当地技术人员座谈，按照采样点农户调查表格内容，详细调查填写农户的家庭人口，耕地面积，种植制度，近三年的产量与效益，上一年度肥料、农药使用数量、品种及次数，灌溉情况，生产管理情况，投入与产出情况等，以及土壤性状，包括质地、耕层厚度、土壤的立地条件、农田设施等内容。如野外部分内容把握不准，要求当天回室内查阅资料，予以完善。

（四）样品采集的质量控制

1. 重新划分用地类型，按粮田、菜地、棉田、园地等用地类型进行划分。

2. 考虑地形地貌、土壤类型、肥力高低、作物种类等布点，保证采样点具有典型性、代表性和空间分布的均匀性。

3. 考虑设施类型、作物种类、种植年限、不同时期布点，保证化验数据的可用性。

4. 由有经验、经培训的人员进行土样采集。

5. 统一采样工具（不锈钢取土钻、竹铲），保证每一土样采样点不少于 15 个；统一取土深度；统一采用 GPS 定位，记录经纬度，保证点位记录的精度。

6. 采样点距离铁路、公路 100m 以上，不在住宅、路旁、沟渠、粪堆、废物堆附近设采样点。

第二节 土壤样品的制备与存放

一、登记入库

野外采集的土样，及时送交化验室，由化验室样品管理员结合镇级土样点位图、样品登记表对样品进行核实。查看标签、登记表、农户调查表、土样调查表，对样品编号入库。

二、样品风干

入库土壤样品及时放入样品盘内，置于干净整洁的专用晾土室通风处自然风干。风干过程中，经常翻动土样并将大土块捏碎以加速干燥，同时剔除大块侵入体。山地土样石子过多，应当将拣出的石子称重，记下所占的百分比，以备折算养分含量时用。

三、粉碎处理

将风干后的样品平铺在牛皮纸上，细细剔除植物残体、石块等侵入体和铁锰结核、石灰结核等新生体，以除去非土样的组成部分。细小已断的植物须根，采用静电吸附的方法清除。侵入体和新生体剔除后，使用不锈钢土壤粉碎机研磨粉碎至全部样品通过 2mm 孔径尼龙筛。分一半土样装瓶贴标签，供 pH、速效性氮、速效性磷、速效性钾、速效性硫、交换性钙、交换性镁等项目的测定。另一半继续研磨粉碎，至全部样品通过 1mm 孔径尼龙筛，装瓶贴标签，供有机质、全氮、全钾、盐分、微量元素的测定。

土样瓶内外各放标签一张，写明室内编号、采样地点、样品粒径、制样时间、制样人、检测项目等，并对样品处理进行登记。制备好的样品及时移交检测室检测。

四、样品储存

土样经化验分析，剩留部分全部移交样品管理室登记造册，妥为储存，避免日光、高温、潮湿和有害气体污染。耕地地力评价样品需保存三年，至分析数据核实无误、评价工作全部结束，才能弃去。留 1000 个样品进行长期保存，以便必要时查核或补充其他分析项目，与以后普查样品进行比较之用。

第三节　植株样品的采集与制备

一、植株样品的采集

试验用植株样品按“梅花”形采样。小麦每小区取 2 个 0.5m^2，玉米取 6 株，地上部秸秆、籽粒全部采集，及时送交化验室登记、晾晒。

二、植株样品制备与保存

小麦、玉米样品及时晒干，秸秆、籽粒单独粉碎，充分混匀后用四分法缩分至 0.5kg。装入样品瓶，内外放好标签，移交检测室检测。检测剩余样品移交样品管理室保存 6 个月，待数据核实无误时进行销毁处理，不予保存。

第四节　水样的采集与保存

水样的采集时间为雨季前(5～6 月)、雨季后(9～10 月)。同一采样点重复采集农田灌溉水样各 1 次，每次采集样品 20 个，共计 40 个。同时采集农村饮用井水各 5 个，共计采集饮用水水样 10 个。雨季后采集主要河流、水库等地表水源地 5 个。采集水样装入 100mL 塑料瓶中，记载水源类型、取样时间、取样人等内容，用保温桶存放运输。尽快送到化验室，根据测定项目加入保存剂，并妥善保存和及时检测。检测剩余样品待数据核实无误时进行销毁处理，不予保存。

第五节　样品分析与质量控制

一、样品分析

根据《测土配方施肥技术规范》测试分析项目、检测方法的要求，至 2010 年底，共化验分析项目：土壤理化样品 5489 个、植株样品 156 个、水样 55 个，用于耕地地力评价的土壤样品 2081 个，累计完成土样化验 45098 项次、植株样品 468 项次、水样 195 项次，如表 3-1 所示。

表 3-1 样品测试项目、方法、项次一览表

分析项目		测定方法	化验个数	用于评价数
土壤样品	有机质	重铬酸钾一硫酸溶液一油浴法	5489	2081
	全氮	半微量凯氏法	1397	997
	碱解氮	碱解扩散吸收法	3911	1638
	有效磷	碳酸氢钠提取一钼锑抗比色法	5489	2081
	全钾	氢氧化钠熔融一火焰光度计	718	
	速效钾	乙酸铵浸提火焰光度计	5489	2081
	缓效钾	硝酸提取一火焰光度法	718	718
	有效铜	DTPA 提取一原子吸收光谱法	1335	984
	有效锌	DTPA 提取一原子吸收光谱法	1367	1016
	有效铁	DTPA 提取一原子吸收光谱法	1336	984
	有效锰	DTPA 提取一原子吸收光谱法	1336	985
	水溶性硼	甲亚胺一H 比色法	1319	1110
	有效钼	草酸一草酸铵提取一极谱法	718	718
	有效态硫	氯化钙提取,硫酸钡比浊法	718	718
	交换性钙	乙酸铵交换原子吸收分光光度法	718	718
	交换性镁	乙酸铵交换原子吸收分光光度法	718	718
	pH	土液比 1∶2.5,玻璃电极法	5489	2081
	有效硅	柠檬酸浸提一硅钼蓝比色法	718	718
	水溶性盐分	重量法	178	178
	土壤质地	国际制,手指法	5489	2081
	土壤容重	环刀法	224	224
	土壤孔隙度	环刀法	224	224
植株样品	全氮	硫酸一过氧化氢消煮一蒸馏滴定法	156	
	全磷	硫酸一过氧化氢消煮一钼锑抗比色法	156	
	全钾	硫酸一过氧化氢消煮一火焰光度法	156	
水样	氨氮	AAⅢ分析	55	
	硝氮	AAⅢ分析	55	
	磷	AAⅢ分析	55	
	钾	火焰光度法	30	

二、化验分析质量控制

(一)化验室环境条件

农业局土肥化验室为三层楼房,建筑面积为 400m^2,一楼主要为样品室,二楼为药品室、仪器室和化验室,三楼为办公室。自实施测土配方施肥项目以来,不断对仪器、环境、人员、管理与工作程序进行完善和改进。购置仪器设备,对检测环境进行改造,调整房屋布局,分设各室,铺埋水、电线路,粉刷房间,安装温湿控制设备。

（二）人员管理

土肥站下设业务室和化验室，现有专职工作人员 6 人。其中高级农艺师 1 人，农艺师 5 人。按照项目要求，定期对检测人员进行培训并定期考核，以确保人员素质与化验质量。

（三）工作制度

昌邑市土肥站严格制定并完善了化验室内部收样、试剂购置、样品预处理和样品传递、检测、回收等一系列制度，做到事事有制度、时时有记录。

（四）仪器设备

现有电子天平、气相色谱仪、液相色谱仪、极谱仪、原子吸收分光光度计、紫外可见分光光度计、凯氏定氮仪、酸度计、电导仪、超纯水器、样品粉碎机、振荡机、电热干燥箱等主要仪器设备 25 台套。强制性检定的计量器具定期送检定机构检定，非强制性检定的计量器具定期送检或自检，保证数据的量值溯源。

（五）检测过程质量控制

1. 标准、标准物质和标准溶液控制。化验分析方法采用国家或行业标准。标准物质选择与检测基体相近的国家或部门公布的一级、二级标准物质，用于分析仪器校正、分析方法检查和配制标准溶液及自制质控样品之用。标准溶液的配置使用基准试剂、基准物质和标准物质。标准储备液的浓度、稳定性、保存方法、有效期严格遵循分析方法中的规定。

2. 基础化验控制。全程序空白值测定，每批样品做 2 个空白样。

3. 标准曲线控制。每批样品均作标准曲线。

4. 精密度控制。50％的样品进行平行检查分析。

5. 准确度控制。使用标准样品进行内参样掺插，测试结果与标准样品标准值的差值，控制在标准偏差范围内。

6. 化验室比对。化验过程中，与周边已认证化验室进行 3 次化验室间的比对分析。

（六）数据审核与复检

1. 审核。检测结果的合理性判断作为质量控制的辅助手段，其合理性判断依据主要有：

（1）历次检测数据。检测结果与历次检测数据比对，剔除超常规数据。

（2）空间分布规律。依据不同土壤类型、用地类型各土壤养分含量的空间分布规律，主要是对土壤背景值和土壤养分含量范围值进行判断，剔除极限数据。

（3）检测项目间的联系。依据土壤有机质与全氮的相关性，相互判断数据的合理性，剔除不合理数据。

2. 复检。检测结果的合理性判断为剔除的数据，安排化验室内部化验员自检或互检；检测数据仍为异常数据的送周边化验室复检。对复检结果进行综合分析，异常数据不予外报。

第四章　土壤理化性状及评价

耕层土壤理化性状分析是耕地地力评价的基础。近年来，随着化肥施用量的逐年增加，农田养分状况发生了很大变化。但由于多数农民对土壤现状和作物需肥特性不甚了解，选肥不当、用量过多、施用方法不合理等因素造成了土壤养分失衡。为摸清昌邑市耕层土壤物理化学性状，准确进行耕地地力评价，依据山东省土壤养分分级标准，结合实际情况，采用了2081个土壤样品的化验数据，对耕层土壤的pH、有机质、大量元素、中量元素、微量元素、部分土壤物理性状等从不同用地类型（本书中不同用地类型中的菜地均指大田菜地）、不同土壤类型、不同土壤质地、不同区域四个方面进行了统计、分析和评价。此外，为了便于指导农业生产，本章对园地也进行了耕层土壤的理化性状分析。

第一节　土壤pH和有机质

一、土壤pH

土壤pH即土壤酸碱度，它虽然不属于土壤养分范畴，但作为土壤理化性质的基本指标，能直接影响作物的生长和发育。土壤pH对土壤肥力及养分的有效性影响很大。在低pH情况下，易造成磷、钙、镁养分的有效性降低；在高pH情况下，微量元素铁、锰、硼变为不可被吸收状态。绝大多数作物只有在一定的土壤pH范围内才能正常生长，适宜的土壤pH是作物生长发育的基础。

（一）全市pH总体状况及分级

2081个土壤样品化验分析表明，全市耕层土壤pH绝大多数为中性或弱碱性，其众数为7.3，最大值为8.5，最小值为5.9，变异系数为5.2%。分级及面积如表4-1所示。

表4-1　耕层土壤pH分级及面积

级　别	1	2	3
分级标准	>8.5	7.5～8.5	6.5～7.5
等级面积(hm^2)	0	128716.59	34030.39
占土地总面积比例(%)	0	79.09	20.91

（二）不同土壤类型pH

各类土壤pH差异主要取决于成土母质类型、土壤中盐基离子淋溶作用和复盐基作用的相对强度。褐土土类淋溶作用弱，盐基饱和度高，土壤呈中性至微碱性，pH 众数为 7.4；潮土土类直接发育在河流沉积物上，成土母质主要为河流冲积物，土壤呈中性至微碱性，pH 众数为 7.3；砂姜黑土土类成土母质主要为冲积物和浅湖沼相沉积物，土壤呈中性至微碱性，pH 众数为 7.3；盐土土类分布于滨海滩地上，盐碱威胁大，土壤普遍呈弱碱性至碱性，pH 众数为 8.0；风沙土土类土壤普遍呈微碱性，pH 较高，众数为 7.6。各类土壤 pH 变异系数为 3.9%～5.7%（见表 4-2）。

表 4-2　　不同土壤类型 pH

土壤类型	众　数	变　幅	变异系数(%)
褐土	7.4	6.8～8.1	3.9
潮土	7.3	5.9～8.4	5.4
盐土	8.0	6.8～8.5	5.4
砂姜黑土	7.3	6.5～8.1	4.3
风沙土	7.6	6.1～8.2	5.7

（三）不同用地类型 pH

土壤测试结果显示，棉田耕层土壤 pH 较高，众数为 7.8，变幅为 5.9～8.5，这是因为昌邑市棉田大部分位于北部沿海的龙池镇、卜庄镇、柳疃镇等镇，适合棉花的耐盐碱生长特性；粮田、菜地、园地 pH 较低，众数均为 7.3，土壤为中性，无明显差异（见表 4-3）。

表 4-3　　不同用地类型 pH

土壤类型	众　数	变　幅	变异系数(%)
褐土	7.4	6.8～8.1	3.9
粮田	7.3	6.1～8.2	4.8
菜地	7.3	6.1～8.2	4.8
棉田	7.8	5.9～8.5	5.2
园地	7.3	6.9～8.2	4.7

（四）不同土壤质地 pH

不同的土壤质地耕层土壤的 pH 各不相同，差异明显。重壤土 pH 众数为 8.0，最高；紧砂土次之，为 7.9；砂壤土、中壤土众数相同，为 7.3；轻壤土众数为 7.4（见表 4-4）。

表 4-4　　不同土壤质地 pH

土壤类型	众　数	变　幅	变异系数(%)
轻壤土	7.4	5.9～8.4	5.4
中壤土	7.3	6.1～8.2	5.6
重壤土	8.0	6.2～8.2	4.7
砂壤土	7.3	6.1～8.5	5.6
紧砂土	7.9	6.5～8.1	4.9

（五）不同区域 pH

根据昌邑市北部盐碱涝洼、中部平原、南部埠陵的地形特征，将全市划分为北部（卜庄镇、柳疃镇、龙池镇）、中部（奎聚街道、都昌街道、围子镇、饮马镇）、南部（北孟镇）3 个不同区域，对耕层土壤养分进行统计、分析和评价（见表 4-5）。

表 4-5　　不同区域 pH

区　域	镇（街道）	众　数	变　幅	变异系数（%）
北部	卜庄镇	8.0	6.1～8.5	5.0
	柳疃镇	7.7	7.0～8.2	4.2
	龙池镇	7.8	7.0～8.2	4.4
中部	奎聚街道	7.2	6.6～8.2	4.8
	都昌街道	7.7	5.9～8.2	5.1
	围子镇	7.3	6.1～7.9	3.8
	饮马镇	7.3	6.5～8.0	4.7
南部	北孟镇	7.5	7.0～8.1	4.0

不同区域 pH 差异明显，北部区域 pH 众数为 7.7，变幅为 6.1～8.5，为弱碱性土；中部区域 pH 众数为 7.3，变幅为 5.9～8.2，为中性土；南部区域 pH 众数为 7.5，变幅为 7.0～8.1，土壤呈弱碱性。同一区域间各镇（街道）略有差异，北部以卜庄镇 pH 较高，众数为 8.0；中部以都昌街道 pH 较高，众数为 7.7，土壤呈弱碱性，其余各镇差异不大。

二、土壤有机质

土壤有机质是土壤的重要组成部分，是土壤养分的重要来源。较高的土壤有机质含量能够改善土壤物理性状，提高土壤的保肥、保水能力和缓冲性能，促进土壤团粒结构的形成。此外，有机质中的腐殖质具有生理活性，能促进作物生长发育，消除土壤的污染。它是土壤肥力的重要指标，对耕地地力水平有重要的影响。

土壤有机质的含量受气候、地理位置和耕作模式等多种因素影响。农田土壤有机质主要来源于动植物体的分解和外源有机肥的施入，在目前耕作模式下，秸秆还田是影响耕层土壤有机质含量的重要因素。

（一）耕层土壤有机质含量及分级

土壤有机质的积累与矿化是土壤与生态环境之间物质和能量循环的一个重要环节。昌邑市处于暖温带大陆性季风气候区，干湿交替明显，夏季湿热，冬季干冷，其生物、气候条件有利于有机质分解，故土壤有机质含量较低。经 2081 个土壤样品化验分析可知，全市有机质平均含量为 12.3g/kg，变幅为 5.4～19.7g/kg；34.67％的土地面积有机质含量为 10～12g/kg，48.04％的土地面积有机质含量为 12～15g/kg，有机质含量总体属中等偏上水平。含量分级及面积如表 4-6 所示。

表 4-6 耕层土壤有机质含量分级及面积

级　别	1	2	3	4	5	6
分级标准(g/kg)	>20	15～20	12～15	10～12	8～10	6～8
等级面积(hm^2)	0	8169.90	78183.65	56424.38	17479.02	2490.03
占土地总面积比例(%)	0	5.02	48.04	34.67	10.74	1.53

(二)不同土壤类型耕层土壤有机质含量

受成土母质、发育过程、耕层质地、人为耕作的影响，不同土壤类型间有机质含量有较大差异，砂姜黑土地处低洼地带，土质黏重，土壤有机质含量较高，平均含量为 13.3g/kg；褐土、潮土有机质平均含量分别为 13.1g/kg、12.2g/kg；盐土和风沙土因多种植棉花等作物，秸秆还田量少，受成土母质和发育过程等因素影响，有机质含量较低，分别为 10.6g/kg、9.2g/kg(见表 4-7)。

表 4-7 不同土壤类型有机质含量

土壤类型	平均含量(g/kg)	变幅(g/kg)	变异系数(%)
褐土	13.1	6.3～19.1	18.4
潮土	12.2	5.4～19.7	25.5
盐土	10.6	6.3～14.8	25.6
砂姜黑土	13.3	6.1～19.2	17.8
风沙土	9.2	6.1～15.3	25.4

(三)不同用地类型耕层土壤有机质含量

土壤测试结果显示，不同用地类型各耕层有机质含量不尽相同。粮田的有机质含量最高，平均为 13.0g/kg，变幅为 6.0～19.7g/kg；其次为棉田和菜地，有机质平均含量分别为 11.8g/kg、11.2g/kg；园地最低，有机质平均含量为 10.8g/kg。这是因为粮田以种植小麦、玉米为主，近年来小麦、玉米秸秆还田面积逐年增加，目前全市小麦秸秆还田率已达 100%，玉米秸秆还田面积占种植面积的 85%，因而有机质含量相对比较丰富(见表 4-8)。

表 4-8 不同用地类型有机质含量

用地类型	有机质平均含量(g/kg)	变幅(g/kg)	变异系数(%)
粮田	13.0	6.0～19.7	22.1
菜地	11.2	5.4～19.1	21.8
棉田	11.8	5.4～18.6	28.2
园地	10.8	6.4～18.0	27.9

(四)不同土壤质地耕层土壤有机质含量

不同土壤质地耕层土壤的有机质含量差异较大。重壤土土质黏重，有机质含量最高，平均为13.6g/kg;其次为中壤土,平均为13.1g/kg;砂壤土和紧砂土有机质含量较低,平均分别为10.2g/kg、9.2g/kg(见表4-9)。

表4-9 不同土壤质地有机质含量

土壤质地	平均含量(g/kg)	变幅(g/kg)	变异系数(%)
轻壤土	12.0	5.4～19.7	24.5
中壤土	13.1	6.0～18.8	20.8
重壤土	13.6	6.0～19.4	23.5
砂壤土	10.2	5.4～17.3	26.8
紧砂土	9.2	6.2～17.1	24.2

(五)不同区域耕层土壤有机质含量

不同区域耕层土壤有机质含量差别显著,北部区域土质黏重,重壤土较多,有机质含量相对较高,平均含量为12.7g/kg,变幅为5.4～19.2g/kg,其中龙池镇有机质平均含量最高,为13.2g/kg;南部北孟镇耕地以粮田为主,主要种植小麦、玉米、花生等作物,作物秸秆还田量大,有机质含量较高,平均为13.2g/kg,变幅为6.1～18.7g/kg;中部平原土质以轻壤、中壤为主,是生姜、马铃薯、大葱等蔬菜集中种植区,秸秆还田量相对较少,有机质平均含量为11.8g/kg,低于全市平均水平,其中都昌街道有机质平均含量最低,为10.2g/kg(见表4-10)。

表4-10 不同区域有机质含量

区　域	镇(街道)	平均含量(g/kg)	变幅(g/kg)	变异系数(%)
北部	卜庄镇	12.4	5.4～18.9	24.7
	柳疃镇	12.8	6.0～19.2	27.0
	龙池镇	13.2	6.2～19	20.0
中部	奎聚街道	11.8	6.0～18.8	31.5
	都昌街道	10.2	5.4～19.1	31.3
	围子镇	12.8	6.5～19.7	20.1
	饮马镇	12.0	7.0～19.2	18.3
南部	北孟镇	13.2	6.1～18.7	19.1

(六)有机质含量提高的原因

全市耕层土壤有机质平均含量为12.3g/kg,同1981年第二次土壤普查相比,平均含量增加了3.1g/kg,提高了33.7%。有机质含量提高的主要原因:一是近几年来大力提倡作物秸秆还田,为耕层土壤有机质含量的提高提供了大量的有机物质;二是优质有机肥施用量增加,昌邑市是畜牧业大市,鸡鸭养殖大户众多,可以提供大量优质的鸡粪、鸭粪,从而保证了有机质含量的提高。

第二节 土壤大量元素状况

一、土壤氮素

(一)耕层土壤全氮

土壤中氮素包括有机态氮和无机态氮,其总和为全氮。土壤中全氮含量代表氮素的总储量和供氮潜力,因此,全氮含量与有机质一样是土壤肥力状况的重要指标之一。本次耕地地力评价采集土壤全氮样品997个,全市平均含量为0.89 g/kg,变幅为0.12～1.97 g/kg,其中在0.75～1 g/kg范围的土地面积为118479.8 hm^2,占土地总面积的72.8%;高于1 g/kg的土地面积为23712.24 hm^2,占土地总面积的14.57 %。土壤全氮含量总体属中等水平,平均含量较第二次土壤普查时提高了53.4%。含量分级及面积如表4-11所示。

表4-11 耕层土壤全氮含量分级及面积

级 别	1	2	3	4	5	6
分级标准(g/kg)	>1.5	1.2～1.5	1～1.2	0.75～1	0.5～0.75	0.3～0.5
等级面积(hm^2)	0	520.79	23191.45	118479.8	19822.58	732.36
占土地总面积比例(%)	0	0.32	14.25	72.80	12.18	0.45

不同用地类型间土壤全氮平均含量差异较小。粮田平均含量为0.93g/kg,变幅为0.12～1.97g/kg;园地平均含量为0.85g/kg,变幅为0.47～1.39g/kg;棉田平均含量为0.83g/kg,变幅为0.18～1.51g/kg;菜地平均含量为0.82g/kg,变幅为0.19～1.37g/kg(见表4-12)。

表4-12 不同用地类型氮素含量

用地类型	全氮(g/kg)			碱解氮(mg/kg)		
	平均含量	变幅	变异系数(%)	平均含量	变幅	变异系数(%)
粮田	0.93	0.12～1.97	29.3	87	31～167	26.0
菜地	0.82	0.19～1.37	24.2	86	48～169	24.0
棉田	0.83	0.18～1.51	31.3	81	31～179	27.2
园地	0.85	0.47～1.39	23.5	87	51～178	33.7

不同土壤类型全氮含量分布为:砂姜黑土含量较高,平均含量为0.96g/kg,变幅为0.16～1.5g/kg;其次是褐土,平均含量为0.92g/kg,变幅为0.12～1.97g/kg;潮土、盐土平均含量差异不大,分别为0.88g/kg、0.84g/kg;风沙土最低,平均含量为0.69g/kg,变幅为0.19～1.19g/kg(见表4-13)。

表 4-13　不同土壤类型氮素含量

用地类型	全氮(g/kg)			碱解氮(mg/kg)		
	平均含量	变幅	变异系数(%)	平均含量	变幅	变异系数(%)
褐土	0.92	0.12～1.97	30.1	81	31～144	22.0
潮土	0.88	0.14～1.97	29.5	88	31～179	27.0
盐土	0.84	0.64～0.95	13.9	85	63～138	26.1
砂姜黑土	0.96	0.16～1.50	23.8	79	48～145	21.0
风沙土	0.69	0.19～1.19	29.4	80	36～124	24.7

不同土壤质地耕层土壤全氮含量以重壤土最高，中壤土次之，平均含量分别为0.99g/kg、0.95g/kg，轻壤土比全市平均含量略低，为0.86g/kg，砂壤土和紧砂土平均含量较低，分别为0.78g/kg 、0.76g/kg(见表4-14)。

表 4-14　不同土壤质地氮素含量

用地类型	全氮(g/kg)			碱解氮(mg/kg)		
	平均含量	变幅	变异系数(%)	平均含量	变幅	变异系数(%)
轻壤土	0.86	0.12～1.61	28.2	86	31～179	26.5
中壤土	0.95	0.16～1.97	27.1	84	31～149	25.0
重壤土	0.99	0.14～1.97	37.3	97	35～149	27.9
砂壤土	0.78	0.19～1.43	33.3	76	36～146	25.8
紧砂土	0.76	0.34～1.37	33.2	67	54～131	25.5

耕层土壤全氮含量区域间各不相同，北部、南部较高且差异不大，平均含量分别为0.93g/kg、0.94g/kg，中部平均含量较低，为0.83g/kg，变幅为0.18～1.43g/kg。镇(街道)间以北部的龙池镇最高，平均含量为0.99g/kg，变幅为0.31～1.51g/kg；以中部的都昌街道最低，平均含量为0.73g/kg，变幅为0.18～1.25g/kg(见表4-15)。

表 4-15　不同区域氮素含量

不同区域		全氮(g/kg)			碱解氮(mg/kg)		
区域	镇(街道)	平均含量	变幅	变异系数(%)	平均含量	变幅	变异系数(%)
北部	卜庄镇	0.92	0.23～1.45	24.3	92	53～178	24.5
	柳疃镇	0.91	0.14～1.97	39.2	97	45～166	24.5
	龙池镇	0.99	0.31～1.51	25.9	77	33～142	28.3
中部	奎聚街道	0.89	0.18～1.43	30.7	89	51～167	27.8
	都昌街道	0.73	0.18～1.25	27.7	82	31～179	25.1
	围子镇	0.91	0.27～1.37	24.8	92	48～149	26.7
	饮马镇	0.87	0.54～1.28	18.0	79	31～137	25.3
南部	北孟镇	0.94	0.12～1.97	28.1	79	31～145	21.2

（二）耕层土壤碱解氮

碱解氮也称作“水解氮”，它包括无机的矿物态氮和结构简单较易分解的有机态氮，有铵态氮、硝态氮、氨基酸酰胺等，可供作物近期吸收利用，但碱解氮在土壤中不稳定，易受土壤水势条件和生物活动的影响而发生变化。但它能反应近期内土壤的氮素供应能力，是耕地地力的重要影响因素之一。据1638个土壤样品化验分析，全市耕层土壤碱解氮含量变幅为31～179mg/kg，平均含量为86mg/kg，是第二次土壤普查时平均含量的2倍，碱解氮含量总体属中等偏上水平。含量分级及面积如表4-16所示。

表4-16　耕层土壤碱解氮含量分级及面积

级　别	1	2	3	4	5	6	7
分级标准(mg/kg)	＞150	120～150	90～120	75～90	60～75	45～60	＜45
等级面积(hm^2)	0	1415.9	51330.4	80576.03	28350.52	992.76	81.37
占土地总面积比例(%)	0	0.87	31.45	49.51	17.42	0.61	0.05

不同用地类型间耕层土壤碱解氮平均含量相差不大，粮田、园地平均含量均为87mg/kg，变幅分别为31～167mg/kg、51～178mg/kg；菜地平均含量为86mg/kg，变幅为48～169mg/kg；棉田略低，平均含量为81mg/kg，变幅为31～179mg/kg(见表4-12)。

不同土壤类型碱解氮平均含量略有差异，潮土最高，平均含量为88mg/kg；其次是盐土，平均分量为85mg/kg；褐土、风沙土、砂姜黑土平均含量分别为81mg/kg、80mg/kg、79mg/kg，差异不明显(见表4-13)。

不同土壤质地碱解氮含量分布与全氮类似，重壤土平均含量最高，为97mg/kg；轻壤土、中壤土碱解氮平均含量相差不大，分别为86mg/kg、84mg/kg；砂壤土和紧砂土平均含量较低，分别为76mg/kg、67mg/kg(见表4-14)。

不同区域耕层土壤碱解氮含量有一定的差异，柳疃镇、卜庄镇、围子镇较高，平均含量分别为97mg/kg、92mg/kg、92mg/kg；龙池镇、饮马镇、北孟镇较低，平均含量分别为77mg/kg、79mg/kg、79mg/kg，总的趋势是：北部＞中部＞南部(见表4-15)。

（三）氮素含量提高的原因

与第二次土壤普查相比，耕层土壤中全氮、碱解氮含量都有较大提高：一是化肥施用量有较大幅度的提高，增加了土壤中氮素的供给，提高了土壤中全氮及碱解氮的含量；二是增施有机肥和秸秆还田技术的应用，增加了土壤有机质，改善了土壤结构，提高了土壤的保水、保肥能力。

二、土壤磷素

磷是作物必需的三大营养元素之一，土壤磷素与作物产量密切相关，常用来衡量土壤磷素含量状况的指标是土壤有效磷含量，其含量高低是衡量土壤肥力水平的重要指标。

据2081个样品化验分析，全市土壤有效磷含量总体属中等水平，平均含量为34.4mg/kg，变幅为3.2～158.8mg/kg，是第二次土壤普查平均含量的7.7倍。由于磷在土壤中移动性较小，有效磷含量受磷肥施入量的影响较大，特别是耕层土壤有效磷含量与施入磷肥量的关系极为密切。同第二次土壤普查相比，现在磷肥种类多，质量好，施入量增加，因而土壤有效磷含量提高显著。含量分级及面积如表 4-17 所示。

表 4-17　　耕层土壤有效磷含量分级及面积

级　别	1	2	3	4	5	6	7	8
分级标准(mg/kg)	>120	80～120	50～80	30～50	20～30	15～20	10～15	5～10
等级面积(hm^2)	0	537.07	18992.57	49865.67	45422.68	31312.52	15086.65	1529.82
占土地总面积比例(%)	0	0.33	11.67	30.64	27.91	19.24	9.27	0.94

近年来，由于菜地、园地过磷酸钙、磷酸二铵等磷肥和复合(混)肥的大量施用，土壤有效磷含量有了大幅度提高。随着测土配方施肥技术的推广以及粮田变菜地、菜地变粮田的过程，粮田土壤有效磷含量也有了较大的提高。棉田有效磷含量较第二次土壤普查时虽有较大幅度的提高，但仍明显低于菜地、园地和粮田。统计结果显示，粮田有效磷平均含量为 32mg/kg，变幅为 5.6～116.5mg/kg；菜地平均含量为 48.9mg/kg，变幅为 8～158.8mg/kg；园地平均含量为 42.1mg/kg，变幅为 8.3～84.3 mg/kg；棉田平均含量为 24.7mg/kg，变幅为 3.2～100mg/kg，整体趋势是：菜地>园地>粮田>棉田(见表 4-18)。

表 4-18　　不同用地类型有效磷含量

用地类型	平均含量(mg/kg)	变幅(mg/kg)	变异系数(%)
粮田	32.0	5.6～116.5	64.4
菜地	48.9	8.0～158.8	52.0
棉田	24.7	3.2～100.0	74.6
园地	42.1	8.3～84.3	53.8

不同土壤质地中，轻壤土、中壤土、重壤土的有效磷含量差异不大，略高于砂壤土、紧砂土，平均含量分别为 36.9mg/kg、36.5mg/kg、35.3mg/kg；砂壤土平均含量为31.1mg/kg，变幅为 5.6～158.8mg/kg；紧砂土有效磷含量最低，平均含量为 29.1mg/kg。有效磷含量的提高与磷酸二铵及各种高浓度的复合(混)肥的大量施入有密切关系(见表 4-19)。

表 4-19　　不同土壤质地有效磷含量

土壤质地	平均含量(mg/kg)	变幅(mg/kg)	变异系数(%)
轻壤土	36.9	3.2～154.4	61.6
中壤土	36.5	5.0～115.2	69.6
重壤土	35.3	4.1～99.8	66.2
砂壤土	31.1	5.6～158.8	75.0
紧砂土	29.1	9.5～133.0	67.2

不同土壤类型有效磷含量差异较大。土类中以潮土平均含量较高，为 36.6mg/kg，变幅为 3.2～158.8mg/kg；盐土较低，平均含量为 21.5mg/kg，变幅为 8.2～46.2mg/kg；褐土、风沙土、砂姜黑土平均含量差异较小，分别为 29.1mg/kg、29.9mg/kg、28.4mg/kg（见表 4-20）。

表 4-20　不同土壤类型有效磷含量

土壤质地	平均含量(mg/kg)	变幅(mg/kg)	变异系数(%)
褐土	29.1	5.5～82.7	59.5
潮土	36.6	3.2～158.8	64.8
盐土	21.5	8.2～46.2	52.7
砂姜黑土	28.4	5.6～99.6	71.0
风沙土	29.9	7.6～116.5	82.7

不同区域土壤有效磷含量差异显著，总的趋势是在蔬菜种植面积大的中部地区有效磷含量较高，平均为 39.9mg/kg，其中以生姜种植面积最大的围子镇有效磷含量最高，平均为 48.9mg/kg；南部埠陵、北部沿海地区有效磷含量相对较低，平均含量分别为 25.1mg/kg、28.9mg/kg，显著低于中部地区。龙池镇为有效磷含量最低的镇，平均含量为 21.5mg/kg（见表 4-21）。

表 4-21　不同区域有效磷含量

区　域	镇(街道)	平均含量(mg/kg)	变幅(mg/kg)	变异系数(%)
北部	卜庄镇	35.7	5.2～99.8	57.5
	柳疃镇	24.2	4.1～99.3	66.6
	龙池镇	21.5	3.8～100.0	62.2
中部	奎聚街道	34.0	3.2～116.5	68.7
	都昌街道	35.6	4.4～99.5	64.9
	围子镇	48.9	8～158.8	46.7
	饮马镇	37.2	7.8～99.6	56.5
南部	北孟镇	25.1	5.5～72.6	63.1

三、土壤钾素

钾能够显著提高光合作用的强度，促进作物体内淀粉和糖的积累，增强作物的抗逆性、抗病能力和对氮的吸收能力。此外，钾在改善作物品质上起着重要的作用，是公认的“品质元素”。充足的土壤钾素是作物产量和品质的保证。本次耕地地力评价对耕层土壤缓效钾、速效钾进行了化验分析，用于本次评价的土壤缓效钾样品有 718 个、速效钾样品有 2081 个。

(一)耕层土壤缓效钾

全市耕层土壤缓效钾平均含量为 655mg/kg,变幅为 192～1509mg/kg。63.27%的土地缓效钾含量为 500～750mg/kg;在 750～900mg/kg 范围内的土地面积占土地总面积的 28.11%,在 900～1200mg/kg 范围内的土地面积仅占土地总面积的 2.99%,总体属中等偏下水平。含量分级及面积如表 4-22 所示。

表 4-22 耕层土壤缓效钾含量分级及面积

级　别	1	2	3	4	5
分级标准(mg/kg)	>1200	900～1200	750～900	500～750	300～500
等级面积(hm^2)	32.55	4866.13	45748.18	102970.01	9130.11
占土地总面积比例(%)	0.02	2.99	28.11	63.27	5.61

不同用地类型耕层土壤缓效钾含量差异较大,棉田平均含量为 756mg/kg,变幅为 353～1419mg/kg;菜地为 606mg/kg,变幅为 192～1509mg/kg;园地为 667mg/kg,变幅为 461～1160mg/kg;粮田为 645 mg/kg,变幅为 197～1358mg/kg。棉田含量明显高于其他用地类型,一是因为棉花主要种植在北部沿海各镇,二是因为棉花为喜钾作物,钾肥在棉花上施用量较大(见表 4-23)。

表 4-23 不同用地类型钾素含量

用地类型	缓效钾(mg/kg)			速效钾(mg/kg)		
	平均含量	变幅	变异系数(%)	平均含量	变幅	变异系数(%)
粮田	645	197～1358	28.3	147	60～396	43.5
菜地	606	192～1509	26.0	173	81～533	46.3
棉田	756	353～1419	25.7	167	62～368	44.1
园地	667	461～1160	26.8	170	82～392	38.5

土壤缓效钾含量主要受成土母质、土壤质地及土壤黏粒组成的影响,不同土壤类型间有较大差异。其中潮土平均含量最高,为 686mg/kg,变幅为 204～1509mg/kg;褐土平均含量最低,为 529mg/kg,变幅为 197～957mg/kg,总的趋势是:潮土>盐土>风沙土>砂姜黑土>褐土(见表 4-24)。

表 4-24 不同土壤类型钾素含量

土壤类型	缓效钾(mg/kg)			速效钾(mg/kg)		
	平均含量	变幅	变异系数(%)	平均含量	变幅	变异系数(%)
褐土	529	197～957	25.5	134	60～356	45.6
潮土	686	204～1509	27.1	161	62～533	44.2
盐土	684	316～891	38.4	166	75～388	39.9
砂姜黑土	572	323～1110	23.0	151	62～360	47.4
风沙土	576	192～842	29.0	164	60～312	35.1

不同土壤质地土壤缓效钾含量各不相同。重壤土含量较高，平均含量为846mg/kg，变幅为567～1172mg/kg；砂壤土含量最低，平均含量为595mg/kg，变幅为192～894mg/kg；轻壤土、中壤土、紧砂土含量略高于砂壤土，且差异不明显，平均含量分别为647mg/kg、658mg/kg、624mg/kg（见表4-25）。

表4-25 不同土壤质地钾素含量

土壤类型	缓效钾(mg/kg)			速效钾(mg/kg)		
	平均含量	变幅	变异系数(%)	平均含量	变幅	变异系数(%)
轻壤土	647	197～1509	26.5	155	66～533	44.8
中壤土	658	208～1419	30.9	156	62～368	46.4
重壤土	846	567～1172	19.4	170	70～360	42.0
砂壤土	595	192～894	23.5	161	60～392	42.3
紧砂土	624	204～868	27.0	139	80～258	37.6

从区域分布看，土壤缓效钾含量总的趋势是由北向南依次递减，北部缓效钾平均含量为757mg/kg，变幅为308～1419mg/kg；中部平均含量为607mg/kg，变幅为192～1509mg/kg；南部平均含量为542mg/kg，变幅为197～1110mg/kg。各镇（街道）间差异较大，龙池镇、卜庄镇、柳疃镇平均含量高于700mg/kg，龙池镇最高，为848mg/kg，围子镇、饮马镇、北孟镇缓效钾平均含量低于600mg/kg，北孟镇最低，为542mg/kg（见表4-26）。

表4-26 不同区域钾素含量

不同区域		缓效钾(mg/kg)			速效钾(mg/kg)		
区域	镇(街道)	平均含量	变幅	变异系数(%)	平均含量	变幅	变异系数(%)
北部	卜庄镇	753	353～1220	24.5	158	60～360	42.0
	柳疃镇	713	308～1358	24.6	170	80～388	39.0
	龙池镇	848	554～1419	17.4	151	64～304	29.2
中部	奎聚街道	652	204～1220	28.8	143	66～392	47.3
	都昌街道	649	192～1509	29.2	191	62～368	41.1
	围子镇	562	204～967	26.9	157	60～396	44.5
	饮马镇	584	413～907	16.9	145	60～533	52.8
南部	北孟镇	542	197～1110	26.2	141	60～360	48.2

（二）耕层土壤速效钾

据2081个土壤样品化验分析，全市耕层土壤速效钾平均含量为156mg/kg，变幅为60～533mg/kg，是第二次土壤普查时的2.1倍。分级结果显示，耕层土壤速效钾含量主要集中在 120～300mg/kg，在 120～150mg/kg 范围内的土地面积占土地总面积的 28.74%，在 150～200mg/kg 范围内的占土地总面积的 44.67%，总体含量较为丰富。含量分级及面积如表 4-27 所示。

表 4-27　　土壤速效钾含量分级及面积

级　别	1	2	3	4	5	6
分级标准(mg/kg)	＞300	200～300	150～200	120～150	100～120	75～100
等级面积(hm^2)	329.44	26657.31	72697.31	46772.34	12580.03	3564.07
占土地总面积比例(%)	0.20	16.38	44.67	28.74	7.73	2.19

耕层土壤速效钾含量受人为活动的影响，不同用地类型含量各不相同。粮田平均含量为 147mg/kg，变幅为 60～396mg/kg；菜地平均含量为 173mg/kg，变幅为 81～533 mg/kg；棉田平均含量为 167mg/kg，变幅为 62～368mg/kg；园地平均含量为 170mg/kg，变幅为 82～392mg/kg。菜地、园地、棉田差别不大，但明显高于粮田(见表 4-23)。

不同土壤类型间土壤速效钾含量各有不同，潮土、盐土和风沙土耕层土壤速效钾含量比较高，且差异不明显，平均含量分别为 161mg/kg、166mg/kg、164mg/kg；砂姜黑土较低，平均含量为 151mg/kg；褐土最低，平均含量为 134mg/kg，是本市的主要缺钾土壤(见表 4-24)。

土壤速效钾含量还与质地类型关系密切，重壤土平均含量为 170mg/kg，砂壤土平均含量为 161mg/kg，轻壤土平均含量为 155mg/kg，中壤土平均含量为 156mg/kg，紧砂土平均含量为 139mg/kg(见表 4-25)。

土壤速效钾含量从区域分布来看，北部的柳疃镇、中部的都昌街道含量较高，南部北孟镇较低，总的趋势是中部和北部持平，平均含量分别为 160mg/kg、159mg/kg，明显高于南部的平均含量 141mg/kg(见表 4-26)。

第三节　土壤中量元素状况

土壤中量元素是指植物体内含量相对较高的营养元素，通常包括钙、镁、硫三种，也称为“中量元素”。土壤有效硅被视为有益元素，其在植物体内含量较大，在本次耕地地力评价中也作为中量元素进行分析。土壤中中量元素含量较高，基本能够满足作物生长需要。随着大量元素、微量元素肥料的施用，尤其是在菜地逐步酸化条件下，钙、镁、硅等元素也呈现出缺素现象，适量施用配套肥料具有一定的增产效果。

一、土壤交换性钙

土壤中的钙以多种形态存在，主要以碳酸盐形式为主，其含量高低与土壤的酸碱性、盐基饱和度、土壤结构、土壤胶体的交换性能、各种养分的有效性有密切的关系，在生产实际中有重要的作用。通常将交换性钙含量作为土壤钙有效性的划分标准。

据718个土壤样品交换性钙化验分析，全市耕层土壤交换性钙平均含量为3442mg/kg，变幅为812～13933mg/kg。含量高于2500mg/kg的土地面积为148441.52hm^2，占土地总面积的91.21%，含量总体属较丰富水平。土壤交换性钙含量分级及面积如表4-28所示。

表4-28 土壤交换性钙含量分级及面积

级别	1	2	3	4	5	6	7
分级标准(mg/kg)	＞6000	4000～6000	3000～4000	2500～3000	2000～2500	1500～2000	1000～1500
等级面积(hm^2)	3010.82	27260.12	96102.09	22068.49	10985.42	3206.12	113.92
占土地总面积比例(%)	1.85	16.75	59.05	13.56	6.75	1.97	0.07

粮田耕层土壤交换性钙平均含量为3620mg/kg，变幅为998～13933mg/kg；菜地平均含量为2795mg/kg，变幅为857～8825mg/kg；园地平均含量为3352mg/kg，变幅为812～10546mg/kg；棉田平均含量为3682mg/kg，变幅为1116～9645mg/kg。各用地类型间差异不明显（见表4-29）。

表4-29 不同用地类型中量元素含量

用地类型	交换性钙(mg/kg)		交换性镁(mg/kg)		有效硫(mg/kg)		有效硅(mg/kg)	
	平均含量	变幅	平均含量	变幅	平均含量	变幅	平均含量	变幅
粮田	3620	998～13933	477	189～997	51.4	12.4～166.9	259.64	57.59～499.03
菜地	2795	857～8825	399	179～843	54.5	13.2～168.1	201.09	74.40～391.35
棉田	3682	1116～9645	499	185～965	51.4	11.7～162.9	245.88	62.24～433.89
园地	3352	812～10546	461	206～860	53.6	13.3～164.8	237.45	137.02～442.89

土壤交换性钙含量与土壤类型也有密切关系，砂姜黑土平均含量较高，为4833mg/kg，变幅为1550～9526mg/kg；风沙土较低，平均含量为2954mg/kg，变幅为1014～4804mg/kg。各土类含量高低顺序为：砂姜黑土＞褐土＞盐土＞潮土＞风沙土（见表4-30）。

表4-30 不同土壤类型中量元素含量

土壤类型	交换性钙(mg/kg)		交换性镁(mg/kg)		有效硫(mg/kg)		有效硅(mg/kg)	
	平均含量	变幅	平均含量	变幅	平均含量	变幅	平均含量	变幅
褐土	3689	1116～8786	420	256～638	48.1	13.8～162.9	247.42	93.49～373.78
潮土	3244	812～13933	470	179～997	52.5	11.7～168.1	243.92	62.24～499.03
盐土	3628	2993～4280	381	189～575	57.2	33.3～83.6	186.24	132.83～296.64
砂姜黑土	4833	1550～9526	494	226～843	55.3	14.6～166.9	253.07	125.91～374.54
风沙土	2954	1014～4804	316	190～493	48.2	13.2～140.2	199.75	57.59～267.79

不同土壤质地的耕层土壤交换性钙含量差异较大，中壤土最高，平均含量为4107mg/kg，变幅为1459～9526mg/kg；砂壤土较低，平均含量为2807mg/kg，变幅为812～6907mg/kg；紧砂土最低，平均含量为2422mg/kg，变幅为998～4011mg/kg；轻壤土、重壤土与全市平均基本含量持平，平均含量分别为3162mg/kg、3542mg/kg，变幅分别为857～13933mg/kg，2146～5961mg/kg(见表4-31)。

表4-31　　不同土壤质地中量元素含量

土壤质地	交换性钙(mg/kg)		交换性镁 (mg/kg)		有效硫 (mg/kg)		有效硅 (mg/kg)	
	平均含量	变幅	平均含量	变幅	平均含量	变幅	平均含量	变幅
轻壤土	3162	857～13933	441	179～965	52.1	11.7～168.1	229.21	74.4～499.03
中壤土	4107	1459～9526	508	222～927	52.2	13.2～166.9	275.85	89.67～445.57
重壤土	3542	2146～5961	621	351～997	47.3	20.0～136.0	311.63	170.63～432.59
砂壤土	2807	812～6907	354	185～811	51.6	12.4～166.0	192.45	57.59～301.01
紧砂土	2422	998～4011	367	220～697	63.9	13.7～136.0	173.53	98.07～286.48

耕层土壤交换性钙含量区域分布总趋势是：南部＞北部＞中部，平均含量分别为4329mg/kg、3529mg/kg、3027mg/kg；各镇(街道)间各不相同，北孟镇较高，奎聚街道、围子镇、饮马镇较低，卜庄镇、柳疃镇等镇与全市平均含量持平(见表4-32)。

表4-32　　不同区域中量元素含量

区域分布		交换性钙 (mg/kg)		交换性镁 (mg/kg)		有效硫 (mg/kg)		有效硅 (mg/kg)	
区域	镇(街道)	平均含量	变幅	平均含量	变幅	平均含量	变幅	平均含量	变幅
北部	卜庄镇	3383	1707～13933	541	185～997	46.8	11.7～136	250.38	62.24～442.89
	柳疃镇	3770	1828～6186	504	189～749	52.6	13.8～166.2	307.52	148.48～499.03
	龙池镇	3388	1862～5891	573	364～822	48.8	14.6～120.7	304.42	195.81～433.89
中部	奎聚街道	2702	812～5645	372	206～640	54.1	12.5～164.8	216.14	57.59～366.14
	都昌街道	3601	1249～9645	393	190～965	48.2	13.2～155.4	194.17	74.4～348.58
	围子镇	2734	1459～7632	419	228～714	64.3	13.7～155.6	209.27	98.07～391.35
	饮马镇	2933	857～9271	424	179～843	56.2	13.2～168.1	206.61	114.84～341.15
南部	北孟镇	4329	1116～9526	447	226～689	49.9	13.8～166.9	254.36	93.49～374.54

二、土壤交换性镁

据718个土壤样品化验分析，全市耕层土壤交换性镁平均含量为463mg/kg，变幅为179～997mg/kg。高于300mg/kg的土地面积占土地总面积的97.7%，总体属丰富水平。含量分级及面积如表4-33所示。

表 4-33　　耕层土壤交换性镁含量分级及面积

级　别	1	2	3	4	5	6
分级标准(mg/kg)	>600	400～600	300～400	250～300	200～250	150～200
等级面积(hm^2)	14272.91	106045.93	38684.96	3433.96	292.94	16.28
占土地总面积比例(%)	8.77	65.16	23.77	2.11	0.18	0.01

不同用地类型间的耕层土壤交换性镁中，粮田平均含量为 477 mg/kg，变幅为 189～997mg/kg；菜地平均含量为 399mg/kg，变幅为 179～843mg/kg；棉田平均含量为 499mg/kg，变幅为 185～965mg/kg；园地平均含量为 461mg/kg，变幅为 206～860mg/kg。各用地类型除菜地含量略低外，其余差异不明显(见表 4-29)。

不同土壤类型交换性镁含量中，砂姜黑土、潮土、褐土较高，平均含量分别为 494mg/kg、470mg/kg、420mg/kg；盐土、风沙土较低，平均含量分别为 381mg/kg、316mg/kg(见表 4-30)。

不同土壤质地交换性镁含量差异明显，重壤土较高，平均含量为 621mg/kg，其次是中壤土，平均含量为 508mg/kg，紧砂土、砂壤土较低，平均含量分别为 367mg/kg、354 mg/kg(见表 4-31)。

土壤交换性镁含量的区域分布规律是：北部>南部>中部，平均含量分别为 534mg/kg、447mg/kg、406mg/kg，交换性镁平均含量最高的镇是龙池镇，为 573mg/kg，最低的是奎聚街道，为 372mg/kg(见表 4-32)。

三、土壤有效硫

据 718 个土壤样品化验分析，全市耕层土壤有效硫平均含量为 52.2mg/kg，变幅为 11.7～168.1mg/kg，其中在 30～45mg/kg 范围内的土地面积占土地总面积的 28.15%；在 45～60mg/kg 范围内的土地面积占土地总面积的 53.89%；在 60mg/kg 以上的土地面积占土地总面积的 16.67%，总体属中等偏上水平。有效硫含量分级及面积如表 4-34 所示。

表 4-34　　耕层土壤有效硫含量分级及面积

级　别	1	2	3	4	5	6
分级标准(mg/kg)	>100	75～100	60～75	45～60	30～45	15～30
等级面积(hm^2)	537.07	5777.52	20815.34	87688.07	45813.27	2115.71
占土地总面积比例(%)	0.33	3.55	12.79	53.89	28.15	1.30

不同用地类型的耕层土壤有效硫含量差别不明显，粮田、菜地、棉田、园地平均含量都在 50mg/kg 以上，与全市平均含量相差不大；不同土壤质地稍有差别，轻壤土、中壤土、砂

壤土含量同全市平均含量持平，重壤土含量略低，平均含量为 47.3mg/kg，紧砂土含量较高，平均含量为 63.9mg/kg；区域变化以中部略高，平均含量为 55.5mg/kg，北部和南部略低，平均含量分别为 49.4mg/kg、49.9mg/kg(见表 4-29 至表 4-32)。

土壤有效硫主要来自土壤母质、灌溉水、大气干湿沉降以及施肥等，土壤母质中硫含量高，可以为其形成的土壤提供丰富的原始硫化物来源。在许多复合肥(复混肥)中含有硫元素，尤其是生姜、马铃薯、大葱等菜地大量、过量地施用各种硫酸钾型复合肥，一定数量的含硫化合物残存在土壤中，导致土壤酸化。

四、土壤有效硅

硅是植物体重要的组成元素，是继 16 种营养元素之后，被人们研究发现的又一种对植物生长有益的元素。硅能够提高水稻、小麦等作物的粒重和氨基酸含量，降低空秕率，增强植株抗逆能力，其含量多少及有效性高低直接影响喜硅作物的正常生长发育。

据 718 个土壤样品化验分析，全市耕层土壤有效硅平均含量为 243.95mg/kg，变幅为 57.59～499.03mg/kg，高于 150mg/kg 的土地面积占总面积的 97.44%，总体属较丰富水平。有效硅含量分级及面积如表 4-35 所示。

表 4-35　　耕层土壤有效硅含量分级及面积

级　别	1	2	3	4	5
分级标准(mg/kg)	>300	200～300	150～200	100～150	50～100
等级面积(hm^2)	21694.17	111611.88	25274.6	3938.48	227.85
占土地总面积比例(%)	13.33	68.58	15.53	2.42	0.14

土壤有效硅含量受土壤母质、pH 及人为活动的影响，不同用地类型间稍有差异。其中以粮田最高，平均含量为 259.64mg/kg，变幅为 57.59～499.03mg/kg；棉田、园地差异不大，棉田平均含量为 245.88mg/kg，变幅为 62.24～433.89mg/kg，园地平均含量为 237.45mg/kg，变幅为 137.02～442.89mg/kg；菜地较低，平均含量为 201.09mg/kg，变幅为 74.4～391.35mg/kg。

不同土壤类型间差异明显，砂姜黑土含量最高，平均为 253.07mg/kg；其次为褐土，平均为 247.42mg/kg；潮土平均含量为 243.92mg/kg；风沙土平均含量为 199.75mg/kg；盐土最低，平均为 186.24mg/kg。

不同土壤质地差别很大，总的趋势是：重壤土>中壤土>轻壤土>砂壤土>紧砂土，平均含量分别为 311.63mg/kg、275.85 mg/kg、229.21mg/kg、192.45mg/kg、173.53mg/kg。

区域分布特点同交换性镁，总体趋势是：北部>南部>中部，平均含量分别为 282.59mg/kg、254.36mg/kg、205.51mg/kg。各镇(街道)间差异较大，北部的柳疃镇有效硅平均含量最高，为 307.52mg/kg，变幅为 148.48～499.03mg/kg；中部的都昌街道有效硅平均含量最低，为 194.17mg/kg，变幅为 74.4～348.58mg/kg(见表 4-29 至表 4-32)。

第四节　土壤微量元素状况

本次耕地地力评价主要调查分析了锌、硼、锰、钼、铜、铁等6种微量元素，这些元素对配方施肥及耕地地力和环境质量起着重要的作用。

一、土壤有效锌

据1016个土壤样品化验分析，全市耕层土壤有效锌平均含量为0.66mg/kg，变幅为0.11～1.87mg/kg，其中有效锌含量在0.5～1mg/kg范围的土地面积为132313.29hm^2，占土地总面积的81.3%；含量在1～3mg/kg范围的土地面积为11538.76hm^2，占土地总面积的7.09%；低于0.3mg/kg的土地面积为48.83hm^2，占土地总面积的0.03%。全市土壤有效锌含量属中等偏下水平，11.61%的土壤缺锌。分级及面积如表4-36所示。

表4-36　耕层土壤有效锌含量分级及面积

级　别	1	2	3	4	5
分级标准(mg/kg)	>3	1～3	0.5～1	0.3～0.5	<0.3
含量水平	丰富	较丰富	中等	缺乏	极缺
等级面积(hm^2)	0	11538.76	132313.29	18846.1	48.83
占土地总面积比例(%)	0	7.09	81.30	11.58	0.03

受不同农业活动的影响，粮田、菜地、棉田和园地的土壤有效锌含量存在明显差异。菜地锌肥投入量较大，有效锌含量较高，平均含量为0.78mg/kg，棉田锌肥投入量较小，有效锌含量较低，平均含量为0.59mg/kg，粮田、园地平均含量相同，均为0.65mg/kg，与全市平均含量持平(见表4-37)。

表4-37　不同用地类型微量元素含量

用地类型	有效锌 平均值 变幅(mg/kg)	有效硼 平均值 变幅(mg/kg)	有效锰 平均值 变幅(mg/kg)	有效钼 平均值 变幅(mg/kg)	有效铜 平均值 变幅(mg/kg)	有效铁 平均值 变幅(mg/kg)
粮田	0.65 0.11～1.82	0.59 0.09～1.98	14.71 3.35～40.11	0.08 0.02～0.37	1.49 0.30～4.77	13.24 2.10～56.60
菜地	0.78 0.14～1.86	0.65 0.16～1.51	16.15 3.50～58.72	0.09 0.02～0.24	1.54 0.44～5.25	21.44 2.20～57.70
棉田	0.59 0.13～1.87	0.61 0.06～1.49	13.18 3.43～29.55	0.09 0.02～0.32	1.52 0.40～3.37	11.40 2.30～44.90
园地	0.65 0.26～1.56	0.79 0.26～1.60	15.78 8.36～29.71	0.11 0.04～0.20	1.75 0.68～5.23	13.80 4.30～51.50
全市	0.66 0.11～1.87	0.61 0.06～1.98	14.78 3.35～58.72	0.09 0.02～0.37	1.51 0.30～5.88	14.51 2.10～57.70

不同土壤类型间有效锌含量差异较大，潮土、风沙土含量较高且相同，为 0.71mg/kg；砂姜黑土含量较低，平均含量为 0.56mg/kg；盐土高于褐土，平均含量分别为 0.63mg/kg、0.59mg/kg(见表 4-38)。

表 4-38 不同土壤类型微量元素含量

土壤类型	有效锌 平均值 变幅(mg/kg)	有效硼 平均值 变幅(mg/kg)	有效锰 平均值 变幅(mg/kg)	有效钼 平均值 变幅(mg/kg)	有效铜 平均值 变幅(mg/kg)	有效铁 平均值 变幅(mg/kg)
褐土	0.59 0.13～1.81	0.50 0.14～1.29	14.04 3.35～36.12	0.08 0.02～0.18	1.56 0.42～5.16	16.41 3.00～52.90
潮土	0.71 0.13～1.87	0.67 0.06～1.98	15.3 4.23～58.72	0.09 0.02～0.37	1.54 0.3～5.25	15.57 2.10～56.60
盐土	0.63 0.47～1.02	0.55 0.32～0.80	11.11 7.20～16.31	0.08 0.03～0.13	1.06 0.38～2.71	9.84 4.60～13.10
砂姜黑土	0.56 0.11～1.80	0.46 0.16～1.21	13.89 6.00～36.29	0.06 0.02～0.23	1.39 0.51～3.51	10.49 2.10～52.10
风沙土	0.71 0.14～1.79	0.65 0.4～0.94	12.17 3.50～19.6	0.07 0.03～0.16	1.28 0.44～4.10	9.05 2.20～24.40

不同土壤质地有效锌含量略有差异，紧砂土主要分布于潍河沿岸，种植作物以苹果等果树为主，锌肥投入量大，耕层土壤中有效锌含量较高，平均含量为 0.87mg/kg；其次是砂壤土，平均含量为 0.72mg/kg；轻壤土、中壤土和重壤土差异不明显，平均含量分别为 0.67mg/kg、0.64mg/kg、0.64mg/kg(见表 4-39)。

表 4-39 不同土壤质地微量元素含量

质地类型	有效锌 平均值 变幅(mg/kg)	有效硼 平均值 变幅(mg/kg)	有效锰 平均值 变幅(mg/kg)	有效钼 平均值 变幅(mg/kg)	有效铜 平均值 变幅(mg/kg)	有效铁 平均值 变幅(mg/kg)
轻壤土	0.67 0.17～1.86	0.62 0.06～1.98	15.04 4.56～58.72	0.09 0.02～0.29	1.55 0.30～5.88	16.58 2.10～52.90
中壤土	0.64 0.11～1.87	0.58 0.11～1.48	14.42 3.35～39.03	0.08 0.02～0.37	1.49 0.40～4.23	11.43 2.10～44.92
重壤土	0.64 0.25～1.81	0.61 0.09～1.10	14.50 6.10～29.55	0.10 0.04～0.24	1.57 0.44～2.83	13.10 5.40～34.50
砂壤土	0.72 0.14～1.81	0.72 0.32～1.96	13.97 3.50～29.85	0.08 0.02～0.16	1.38 0.44～5.23	12.19 2.20～54.30
紧砂土	0.87 0.26～1.41	0.75 0.43～1.51	18.2 7.75～33.89	0.09 0.02～0.24	1.33 0.40～3.00	21.76 6.50～51.00

耕层土壤有效锌含量区域分布趋势为：中部＞北部＞南部，平均含量分别为0.73mg/kg、0.67mg/kg、0.56mg/kg。北部以柳疃镇平均含量最高，为0.81mg/kg，卜庄镇次之，为0.62mg/kg，龙池镇最低，为0.57mg/kg；中部以围子镇平均含量最高，为1.08mg/kg，也是全市有效锌含量较丰富的镇，其余三镇基本无差异；南部北孟镇有效锌平均含量为0.56mg/kg，是全市有效锌含量最低的镇，也是本市的主要缺锌区（见表4-40）。

表4-40　　不同区域微量元素含量

区域	镇(街道)	有效锌 平均值 变幅 (mg/kg)	有效硼 平均值 变幅 (mg/kg)	有效锰 平均值 变幅 (mg/kg)	有效钼 平均值 变幅 (mg/kg)	有效铜 平均值 变幅 (mg/kg)	有效铁 平均值 变幅 (mg/kg)
北部	卜庄镇	0.62 0.25～1.74	0.51 0.06～1.05	13.16 5.32～24.76	0.10 0.02～0.37	1.77 0.65～3.37	11.90 2.10～56.30
	柳疃镇	0.81 0.25～1.87	0.75 0.18～1.58	14.95 6.10～39.03	0.07 0.02～0.18	1.14 0.30～2.71	12.31 2.20～48.00
	龙池镇	0.57 0.13～0.71	0.63 0.25～1.36	15.54 5.31～39.81	0.10 0.02～0.32	1.98 0.98～4.77	19.80 7.40～51.50
中部	奎聚街道	0.65 0.25～1.82	1.03 0.45～1.98	18.04 7.32～33.89	0.10 0.05～0.25	1.27 0.40～5.23	14.16 3.50～44.90
	都昌街道	0.64 0.14～1.79	0.64 0.15～1.39	13.27 3.50～20.71	0.09 0.02～0.26	1.33 0.44～5.16	10.91 2.20～50.80
	围子镇	1.08 0.34～1.86	0.64 0.17～1.41	19.21 4.90～58.72	0.09 0.02～0.25	2.03 0.57～5.25	20.68 4.60～56.60
	饮马镇	0.64 0.26～1.73	0.57 0.13～1.12	16.53 10.25～23.78	0.07 0.02～0.17	1.29 0.57～3.51	21.65 5.60～57.70
南部	北孟镇	0.56 0.11～1.81	0.48 0.21～1.29	13.90 3.35～36.29	0.07 0.02～0.23	1.50 0.42～5.88	12.80 2.10～52.90

二、土壤有效硼

据1110个土壤样品化验分析，全市耕层土壤有效硼平均含量为0.61mg/kg，变幅为0.06～1.98mg/kg，其中有效硼含量在0.2～0.5mg/kg范围的土地面积为44527.57hm^2，占土地总面积的27.36%；在0.5～1.0mg/kg范围内的土地面积为115696.83hm^2，占土地总面积的71.09%。全市土壤有效硼含量总体属中等偏下水平。分级及面积如表4-41所示。

表 4-41 耕层土壤有效硼含量分级及面积

级 别	1	2	3	4	5
分级标准(mg/kg)	>2	1～2	0.5～1	0.2～0.5	<0.2
含量水平	丰富	较丰富	中等	缺乏	极缺
等级面积(hm^2)	0	2473.75	115696.83	44527.57	48.83
占土地总面积比例(%)	0	1.52	71.09	27.36	0.03

不同用地类型间土壤有效硼平均含量存在差异,其中粮田平均为 0.59mg/kg,棉田平均为 0.61mg/kg,菜地平均为 0.65mg/kg,园地平均为 0.79mg/kg,这与园地、菜地硼肥施用量较大有关(见表 4-37)。

不同土壤类型、不同土壤质地、不同区域的有效硼含量分布规律与有效锌类似。不同土壤类型中,褐土、盐土、砂姜黑土含量较低,分别为 0.5mg/kg、0.55mg/kg、0.46mg/kg,潮土、风沙土含量相对较高,分别为 0.67mg/kg、0.65mg/kg(见表 4-38)。

不同土壤质地中,重壤土、轻壤土、中壤土有效硼平均含量较低,为 0.58～0.62mg/kg;砂壤土、紧砂土平均含量相对较高,分别为 0.72mg/kg、0.75mg/kg(见表 4-39)。

区域分布规律同有效锌:中部(0.7mg/kg)>北部(0.62mg/kg)>南部(0.48mg/kg),各镇(街道)分布差异明显,北孟镇含量最低,平均为 0.48mg/kg,奎聚街道含量最高,平均为 1.03mg/kg,其余各镇(街道)差异不大(见表 4-40)。

三、土壤有效锰

据 985 个土壤样品化验分析,全市耕层土壤有效锰含量在 5mg/kg 以上,平均含量为 14.78mg/kg,变幅为 3.35～58.72mg/kg。含量高于 15mg/kg 的土地面积占总面积的 31.95%,含量在 5～15mg/kg 的土地面积占总面积的 68.05%,总体属中等偏上水平。含量分级及面积如表 4-42 所示。

表 4-42 耕层土壤有效锰含量分级及面积

级 别	1	2	3	4	5
分级标准(mg/kg)	>30	15～30	5～15	1～5	<1
含量水平	丰富	较丰富	中等	缺乏	极缺
等级面积(hm^2)	195.3	51802.36	110749.32	0	0
占土地总面积比例(%)	0.12	31.83	68.05	0	0

全市耕层土壤有效锰含量差异相对较小。不同用地类型中,菜地、园地、粮田、棉田呈递减状分布,分别为 16.15mg/kg、15.78mg/kg、14.71mg/kg、13.18mg/kg(见表 4-37)。

不同土壤类型中,平均含量最高的是潮土,最低的是盐土,总的趋势是:潮土(15.3mg/kg)>褐土(14.04mg/kg) >砂姜黑土(13.89mg/kg)>风沙土(12.17mg/kg)>盐土(11.11mg/kg)(见表 4-38)。

不同土壤质地中，紧砂土平均含量最高，为18.2mg/kg，轻壤土次之，为15.04mg/kg；中壤土、重壤土无明显差异，分别为14.42mg/kg和14.5mg/kg，砂壤土最低，为13.97mg/kg（见表4-39）。

区域间分布规律同有效锌、有效硼，中部高，北部次之，南部最低，分别为16.08mg/kg、14.07mg/kg、13.90mg/kg（见表4-40）。

四、土壤有效钼

据718个土壤样品化验分析，全市耕层土壤有效钼平均含量为0.09mg/kg，变幅为0.02～0.37mg/kg，含量低于0.1mg/kg的土地面积为125136.15hm²，占土地总面积的76.89%，含量在0.1～0.15mg/kg之间的土地面积为35153.35hm²，占土地总面积的21.6%，总体属缺乏水平，全市98.49%的土壤缺钼。分级及面积如表4-43所示。

表4-43　耕层土壤有效钼含量分级及面积

级　别	1	2	3	4	5
分级标准(mg/kg)	>0.3	0.2～0.3	0.15～0.2	0.1～0.15	<0.1
含量水平	丰富	较丰富	中等	缺乏	极缺
等级面积(hm²)	0	309.22	2148.26	35153.35	125136.15
占土地总面积比例(%)	0.11	0.19	1.32	21.60	76.89

统计分析可知，全市不同用地类型、不同土壤类型、不同土壤质地、不同区域间耕层土壤有效钼平均含量相对集中在0.09mg/kg左右，差异不明显，全市耕地明显缺乏钼元素（见表4-37至表4-40）。

五、土壤有效铜

据984个土壤样品化验分析，全市耕层土壤有效铜平均含量为1.51mg/kg，变幅为0.3～5.88mg/kg。95.3%的土壤有效铜含量在1mg/kg以上，属较丰富水平，这与铜作为杀菌剂在农业和畜牧业上广泛应用有很大关系。分级及面积如表4-44所示。

表4-44　耕层土壤有效铜含量分级及面积

级　别	1	2	3	4	5
分级标准(mg/kg)	>1.8	1～1.8	0.2～1	0.1～0.2	<0.1
含量水平	丰富	较丰富	中等	缺乏	极缺
等级面积(hm²)	27341.49	127756.38	7649.11	0	0
占土地总面积比例(%)	16.8	78.5	4.70	0	0

有效铜含量受pH、成土母质、农业生产条件、作物种植类型等多种因素影响，不同用地类型、不同土壤类型、不同土壤质地、不同区域土壤耕层含量各有差异。粮田、菜地、棉

田土壤有效铜含量差异不大，平均含量分别为 1.49mg/kg、1.54mg/kg、1.52mg/kg，园地平均含量为 1.75mg/kg，明显高于其他用地类型。土壤类型中，褐土平均含量最高，为 1.56mg/kg，其余依次为潮土(1.54mg/kg)、砂姜黑土(1.39mg/kg)、风沙土(1.28mg/kg)、盐土(1.06mg/kg)。不同土壤质地中，重壤土和轻壤土有效铜平均含量相对较高，分别为 1.57mg/kg、1.55mg/kg；砂壤土和紧砂土含量相对较低，分别为 1.38mg/kg、1.33mg/kg。区域间有效铜含量差别较明显：北部(1.61mg/kg)＞南部(1.5mg/kg)＞中部(1.44mg/kg)(见表 4-37 至表 4-40)。

六、土壤有效铁

据 984 个土壤样品化验分析，全市耕层土壤有效铁平均含量为 14.51mg/kg，变幅为 2.1～57.7mg/kg，含量在 4.5～20mg/kg 之间的土地面积为 130051.11hm^2，占土地总面积的 79.91%，总体属较丰富水平。分级及面积如表 4-45 所示。

表 4-45　　耕层土壤有效铁含量分级及面积

级　别	1	2	3	4	5
分级标准(mg/kg)	＞20	10～20	4.5～10	2.5～4.5	＜2.5
含量水平	丰富	较丰富	中等	缺乏	极缺
等级面积(hm^2)	29961.72	65359.19	64691.92	2734.15	0
占土地总面积比例(%)	18.41	40.16	39.75	1.68	0

从表 4-37 可以看出，粮田、棉田、园地土壤有效铁含量差异较小，平均含量为 11.40～13.80mg/kg，菜地有效铁含量明显高于其他用地类型，平均含量为 21.44mg/kg。

从表 4-38 可以看出，褐土有效铁含量最高，平均为 16.41mg/kg，其次为潮土，平均为 15.57mg/kg，两者差异不明显，盐土、砂姜黑土、风沙土有效铁含量较低，平均含量分别为 9.84mg/kg、10.49mg/kg、9.05mg/kg，三者略有差异。

不同土壤质地有效铁含量差异较大。紧砂土平均含量最高，为 21.76mg/kg，其次为轻壤土，平均含量为 16.58mg/kg，重壤土、砂壤土、中壤土略有差异，平均含量分别为 13.10mg/kg、12.19mg/kg、11.43mg/kg(见表 4-39)。

不同区域土壤有效铁含量分布趋势是：中部平原高于北部沿海和南部埠陵，北部和南部相差不大，中部、北部、南部平均含量分别为 16.53mg/kg、13.69mg/kg、12.8mg/kg(见表 4-40)。

第五节　土壤主要物理性状

土壤的物理性状主要是指土壤质地、土体结构、土壤容重、土壤总孔隙度等。土壤物理性状的好坏，直接影响土壤的水、肥、气、热，是决定耕地地力的重要因素。

一、土壤质地

土壤质地是土壤的主要物理性状。实践表明，土壤质地是影响土壤肥力高低、耕性好坏、生产性能优劣的基本因素之一。昌邑市土壤质地主要有轻壤土、中壤土、重壤土、砂壤土、紧砂土5种。本次耕地地力调查调查土壤质地样点2081个，分别为粮田1272个、菜地424个、棉田345个、园地40个。本市耕地土壤表层质地较好，以壤质为主，其中轻壤土面积最大，占耕地总面积的53.8%，中壤土次之，占32.4%。不同质地类型耕地面积如表4-46所示。

表4-46　不同质地类型耕地面积

土壤质地	耕地面积(hm^2)	占耕地总面积比例(%)
轻壤土	39652.16	53.8
中壤土	23897.51	32.4
重壤土	4531.68	6.2
砂壤土	4283.85	5.8
紧砂土	1309.94	1.8
合计	73675.13	100

(一)轻壤土

耕地面积为39652.16hm^2，占耕地总面积的53.8%。在全市分布很广，除北孟镇、柳疃镇两镇面积较小外，其他镇(街道)均有大面积分布。轻壤土不黏、不砂，适耕期长，耕性良好，通透性和保水、保肥能力适中，供肥性好，较抗旱涝，土壤中水、肥、气 热状况比较协调，养分含量中等，现主要种植小麦、玉米、花生、果树、生姜、马铃薯、大蒜、大葱等作物，是本市比较理想的土壤质地。

(二)中壤土

耕地面积为23897.51hm^2，占耕地总面积的32.4%，各镇(街道)均有分布。其物理性状与特点同轻壤土类似，保水、保肥能力强，供肥性也好，抗旱、抗涝，土壤中水、肥、气、热也比较协调，但耕性比轻壤土稍差。主要种植小麦、玉米、棉花、生姜、大蒜、大葱等作物，主要种植模式为一年一季、两年三季和一年两季。

(三)重壤土

耕地面积为4531.68hm^2，占耕地总面积的6.2%。主要分布于围子镇的东部，卜庄镇的南部、西部偏北、东北部，龙池镇的营子埠周围。重壤土较黏重，适耕期短，耕性差，保肥性强，供肥性较差，潜在肥力高，不发小苗，发老苗。涝易成泥，旱易龟裂，不抗旱、不耐涝。现主要种植小麦、玉米、棉花等作物。

(四)砂壤土

耕地面积为4283.85hm^2，占耕地总面积的5.8%。主要分布于饮马镇的薛庄，围子镇的王珂、南金，奎聚街道的黑埠、花园，都昌街道的马埠、王耨一带，柳疃镇、卜庄镇、龙池镇的北部区域。砂壤土的特点接近紧砂土，但保水、保肥性能稍好。因前期地温上升较快，发小苗，由于漏肥水严重，养分含量低，没有后劲，不发老苗。现主要种植小麦、玉米、草莓、果树等。

（五）紧砂土

耕地面积为1309.94hm²，占耕地总面积的1.8%。主要分布于潍河沿岸和海滩地。紧砂土疏松，易耕作，但漏水、漏肥严重，养分含量低。现主要种植果树，发展林业，少部分种植花生。

二、土体构型

土体构型是指整个土体的各种质地层次的排列组合，它对土壤肥力有制约和调节的作用，良好的土体构型是耕作土壤的肥力基础。影响土体构型的因素主要有土壤质地、土壤结构，以及施肥、耕作、灌溉等农业生产措施。而其中土壤质地是影响土体构型的基础物质。全市成土母质主要为冲积物，质地分选差异明显，土体构型较复杂，各种构型的保水、保肥性能有异，对农业生产各有利弊（见表4-47）。

表4-47　　不同土体构型耕地面积

土体构型		耕地面积（hm²）	占耕地总面积比例（%）
夹砂型	厚砂心	5401.82	7.33
	厚砂腰	12445.00	16.89
夹黏型	厚黏心	14085.42	19.12
	厚黏腰	3285.24	4.46
夹壤型	厚壤心	114.16	0.15
均质型	均壤质	31916.64	43.32
	均砂质	4822.73	6.55
	均黏质	1549.75	2.10
薄层	薄层	54.37	0.07
合计		73675.13	100

（一）夹砂型

耕地面积为17846.82hm²，占耕地总面积的24.22%。因夹砂层的厚度及出现部位不同，分为厚砂心、厚砂腰两种。

厚砂心：即在20～60cm部位出现厚度大于30cm的夹砂层，耕地面积为5401.82hm²，占耕地总面积的7.33%。分布于饮马镇的薛庄一带及肖家埠周围，都昌街道的东南部，卜庄镇西北部的潍河沿岸、东北部及峰台、大陆一带，柳疃镇的孙家河滩至付戈庄一带，奎聚街道的南郚亭一带，柳疃镇的北部及范家庄周围，龙池镇的北部。其表层为轻壤或中壤，因心土层出现砂层，漏水、漏肥，易干旱，养分含量低，肥力差，影响作物生长，追肥应“少吃多餐”，并重视后期肥水管理，主要种植小麦、玉米、棉花、枣树等。

厚砂腰：即在60～140cm部位出现厚度大于30cm的夹砂层，耕地面积为12445hm^2，占耕地总面积的16.89%。分布于围子镇的永兴、南宫、南苏及朱家寨以西，卜庄镇的杨家、北王家、大阎家、大院、刘家圈、西下营，柳疃镇的青乡西北部及官庄，龙池镇的北部、西部及沙岭子一带，都昌街道的博乐埠以西地区。其表层多为轻壤或中壤，耕性良好，适耕期长，通透性好，保水、保肥性较差，但比厚砂心强，地力不高，易干旱，在北部盐碱地区易返盐，有中度或轻度的盐害。主要种植小麦、玉米、棉花、生姜等，应增施有机肥，培肥地力，加强作物后期管理，合理施用肥水。

（二）夹黏型

耕地面积为17307.66hm^2，占耕地总面积的23.58%。因夹黏层的厚度及出现的部位不同，分为厚黏心、厚黏腰两种。

厚黏心：在20～60cm部位出现厚度大于30cm的黏土层，耕地面积为14085.42hm^2，占耕地总面积的19.12%。主要分布于北孟镇的东部和南部的麻湾一带，饮马镇的大岭、孟家庄子流河以西，围子镇的东部，卜庄镇的中南部，柳疃镇的青阜以西，都昌街道的渔洞埠、博乐埠以北，龙池镇的大部。地处涝洼地，易澥涝，保水、保肥性能好，供肥性能差，两者不协调，养分释放慢，有机质较丰富，速效养分低。表土一般为中壤和重壤，因黏土夹层出现的部位较高，影响根系下扎，阻碍水肥运行，应实行耕深翻，逐年加深耕作层，增施有机肥或掺砂压黏，注意排水防涝，建立合理的排灌系统。主要种植小麦、玉米、花生、棉花、果树等作物。

厚黏腰：即“蒙金地”，在60～100cm部位出现厚度大于30cm的黏土夹层，耕地面积为3285.24hm^2，占耕地总面积的4.46%。主要分布于围子镇的东南部、东部及南营以西，卜庄镇的庄珂一带，奎聚街道的西北部，柳疃镇的东北部，龙池镇的龙北以北，都昌街道的高侯章以西地区。土壤上松下实，耕性和通透性较好，保水、保肥性能好，供肥供水性强，主要种植小麦、玉米、棉花、马铃薯等作物。

（三）夹壤型

本市只有厚壤心，耕层质地为砂壤，在20～60cm部位出现厚度大于30cm的壤质夹层，共114.16hm^2，占耕地总面积的0.15%。主要分布于围子镇的东小章一带。这种土壤疏松亦耕，通透性较好，保水、保肥性能一般，养分含量不高。适宜种植小麦、玉米、花生等作物，也可栽植树林，发展林业。

（四）均质型

即质地上下均一，耕地面积为38289.12hm^2，占耕地总面积的51.97%。分为均砂质、均壤质、均黏质3种。

均砂质：通体为砂质，耕地面积为4822.73hm^2，占耕地总面积的6.55%。分布于潍河沿岸、北部沿海一带及都昌街道的砂丘土埠。其特点为土壤疏松，适耕期长，通透性好，有利于作物出苗，漏肥、漏水，养分含量低。在盐碱地区易返盐，影响作物生长。主要种植小麦、玉米、棉花、蔬菜等作物。

均壤质：通体为轻壤和中壤，耕地面积为31916.64hm^2，占耕地总面积的43.32%。分布于全市各镇（街道）。土壤质地适中，通透性好，土层深厚，保肥、供肥性能好，适于多种作物生长，是一种比较理想的土体构型，但盐碱地区的轻壤均质易返盐。

均黏质：通体为重壤和黏土，耕地面积为 1549.75hm²，占耕地总面积的 2.1%。主要分布于围子镇的仓街洼，卜庄镇的南部、东部，奎聚街道的陶埠洼一带。这种土壤质地黏重，土体紧实，通透性不良，养分趋向积累，分解慢，适耕期短，干时硬，湿时黏，难耕作，怕旱、怕涝，主要种植小麦、大豆、玉米、棉花等作物。

（五）薄层

土体总厚度为 15～30cm，耕地面积为 54.37hm²，占耕地总面积的 0.07%。主要分布在围子镇的密埠周围，分布地形部位较高，土层浅薄，水土流失较严重，一般不适宜种植农作物。

三、土壤容重

土壤容重是土壤松紧程度和耕性好坏的指标之一。据全市 224 个样点测定，耕层土壤容重平均为 1.33g/cm³，变幅为 1.18～1.49g/cm³。

容重与质地有密切关系，砂壤土容重平均为 1.3g/cm³，轻壤土容重平均为 1.31g/cm³，中壤土容重平均为 1.33g/cm³，紧砂土容重平均为 1.29g/cm³，重壤土容重平均为 1.37g/cm³。同一质地因耕种历史、土壤熟化程度以及施肥尤其是秸秆还田量的不同，容重也有差异，耕种历史长、土壤熟化程度高、秸秆还田量大的土壤，容重小，反之则大（见表 4-48）。

表 4-48　不同土壤质地土壤容重与总孔隙度

土壤质地	容重（g/cm³）			总孔隙度（%）		
	平均值	变幅	变异系数（%）	平均值	变幅	变异系数（%）
轻壤土	1.31	1.21～1.44	3.9	50.2	48.1～52.4	2.9
中壤土	1.33	1.18～1.49	5.6	49.6	44.2～53.7	5.2
重壤土	1.37	1.27～1.42	3.4	48.9	44.9～52.1	4.3
砂壤土	1.30	1.24～1.42	4.2	50.4	44.8～57.6	4.2
紧砂土	1.29	1.25～1.33	2.2	50.9	48.3～59.2	3.4

不同用地类型中，棉田质地黏重，容重较高，平均为 1.36g/cm³，变幅为 1.25～1.45g/cm³，粮田、菜地差异不明显，平均分别为 1.33g/cm³、1.32g/cm³，园地略低，为 1.3g/cm³（见表 4-49）。

表 4-49　不同用地类型土壤容重与总孔隙度

土壤质地	容重（g/cm³）			总孔隙度（%）		
	平均值	变幅	变异系数（%）	平均值	变幅	变异系数（%）
粮田	1.33	1.18～1.49	5.2	49.7	46.8～51.3	3.0
菜地	1.32	1.23～1.43	3.3	50.2	47.5～55.1	3.7
棉田	1.36	1.25～1.45	4.0	49.1	47.1～53.4	3.1
园地	1.30	1.23～137	3.4	50.4	45.3～58.5	4.0

不用区域土壤容重：北部＞南部＞中部，平均分别为 1.34g/cm³、1.33g/cm³、1.32g/cm³。各镇(街道)间以柳疃镇土壤容重最高，平均为 1.35g/cm³，奎聚街道土壤容重最低，平均为 1.31g/cm³，其他各镇(街道)与全市平均值持平(见表 4-50)。

表 4-50 不同区域土壤容重与总孔隙度

区域分布		容重(g/cm³)			总孔隙度(%)		
区域	镇(街道)	平均值	变幅	变异系数(%)	平均值	变幅	变异系数(%)
北部	卜庄镇	1.32	1.21～1.44	4.6	50.1	46.9～51.6	3.1
	柳疃镇	1.35	1.22～1.49	4.2	48.9	44.9～52.4	4.2
	龙池镇	1.34	1.28～1.42	3.7	49.1	44.2～51.8	3.8
中部	奎聚街道	1.31	1.23～1.34	2.2	51.2	48.1～59.2	4.0
	都昌街道	1.33	1.24～1.45	4.5	49.4	46.9～52.4	2.9
	围子镇	1.32	1.27～1.44	3.2	50.3	47.2～51.3	2.7
	饮马镇	1.32	1.23～1.44	5.4	50.2	46.8～51.5	3.0
南部	北孟镇	1.33	1.18～1.43	4.3	49.6	45.5～58.2	4.0

四、土壤总孔隙度

土壤总孔隙度是指在自然状态下土壤中的孔隙占土壤总体积的百分数。土壤孔隙多少和大小表明土壤水分和空气的最大容量。在土质相同的条件下，孔隙多，土壤疏松，孔隙少，土壤坚实，有机质丰富的土壤疏松多孔。所以，土壤孔隙的数量和大小在农业生产中是极为重要的。对作物生长来讲，土壤总孔隙度为 50%～55%、通气孔隙为 10%～20%较为适宜。据 224 个样点测定，昌邑市耕层土壤总孔隙度平均为 50.1%，变幅为 44.2%～59.2%，较为适宜。

土壤总孔隙度与土壤质地密切相关，紧砂土、轻壤土、砂壤土壤容重小，通气状况较好，总孔隙度较大；重壤土土壤容重较大，土质黏重，通气状况不良，总孔隙度较小；中壤土容重中等，总孔隙度介于轻壤土与重壤土之间(见表 4-48)。

不同用地类型土壤中，园地总孔隙度最高，平均为 50.4%，菜地、粮田略低，分别为 50.2%、49.7%，棉田多为重壤土，质地较黏重，容重较高，土壤总孔隙度最低，为 49.1%(见表 4-49)。

不同区域中，土壤总孔隙度与土壤容重恰恰相反：中部＞南部＞北部(见表 4-50)。

第六节　土壤养分变化趋势

1981 年第二次土壤普查时，全市耕层土壤养分概况是有机质不足，氮素缺乏，绝大部分地块缺磷，局部地区缺钾。目前，全市耕层土壤养分概况是有机质含量中等，氮素含量中等偏上，磷素含量中等，钾素含量相对丰富。不同年度耕层土壤养分平均含量如表4-51所示。

表 4-51　　不同年度耕层土壤养分平均含量

年度	有机质(g/kg)	全氮(g/kg)	碱解氮(mg/kg)	有效磷(mg/kg)	速效钾(mg/kg)
1981	9.2	0.58	43.2	4.45	73.6
2008	12.3	0.89	86	34.4	156

一、有机质

1981 年第二次土壤普查时，全市耕层土壤有机质平均含量为 9.2g/kg，含量高于 10g/kg 的仅占 27.19%，低于 10g/kg 的占 72.81%。本次调查显示，耕层土壤有机质平均含量为 12.3g/kg，比 1981 年提高了 33.7%(见图 4-1)，含量高于 10g/kg 的土地面积占土地总面积的 87.73%，在 6～10g/kg 范围内的土地面积占土地总面积的 12.27%。近年来，秸秆还田技术逐步被群众接受，秸秆还田技术的应用在一定程度上增加了耕层土壤有机质含量。此外，随着农民科学施肥、重施有机肥的意识不断提高，有机肥施用量逐年增加，从而提高了土壤有机质含量。目前，全市土壤有机质平均含量虽然已经达到中等水平，但是分布不平衡，北部的棉田、菜地、部分园地、埠陵薄地有机质含量相对较为缺乏，这些地块今后要大力推广秸秆还田技术，增施优质鸡粪、土杂肥、生物有机肥，园地采取覆草等措施提高土壤有机质含量。

二、氮素

1981 年第二次土壤普查时，全市全氮平均含量为 0.58g/kg，碱解氮平均含量为 43.2mg/kg。本次调查显示，全氮平均含量为 0.89g/kg，比 1981 年提高了 53.4%，含量在 0.75g/kg 以上的土地面积占土地总面积的 87.37%；碱解氮平均含量为 86mg/kg，比 1981 年提高了 99.1%，含量高于 75mg/kg 的土地面积占土地总面积的 81.92%(见图 4-2 和图 4-3)。土壤氮素提高的原因主要是氮肥施用量的增加，尤其是尿素、碳酸氢铵、磷酸二铵和复合肥等肥料的施用，增加了土壤氮素的投入；其次是随着土壤有机质的逐步提高，增加了土壤的保水、保肥能力。

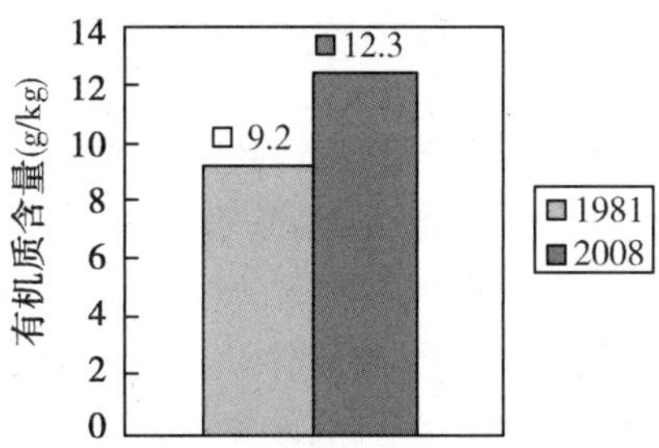

图 4-1　土壤有机质变化图

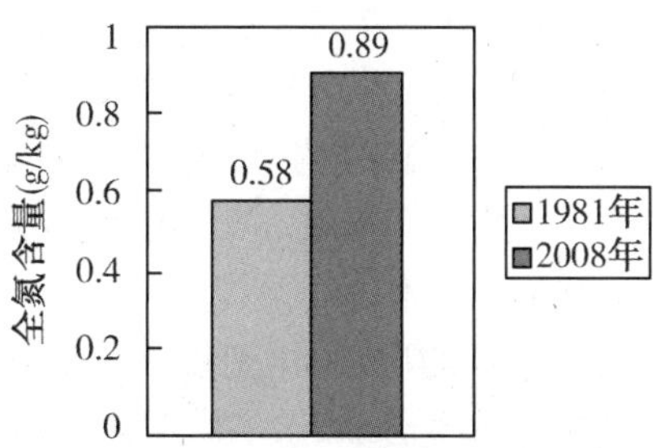

图 4-2　土壤全氮变化图

三、有效磷

1981 年第二次土壤普查时，全市耕层土壤有效磷平均含量为 4.45mg/kg，其中高于 5mg/kg 的仅为 17.6%，绝大部分土壤处于缺乏状态。本次调查显示，土壤有效磷平均含量为 34.4mg/kg，比 1981 年提高了 673%，是 1981 年的 7.7 倍（见图 4-4），含量高于 20mg/kg 的土地占土地总面积的 70.55%，5～20mg/kg 的占 29.45%。1981 年第二次土壤普查后，根据本市土壤严重缺磷的状况，提出了增施磷肥的改良措施，在增产增收方面起到良好的效果。随着磷肥的大量施用，特别是磷酸二铵的推广应用，土壤有效磷含量得到大幅度提高。

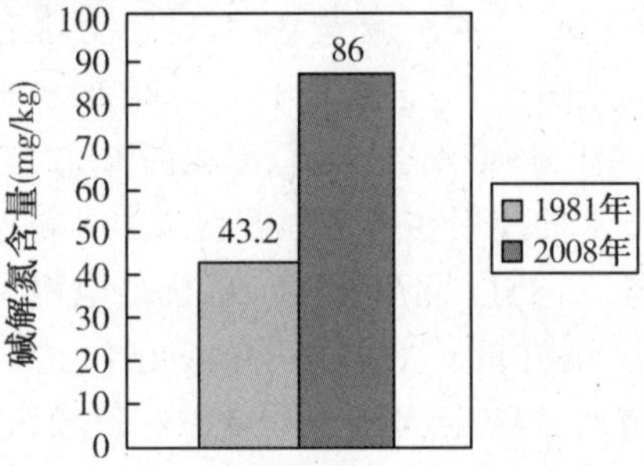

图 4-3　土壤碱解氮变化图

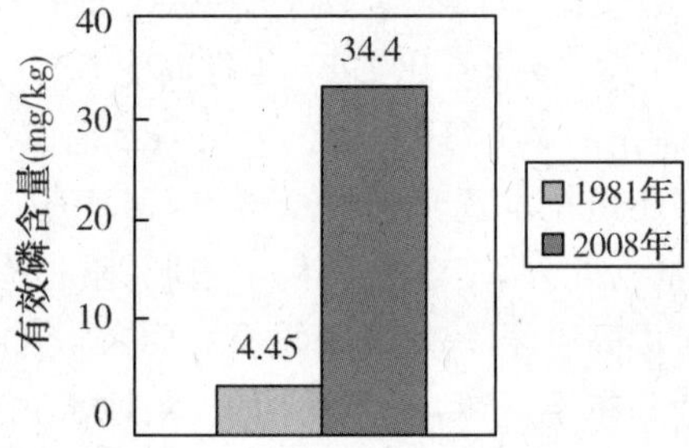

图 4-4　土壤有效磷变化图

四、速效钾

1981 年第二次土壤普查时，全市耕层土壤速效钾平均含量为 73.6mg/kg，总体属中等水平，局部土壤缺钾。当时土壤速效钾含量特别是沿海地区总体相对较高，这与本市土壤的成土母质有密切关系。本次调查数据显示，速效钾平均含量为 156mg/kg，比 1981 年提高了 112%（见图 4-5），含量高于 150mg/kg 的土地面积占土地总面积的 60.75%，低于 75mg/kg 的土地面积仅占土地总面积的 0.09%。与 1981 年相比，土壤速效钾含量水平大幅提高，这与近年来本市扩大种植生姜、马铃薯等喜钾型作物面积有关。高浓度复合肥、复混肥等化肥的长期大量施用，提高了土壤速效钾的含量。

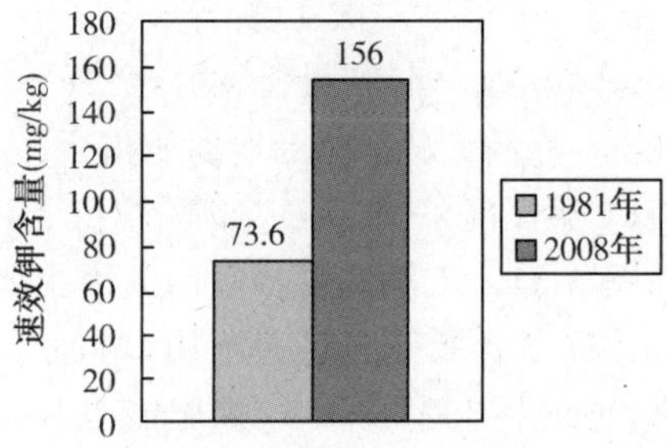

图 4-5　土壤速效钾变化图

二十多年来，耕作模式和施肥观念发生了巨大变化，特别是秸秆还田技术的推广应用、有机肥施用量的增加、化肥投入的增加与配方肥的大力推广应用以及少(免)耕技术的推广，使全市土壤养分状况发生了较大变化。土壤有机质、全氮、碱解氮、有效磷和速效钾含量较 1981 年都有大幅度的提高，分布更趋平衡合理，其中有机质含量由不足增加到中等水平，磷素、氮素由严重缺乏提高到较为丰富，钾素含量更加丰富，处于较高水平。

第七节 灌溉水分析

水样检测可为生活饮用水安全与农业生产向深度发展提供基础。本次耕地地力评价分别对水库水、雨季前农村饮用水、雨季后农村饮用水、雨季前灌溉水、雨季后灌溉水进行了化验分析(饮用水、灌溉水为新抽取的井水)。

55个水样化验分析显示,全市氨态氮平均含量为0.42mg/L,变幅为0.162～3.205mg/L。氨态氮含量高于0.5mg/L的水样有18个,其中河流水、雨季后灌溉水各1个,雨季前饮用水4个、灌溉水12个。河流水氨态氮平均含量为0.787mg/L,远高于饮用水和灌溉水。饮用水、灌溉水雨季前氨态氮含量高于雨季后,饮用水、灌溉水间氨态氮含量差异不大。水样化验结果如表4-52所示。

表4-52　　水样化验结果统计表

类型	计数	氨态氮(mg/L) 平均含量 变幅	硝态氮(mg/L) 平均含量 变幅	水溶性磷(mg/L) 平均含量 变幅	水溶性钾(mg/L) 平均含量 变幅
河流水	5	0.787 0.172～3.205	0.617 0.008～1.624	0.529 0.372～1.026	8.268 2.88～14.66
雨季前饮用水	5	0.57 0.45～0.639	14.548 4.965～17.495	0.034 0.031～0.041	
雨季后饮用水	5	0.183 0.162～0.259	8.628 0.997～14.953	0.38 0.369～0.386	2.16 0.48～3.84
雨季前灌溉水	20	0.567 0.351～0.841	9.545 0.109～17.967	0.044 0.028～0.086	
雨季后灌溉水	20	0.204 0.163～0.504	9.522 0.005～16.297	0.378 0.345～0.404	7.14 0.72～23.07
全市	55	0.42 0.162～3.205	9.096 0.005～17.967	0.239 0.028～1.026	6.495 0.48～23.07

硝态氮含量高于10mg/L的水样有26个,其中雨季前灌溉水、雨季后灌溉水各6个,雨季前饮用水12个、雨后饮用水2个。不同季节、不同水源的样品硝态氮含量无明显差异。按照我国《生活饮用水卫生标准》(GB 5749－2006)规定,生活饮用水中硝态氮(硝酸盐,以N计)含量应低于10mg/L,农村小型集中式供水和分散式供水及地下水中硝态氮含量应低于20mg/L的标准衡量,昌邑市硝态氮含量全部符合农村小型集中式和分散式供水及地下水标准。

水溶性磷平均含量为0.239mg/L,变幅为0.028～1.026mg/L。水溶性磷含量低于

0.1mg/L 的水样有 25 个，其中雨季前饮用水 5 个、灌溉水 20 个；含量在 0.1～0.5mg/L 之间的水样有 29 个，其中雨季后灌溉水 20 个、饮用水 5 个，河流水 4 个；含量高于 1mg/L 的水样有 1 个，为河流水。河流水水溶性磷含量高于饮用水和灌溉水。雨季后地下水水溶性磷含量明显升高。

水溶性钾平均含量为 6.495mg/L，变幅为 0.48～23.07mg/L。水溶性钾含量低于 1mg/L 的水样有 3 个，占 10%；含量为 1～5 mg/L 的水样有 16 个，占 53.33%；含量为 5～10mg/L 的水样有 4 个，占 13.33%；含量高于 10mg/L 的水样有 7 个，占 23.33%，为水库水。河流水水溶性钾含量远高于饮用水，略高于灌溉水。

第五章　耕地地力评价

耕地是土地的精华，是农业生产中最重要的资源，耕地地力的好坏直接影响到农业的可持续发展和粮食安全。随着经济、社会发展，耕地减少与人口增长的矛盾日益突出，自然、人为因素对耕地保护冲击力度持续增加，耕地质量堪忧，粮食安全、耕地保护面临严峻挑战，“十分珍惜、合理利用土地和切实保护耕地”已经成为我国的基本国策。因此，及时掌握耕地资源的数量、质量及其变化对于合理规划和利用耕地，切实保护耕地有十分重要的意义。在全面的野外调查和室内化验分析并获取大量耕地地力相关信息的基础上，我们进行了昌邑市耕地地力的综合评价，评价结果对于摸清全市耕地地力的现状及问题，为耕地资源的高效和可持续利用提供了重要的科学依据。

第一节　耕地地力评价方法

一、评价原则、依据

（一）原则

耕地地力就是耕地的生产能力，是在一定区域内、一定的土壤类型上耕地的土壤理化性状、所处自然环境条件、农田基础设施及耕作施肥管理水平等因素的总和。根据评价的目的要求，在昌邑市耕地地力评价中，遵循的基本原则有四条。

1. 综合因素研究与主导因素分析相结合原则。土地是一个自然经济综合体，是人们利用的对象，对土地质量的鉴定涉及自然和社会经济的多个方面，耕地地力也是各类要素的综合体现。所谓综合因素研究是指对地形地貌、土壤理化性状、相关社会经济因素之总体进行全面的研究、分析与评价，以全面了解耕地地力状况。主导因素是指对耕地地力起决定作用的、相对稳定的因子，在评价中要着重对其进行研究分析。因此，把综合因素与主导因素结合起来进行评价则可以对耕地地力作出科学准确的评定。

2. 共性评价与专题研究相结合原则。昌邑市耕地利用存在粮田、棉田、菜地等多种类型，土壤理化性状、环境条件、管理水平等不一，因此，耕地地力水平有较大的差异。考虑区域内耕地地力的系统性、可比性，针对不同的耕地利用等状况，应选用统一的、共同的评价指标和标准，即耕地地力的评价不针对某一特定的利用类型。另外，为了解不同利用类型的耕地地力状况及其内部的差异情况，对有代表性的主要类型进行专题的深入研究。这样，共性评价与专题研究相结合，使整个的评价和研究具有更大的应用价值。

3. 定量和定性相结合原则。土地系统是一个复杂的灰色系统，定量和定性要素共存，相互作用，相互影响。因此，为了保证评价结果的客观合理，宜采用定量和定性评价相结合的方法。在总体上，为了保证评价结果的客观合理，尽量采用定量评价方法，对可定量化的评价因子如有机质等养分含量、土层厚度等按其数值参与计算，对非数量化的定性因子如土壤表层质地、土体构型等则进行量化处理，确定其相应的指数，并建立评价数据库，以计算机进行运算和处理，尽量避免人为随意性因素影响。在评价因素筛选、权重确定、评价标准、等级确定等评价过程中，尽量采用定量化的数学模型，在此基础上充分运用人工智能和专家知识，对评价的中间过程和评价结果进行必要的定性调整，定量与定性相结合，从而保证了评价结果的准确合理。

4. 采用 GIS(地理信息系统，Geographical Information System)支持的自动化评价方法原则。自动化、定量化的土地评价技术方法是当前土地评价的重要方向之一。近年来，随着计算机技术，特别是 GIS 技术在土地评价中的不断应用和发展，基于 GIS 的自动化评价方法已不断成熟，使土地评价的精度和效率大大提高。本次耕地地力评价工作通过数据库建立、评价模型及其与 GIS 空间叠加等分析模型的结合，实现了全数字化、自动化的评价流程，在一定的程度上代表了当前土地评价的最新技术方法。

(二)依据

耕地地力是耕地本身的生产能力，因此，耕地地力的评价则依据与此相关的各类自然和社会经济要素，具体包括三个方面。

1. 耕地地力的自然环境要素。耕地地力的自然环境要素包括耕地所处的地形地貌条件、水文地质条件、成土母质条件以及土地利用状况等。

2. 耕地地力的土壤理化要素。耕地地力的土壤理化要素包括土壤剖面与土体构型、耕层厚度、质地、容重等物理性状，有机质、N、P、K、微量元素、pH、交换量等化学性状。

3. 耕地地力的农田基础设施条件。耕地地力的农田基础设施条件包括耕地的灌排条件、水土保持工程建设、培肥管理条件等。

二、评价流程

评价的工作流程如图 5-1 所示。

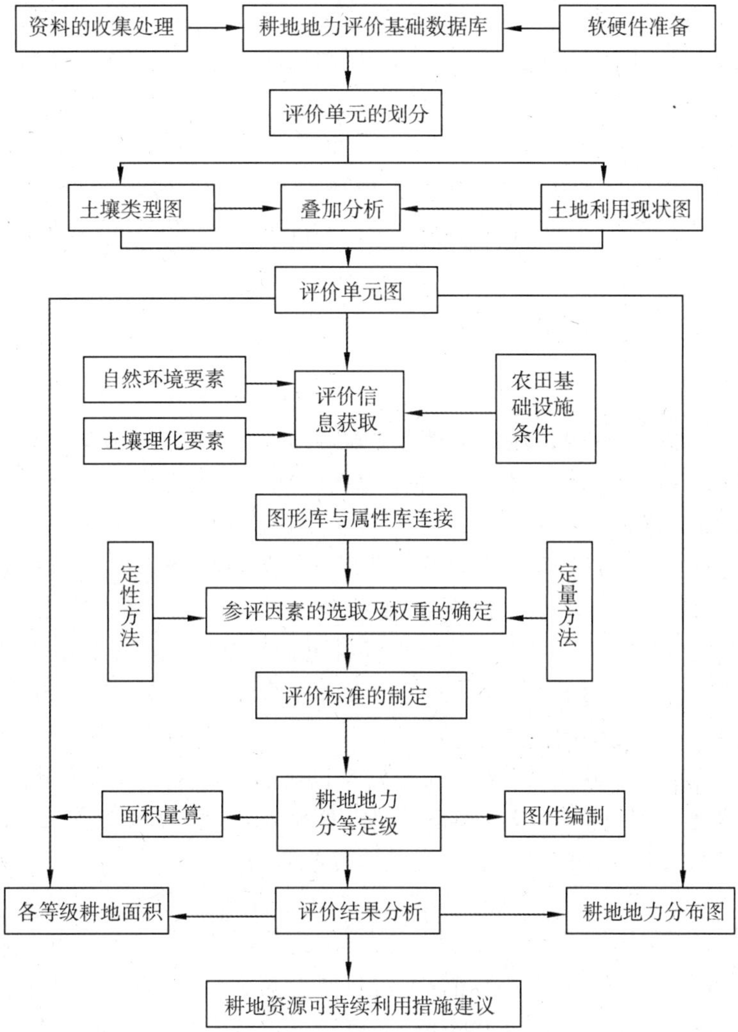

图 5-1　昌邑市耕地地力评价流程图

整个评价可分为三个方面的主要内容，按先后的次序分别为：

1. 资料工具准备及数据库建立：即根据评价的目的、任务、范围、方法，收集准备与评价有关的各类自然及社会经济资料，进行资料的分析处理。选择适宜的计算机硬件和GIS 等分析软件，建立耕地地力评价基础数据库。

2. 耕地地力评价：划分评价单元，提取影响地力的关键因素并确定权重，选择相应评价方法，制定评价标准，确定耕地地力等级。

3. 评价结果分析：依据评价结果，量算各等级耕地面积，编制耕地地力分布图。分析耕地地力问题，提出耕地资源可持续利用的措施建议。

三、软硬件准备

（一）硬件准备

硬件主要包括高档计算机、A0 幅面数字化仪、A0 幅面扫描仪、喷墨绘图仪等。计算机主要用于数据和图件的处理分析，数字化仪、扫描仪用于图件的输入，喷墨绘图仪用于成果图的输出。

（二）软件准备

一是 Windows 操作系统软件，其次是 FOXPRO 数据库管理、SPSS 数据统计分析/ACCESS 数据管理系统等应用软件，再次是 MAPGIS、ARCVIEW、ARCMAP 等 GIS 软件。

四、资料收集、处理

（一）收集

耕地地力评价以耕地的各性状要素为基础，因此，必须广泛地收集与评价有关的各类自然和社会经济因素资料，为评价工作做好数据的准备。本次耕地地力评价收集获取的资料主要包括四个方面。

1. 野外调查资料。野外调查资料按野外调查点获取，主要包括地形地貌、土壤母质、水文、土层厚度、表层质地、耕地利用现状、灌排条件、作物长势产量、管理措施水平等。

2. 室内化验分析资料。室内化验分析资料包括有机质、全氮、碱解氮、速效磷、速效钾等大量养分含量，交换性钙、交换性镁等中量养分含量，有效锌、有效硼、有效钼等微量养分含量，以及 pH、土壤污染元素含量等。

3. 社会经济统计资料。社会经济统计资料包括以行政区划为基本单位的人口、土地面积、作物及蔬菜瓜果面积，以及各类投入产出等社会经济指标数据。

4. 基础及专题图件资料。1∶50000 比例尺地形图、行政区划图、土地利用现状图、地貌图、土壤图等。

（二）处理

获取的评价资料可以分为定量和定性资料两大部分，为了采用定量化的评价方法和自动化的评价手段，减少人为因素的影响，需要对其中的定性因素进行量化处理，根据因素的级别状况赋予其相应的分值或数值。此外，对于各类养分等按调查点获取的数据，则需要进行插值处理，生成各类养分图。

1. 定性因素的量化处理。土壤表层质地：考虑不同质地类型的土壤肥力特征，以及与植物生长发育的关系，赋予不同质地类别以相应的分值(见表 5-1)。

表 5-1　　土壤表层质地的量化处理

质地类别	中壤	轻壤	重壤	砂壤	砂土
分值	100	95	80	70	55

土体构型：首先以土层质地类别和其在土体中的部位对各类土体构型进行归纳，根

据不同的土体构型对植物生长发育的影响，赋予不同土体构型以相应的分值(见表 5-2)。

表 5-2 土体构型的量化处理

土体构型	壤均质	壤质黏心	黏质壤心	砂质壤心	黏均质	砂质黏心	壤质砂心	砂均质
分值	100	90	87	80	77	70	65	58

地貌类型：根据不同的地貌类型对耕地地力及作物生长的影响，赋予其相应的分值(见表 5-3)。

表 5-3 地貌类型的量化处理

地貌类型	缓平坡地	湖沼平原	岗地	洼地	滨海平地
分值	100	89	80	78	70

矿化度：根据不同的矿化度对耕地地力及作物生长的影响，赋予其相应的分值(见表 5-4)。

表 5-4 矿化度的量化处理

矿化度	＜0.5	0.5～2	2～5	＞5
分值	100	90	65	40

盐渍化程度：考虑到昌邑市的土壤分布中存在不同的盐渍化程度，将其盐渍化程度划分为不同的等级，并据其对耕地地力的影响程度进行量化处理(见表 5-5)。

表 5-5 土壤盐渍化程度的量化处理

盐渍化	无	轻度	中度	重度	盐土
分值	100	85	70	50	30

2. 各类养分专题图层的生成。对于土壤有机质、氮、磷、钾、锌、硼、钼等养分数据，首先按照野外实际调查点进行整理，建立了以各养分为字段、以调查点为记录的数据库。之后进行了土壤采样样点图与分析数据库的连接，在此基础上插值生成各养分专题图层。

我们对比了分别在 MAPGIS 和 ARCVIEW 环境中的插值结果，发现 ARCVIEW 环境中的插值结果线条更为自然圆滑，符合实际。因此，本研究中所有养分采样点数据均在 ARCVIEW 环境下操作，利用其空间分析模块功能对各养分数据进行自动的插值处理，经编辑处理，自动生成各土壤养分专题栅格图层。后续的耕地地力评价也以栅格形式进行，与矢量形式相比，能够将各评价要素信息精确到栅格(像元)水平，保证了评价结果的准确。图 5-2 和图 5-3 为在 ARCVIEW 下插值生成的昌邑市土壤有机质、碱解氮含量分布栅格图。

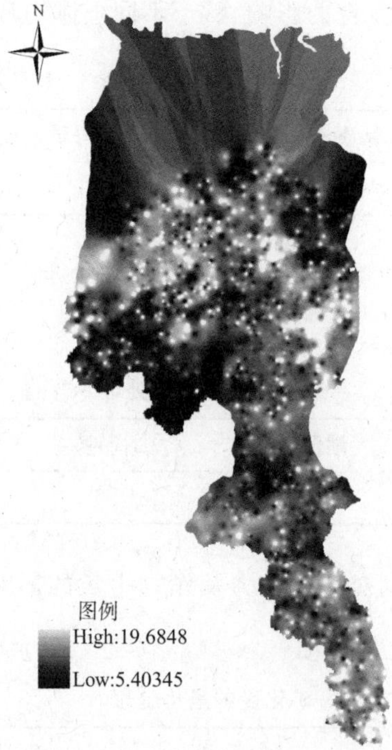

图 5-2 昌邑市土壤有机质含量栅格图

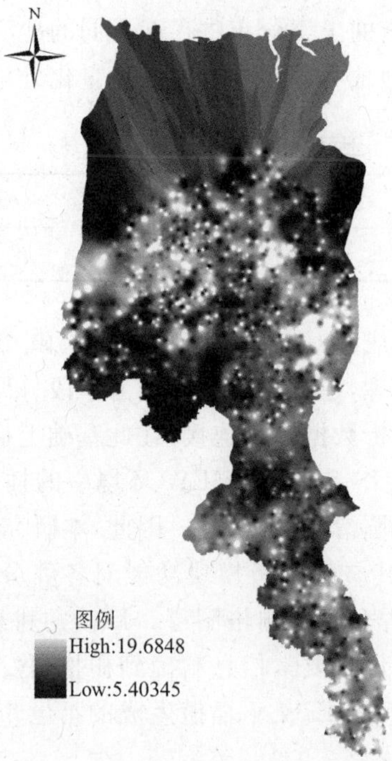

图 5-3 昌邑市土壤碱解氮含量栅格图

五、基础数据库的建立

(一)基础属性数据库的建立

为更好地对数据进行管理和为后续工作提供方便,将采样点基本情况信息、农业生产情况信息、土壤理化性状化验分析数据、土壤污染元素化验分析数据等信息以调查点为基本数据库记录进行属性数据库的建立,作为后续耕地地力评价工作的基础。

(二)基础专题图图形库的建立

将扫描矢量化及插值等处理生成的各类专题图件,在 ARCVIEW 和 MAPGIS 软件的支持下,分别以栅格形式和点、线、区文件的形式进行存储和管理,同时将所有图件统一转换到相同的地理坐标系统下,以进行图件的叠加等空间操作。各专题图图斑属性信息通过键盘交互式输入或通过与属性库挂接读取,构成基本专题图图形数据库。图形库与基础属性库之间通过调查点相互连接。

六、评价单元的划分

评价单元是由对土地质量具有关键影响的各土地要素组成的空间实体,是土地评价的最基本单位、对象和基础图斑。同一评价单元内的土地自然基本条件、土地的个体属性和经济属性基本一致,不同土地评价单元之间既有差异性又有可比性。耕地地力评价就是要通过对每个评价单元的评价,确定其地力级别,把评价结果落实到实地和编绘的土地资源图上。因此,土地评价单元划分的合理与否,直接关系到土地评价的结果以及工作量的大小。

目前,对土地评价单元的划分尚无统一的方法,有以土壤类型、以土地利用类型、以行政区划单位、以方里网等多种方法。本次昌邑市耕地地力评价土地评价单元的划分采用土壤图、土地利用现状图的叠置划分法,相同土壤单元及土地利用现状类型的地块组成一个评价单元,即“土地利用现状类型－土壤类型”的格式。其中,土壤类型划分到土种,土地利用现状类型划分到二级利用类型,制图区界以昌邑市最新土地利用现状图为准。为了保证土地利用现状的现实性,基于野外的实地调查对耕地利用现状进行了修正。同一评价单元内的土壤类型相同,利用方式相同,交通、水利、经营管理方式等基本一致,用这种方法划分评价单元既可以反映单元之间的空间差异性,使土地利用类型有了土壤基本性质的均一性,又使土壤类型有了确定的地域边界线,使评价结果更具综合性、客观性,可以较容易地将评价结果落实到实地。

通过图件的叠置和检索,将昌邑市耕地地力划分为 9172 个评价单元。

七、评价信息的提取

影响耕地地力的因子非常多,并且它们在计算机中的存储方式也不相同,因此,如何准确地获取各评价单元评价信息是评价中的重要一环。鉴于此,我们舍弃直接从键盘输入参评因子值的传统方式,采取将评价单元与各专题图件叠加采集各参评因素的信息。具体的做法是:①按唯一标志原则为评价单元编号;②在 ARCVIEW 环境下生成评价信息空间库和属性数据库;③在 ARCMAP 环境下从图形库中调出各化学性状评价因子的专题图，与评价单元图进行叠加计算出各因子的均值；④保持评价单元几何形状不变，在耕地资源管理信息系统中直接对叠加后形成的图形的属性库进行“属性提取”操作，以评价单元为基本统计单位，按面积加权平均汇总评价单元立地条件评价因子的分值。

由此，得到图形与属性相连的、以评价单元为基本单位的评价信息，为后续耕地地力的评价奠定了基础。

第二节　参评因素的选取及其权重确定

正确地进行参评因素的选取并确定其权重，是科学地评价耕地地力的前提，直接关系到评价结果的正确性、科学性和社会可接受性。

一、参评因素的选取

参评因素是指参与评定耕地地力等级的耕地诸属性。影响耕地地力的因素很多，在本次昌邑市耕地地力评价中根据昌邑市的区域特点，遵循主导因素原则、差异性原则、稳定性原则、敏感性原则，采用定量和定性方法结合，进行了参评因素的选取。

（一）系统聚类方法

系统聚类方法用于筛选影响耕地地力的理化性状等定量指标，通过聚类将类似的指标进行归并，辅助选取相对独立的主导因子。利用 SPSS 统计软件进行了土壤养分等化学性状的系统聚类，结果如图 5-4 所示。

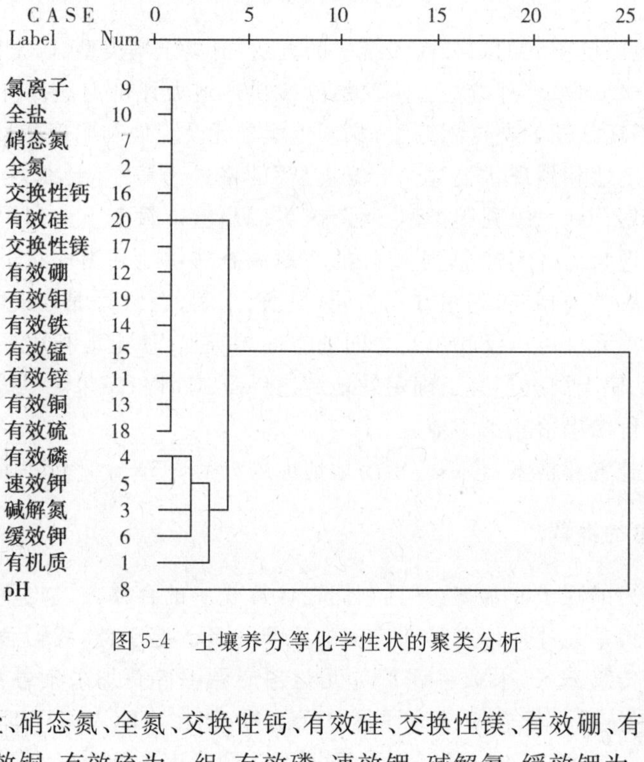

图 5-4　土壤养分等化学性状的聚类分析

氯离子、全盐、硝态氮、全氮、交换性钙、有效硅、交换性镁、有效硼、有效钼、有效铁、有效锰、有效锌、有效铜、有效硫为一组，有效磷、速效钾、碱解氮、缓效钾为一组，有机质为一组，pH 为一组。

（二）DELPHI 法

用 DELPHI 法进行了影响耕地地力的立地条件、物理性状等定性指标的筛选。由土壤农业化学学者、专家及昌邑市土肥站业务人员组成的专家组，首先对指标进行分类，在此基础上进行指标的选取，并讨论确定最终的选择方案。

综合以上两种方法，在定量因素中根据各因素对耕地地力影响的稳定性以及营养元素的全面性，在聚类分析第一组中选取有效磷、有效锌为参评因素，第二组中选取有效硼为参评因素，第三组是速效钾，第四组是有机质。结合专家组选择结果，最后确定灌溉保证率、矿化度、地貌类型、耕层质地、土体构型、盐渍化程度、有机质、大量元素（速效钾、有效磷）、微量元素（有效锌、有效硼）等 11 项因素作为耕地地力评价的参评指标。

二、权重的确定

在耕地地力评价中，需要根据各参评因素对耕地地力的贡献确定权重，确定权重的方法很多，本评价中采用层次分析法（AHP）来确定各参评因素的权重。

层次分析法是在定性方法基础上发展起来的定量确定参评因素权重的一种系统分析方法，这种方法可将人们的经验思维数量化，用以检验决策者判断的一致性，有利于实现定量化评价。AHP 法确定参评因素的步骤如下：

（一）建立层次结构

耕地地力为目标层（G 层），影响耕地地力的立地条件、物理性状、化学性状为准则层（C 层），再把影响准则层中各元素的项目作为指标层（A 层），其结构关系如图 5-5 所示。

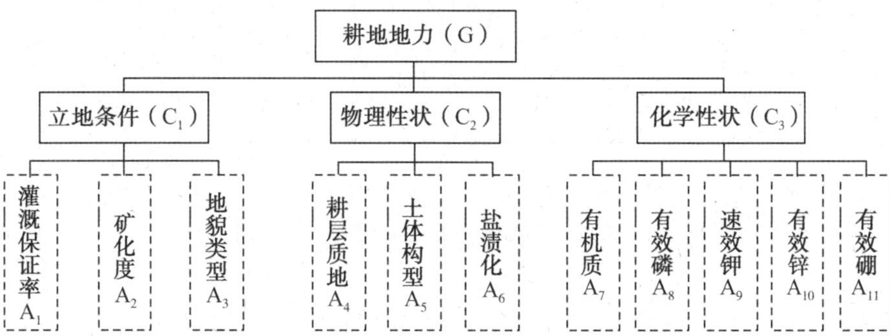

图 5-5　耕地地力影响因素层次结构

（二）构造判断矩阵

根据专家意见，确定 C 层对 G 层以及 A 层对 C 层的相对重要程度，构成 A、C_1、C_2、C_3共 4 个判断矩阵。例如，耕层质地、土体构型、盐渍化程度对耕地物理性状的判断矩阵表示为：

$$C_2 = \begin{pmatrix} a_{11} & a_{12} & a_{13} \\ a_{21} & a_{22} & a_{23} \\ a_{31} & a_{32} & a_{33} \end{pmatrix} \quad \begin{pmatrix} 1 & 5 & 3 \\ 0.2 & 1 & 0.33 \\ 0.33 & 3 & 1 \end{pmatrix}$$

其中，a_{ij}（i 为矩阵的行号，j 为矩阵的列号）表示对 C_2 而言，a_i 对 a_j 的相对重要性的数值。

（三）层次单排序及一致性检验

即求取 A 层对 C 层的权数值，可归结为计算判断矩阵的最大特征根对应的特征向量。利用 SPSS 等统计软件，得到的各权数值及一致性检验的结果如表 5-6 所示。

表 5-6　权数值及一致性检验结果

矩　阵	特征向量					C_I	C_R
矩阵 A		0.3202	0.1226	0.5571		0.009148	0.01577204<0.1
矩阵 C_1		0.6329	0.1058	0.2613		0.020017	0.03451165<0.1
矩阵 C_2		0.6333	0.1061	0.2606		0.019410	0.03346558<0.1
矩阵 C_3	0.5036	0.2307	0.1526	0.0638	0.0492	0.044324	0.03957510<0.1

从表中可以看出，$C_R<0.1$，具有很好的一致性。

（四）层次总排序及一致性检验

经层次总排序，并进行一致性检验，结果为 $C_I=0$，$C_R=0$，具有满意的一致性，最后计算 A 层对 G 层的组合权数值，得到各因子的权重如表 5-7 所示。

表 5-7　各因子的权重

因　子	权　重	因　子	权　重	因　子	权　重	因　子	权　重
灌溉保证率	0.2027	耕层质地	0.0777	有机质	0.2806	有效锌	0.0355
矿化度	0.0339	土体构型	0.0130	有效磷	0.1286	有效硼	0.0274
地貌类型	0.0836	盐渍化	0.0320	速效钾	0.0850		

第三节　耕地地力等级的确定

土地是一个灰色系统，系统内部各要素之间与耕地的生产能力之间关系十分复杂。此外，评价中也存在着许多不严格、模糊性的概念。因此，我们在评价中引入了模糊数学方法，来进行耕地地力等级的确定。

一、参评因素隶属函数的建立

用 DELPHI 法根据一组分布均匀的实测值评估出对应的一组隶属度，然后在计算机中绘制出这两组数值的散点图，再根据散点图进行曲线模拟，寻求参评因素实际值与隶属度的关系方程，从而建立起隶属函数。各参评因素的分级及其相应的专家赋值和隶属度如表 5-8 所示。

表 5-8　　　　　　参评因素的分级及其分值

因素	分级及分值												
地貌类型	分级	缓平坡地	湖沼平原	岗地	洼地	滨海平地							
	分值	100	89	80	78	70							
	隶属度	1.00	0.89	0.80	0.78	0.70							
灌溉保证率	分级	80	70	60	50	30	10	0					
	分值	100	90	80	65	40	10	0					
	隶属度	1.00	0.90	0.80	0.65	0.40	0.10	0.00					
矿化度	分级(g/L)	<0.5	0.5～2	2～5	>5								
	分值	100	90	65	40								
	隶属度	1.00	0.90	0.65	0.40								
有机质	分级	2.0	1.8	1.6	1.4	1.2	1.0	0.8	0.6				
	分值	100	98	95	90	84	78	65	50				
	隶属度	1.00	0.98	0.95	0.90	0.84	0.78	0.65	0.50				
有效磷	分级	400	300	200	110	80	60	40	30	20	15	10	5
	分值	70	80	90	100	98	96	92	90	85	80	60	40
	隶属度	0.70	0.80	0.90	1.00	0.98	0.96	0.92	0.90	0.85	0.80	0.60	0.40
速效钾	分级	400	320	240	160	120	100	80	60				
	分值	100	98	93	85	82	78	70	50				
	隶属度	1.00	0.98	0.93	0.85	0.82	0.78	0.70	0.50				
有效锌	分级	2.0	1.5	1.2	1.0	0.8	0.5	0.3					
	分值	100	92	87	85	80	70	55					
	隶属度	1.00	0.92	0.87	0.85	0.80	0.70	0.55					
有效硼	分级	1.8	1.5	1.2	1.0	0.8	0.5	0.2					
	分值	100	95	87	85	80	70	55					
	隶属度	1.00	0.95	0.87	0.85	0.80	0.70	0.55					
耕层质地	分级	中壤	轻壤	重壤	砂壤	砂土							
	分值	100	95	80	70	55							
	隶属度	1.00	0.95	0.80	0.70	0.55							
土体构型	分级	壤均质	壤质黏心	黏质壤心	砂质壤心	黏均质	砂质黏心	壤质砂心	黏质砂心	砂均质			
	分值	100	90	87	80	77	70	65	63	58			
	隶属度	1.00	0.90	0.87	0.80	0.77	0.70	0.65	0.63	0.58			
盐渍化	分级	无	轻度	中度	重度	盐土							
	分值	100	85	70	50	30							
	隶属度	1.00	0.85	0.70	0.50	0.30							

通过模拟共得到正直线型、戒上型、戒下型三种类型的隶属函数，其中有机质、速效钾等属于戒上型隶属函数，土体构型、耕层质地、盐渍化、矿化度等属于正直线型隶属函数，然后根据隶属函数计算各参评因素的单因素评价评语。以有机质为例绘制的散点图和模拟曲线如图 5-6 和图 5-7 所示。

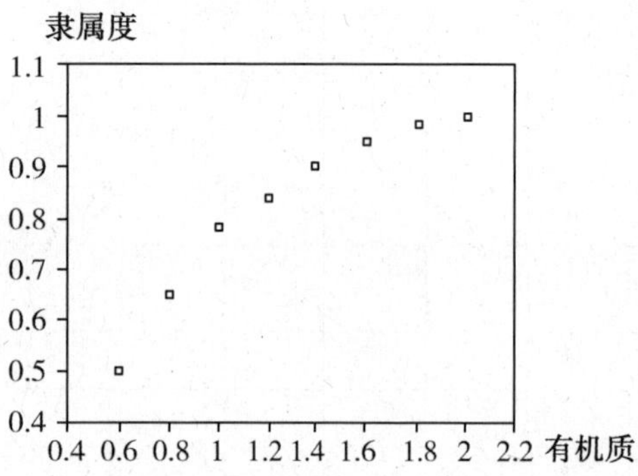

图 5-6 有机质与隶属度关系散点图

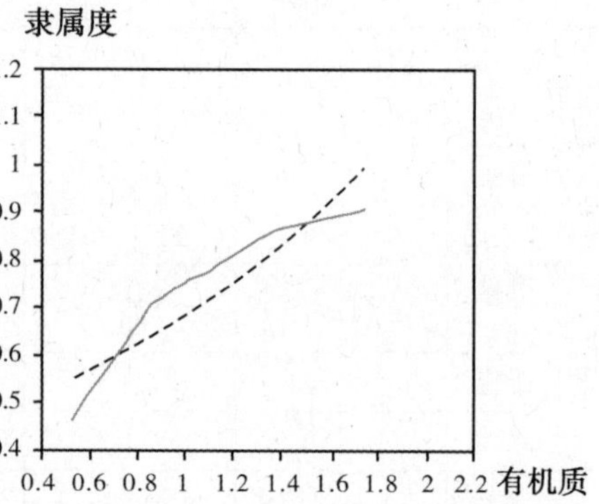

图 5-7 有机质与隶属度关系曲线

其隶属函数为戒上型，形式为：

$$y=\begin{cases} 0 & (x\leqslant x_t) \\ 1/[1+A(x-C)^2] & (x_t<x<C) \\ 1 & (C\leqslant x) \end{cases}$$

各参评因素类型及其隶属函数如表 5-9 所示。

表 5-9 参评因素类型及其隶属函数

函数类型	参评因素	隶属函数	A	C	U_t
戒上型	有机质含量(g/kg)	$y=1/[1+A(x-C)^2]$	0.543	1.822	0.35
戒上型<110	有效磷(mg/kg)	$y=1/[1+A(x-C)^2]$	0.0000992	80.159	3
戒下型>110			0.00000742	111.967	450
戒上型	速效钾(mg/kg)	$y=1/[1+A(x-C)^2]$	0.0000076	327.836	15
戒上型	有效锌(mg/kg)	$y=1/[1+A(x-C)^2]$	0.245	1.924	0.1
戒上型	有效硼(mg/kg)	$y=1/[1+A(x-C)^2]$	0.251	1.879	0.1
正直线型	灌溉保证率(分值)	$y=Ax$	0.01	100	0
正直线型	矿化度(分值)	$y=Ax$	0.01	100	0
正直线型	土体构型(分值)	$y=Ax$	0.01	100	0
正直线型	耕层质地(分值)	$y=Ax$	0.01	100	0
正直线型	盐渍化(分值)	$y=Ax$	0.01	100	0
正直线型	地貌类型(分值)	$y=Ax$	0.01	100	0

二、耕地地力等级的确定

(一)计算耕地地力综合指数

用指数和法来确定耕地的综合指数，公式为：

$$IFI=\sum F_i \times C_i$$

式中：IFI(Integrated Fertility Index)代表耕地地力综合指数；F_i代表第 i 个因素评语；C_i代表第 i 个因素的组合权重。

具体操作过程：在县域耕地资源信息系统中，在“专题评价”模块中编辑立地条件、物理性状和化学性状的层次分析模型以及各评价因子的隶属函数模型，然后选择“耕地生产潜力评价”功能进行耕地地力综合指数的计算。

(二)确定最佳的耕地地力等级数目

计算耕地地力综合指数之后，在耕地资源管理系统中选择累积曲线分级法进行评价，根据曲线斜率的突变点(拐点)来确定等级的数目和划分综合指数的临界点，昌邑市耕地地力共划分为 6 个级别，各等级耕地地力综合指数如表 5-10 所示，分布图如图 5-8 所示。

表 5-10 昌邑市耕地地力等级综合指数

IFI	>0.89	0.84～0.89	0.79～0.84	0.74～0.79	0.67～0.74	<0.67
耕地地力等级	一级地	二级地	三级地	四级地	五级地	六级地

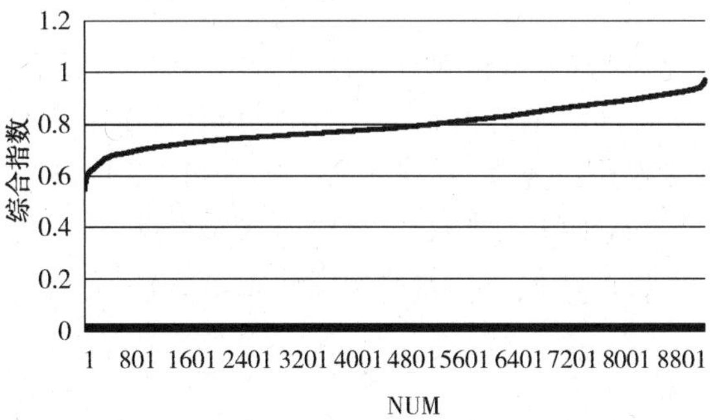

图 5-8 昌邑市综合指数分布图

三、图件的编制

为了提高制图的效率和准确性，在地理信息系统软件 MAPGIS 的支持下，进行昌邑市耕地地力评价图及相关图件的自动编绘处理，其步骤大致分以下几步：扫描矢量化各基础图件→编辑点、线→点、线校正处理→统一坐标系→区编辑并对其赋属性→根据属性赋颜色→根据属性加注记→图幅整饰输出。此外还充分利用了 ARCVIEW 和 ARCGIS 强大的空间分析功能，将评价图与其他图件进行叠加，从而生成其他专题图件；将评价图与行政区划图叠加，进而计算出各行政区划单位内的耕地地力等级面积等。

(一)专题图地理要素底图的编制

专题地图的地理要素内容是专题图的重要组成部分，用于反映专题内容的地理分布，并作为图幅叠加处理等的分析依据。地理要素的选择应与专题内容相协调，考虑图面的负载量和清晰度，应选择基本的、主要的地理要素。

以昌邑市最新的土地利用现状图为基础，对此图进行了制图综合处理，选取主要的居民点、交通道路、水系、境界线等及其相应的注记，进而编辑生成 1∶50000 各专题图地理要素底图。

（二）耕地地力评价图的编制

以耕地地力评价单元为基础，根据各单元的耕地地力评价等级结果，对相同等级的相邻评价单元进行归并处理，得到各耕地地力等级图斑。在此基础上，分两个层次进行图面耕地地力等级的表示：一是颜色表示，即赋予不同耕地地力等级以相应的颜色；二是代号表示，用罗马数字Ⅰ、Ⅱ、Ⅲ、Ⅳ、Ⅴ、Ⅵ代表不同的耕地地力等级，并在评价图相应的耕地地力图斑上注明。将评价专题图与以上的地理要素图复合，整饰得出昌邑市 1∶50000 耕地地力评价图。

（三）其他专题图的编制

对于有机质含量、速效钾、有效磷、有效锌等其他专题要素地图，则按照各要素的分级分别赋予相应的颜色，同时标注相应的代号，生成专题图层。之后与地理要素图复合，编辑处理生成专题图件，并进行图幅的整饰处理以得到最终专题图。

四、面积量算

面积的量算可通过与专题图相对应的属性库的操作直接完成。对耕地地力等级面积的量算，则可在 FOXPRO 数据库的支持下，对图件属性库进行操作，检索相同等级的面积，然后汇总得出各类耕地地力等级的面积，再根据昌邑市图幅理论面积进行平差，得到准确的面积数值。对于不同行政区划单位内部、不同的耕地利用类型等的耕地地力等级面积的统计，则通过耕地地力评价图与相应的专题图进行叠加分析，由其相应属性库统计获得。

第六章　耕地地力分析

本次耕地地力分析按照农业部耕地质量调查和评价的规程及相关标准，并结合当地实际情况，选取了对耕地地力影响较大、区域内变异明显、在时间序列上具有相对稳定性、与农业生产有密切关系的11个因素建立评价指标体系。以土壤图与土地利用现状图叠加形成评价单元，应用模糊综合评判方法，通过综合分析，将全市耕地共划分为6个等级，根据评价结果进行耕地地力的系统分析。

第一节　耕地地力等级与空间分布

一、耕地地力等级面积

利用MAPGIS软件，对评价图属性库进行操作，检索统计耕地各等级的面积和图幅总面积。以2009年昌邑市国土资源管理局统计的耕地总面积为基准，按面积比例进行平差，计算出各耕地地力等级面积。

昌邑市耕地总面积为73675.13hm^2，各等级耕地比例相对均衡，以一级地、二级地、三级地和四级地为主，各等级占耕地总面积的比例接近或超过20%，四者面积之和占到了耕地总面积的82.94%；其次是五级地，占耕地总面积的13.6%；六级地面积较少，仅占耕地总面积的3.46%(见表6-1)。

表6-1　　昌邑市耕地地力评价结果面积统计

等　级	一级地	二级地	三级地	四级地	五级地	六级地	总　计
分级指数范围	＞0.89	0.84～0.89	0.79～0.84	0.74～0.79	0.67～0.74	＜0.67	
面积(hm^2)	11830.11	14614.36	15490.46	19166.26	10023.25	2550.69	73675.13
百分比(%)	16.06	19.84	21.03	26.01	13.6	3.46	100

对用于耕地地力评价的1272个粮田样点进行年产量统计，昌邑市各级耕地粮食产量状况如表6-2所示。

表6-2　　昌邑市各级耕地粮食产量情况表

耕地级别	一级地	二级地	三级地	四级地	五级地	六级地
粮食产量水平(kg/hm^2)	15433	14180	12756	10838	9836	6864

二、耕地地力空间分布

(一)耕地地力等级分布

昌邑市一级地和二级地主要分布于市域中部平原地区,微地貌类型以微斜平地、沿河洼地、河滩高地、缓平坡地为主。这一区域土壤类型多为潮土、湿潮土、砂姜黑土,质地多为轻壤和中壤,土层深厚,地势平坦,耕地地力情况较好,农业基础设施配套成型,土地利用类型多为水浇地,是昌邑市小麦、玉米、生姜、马铃薯等的主要产区。三级地、四级地、五级地分布相对比较分散,但主要集中在北部和南部地区,微地貌类型主要包括微斜平地、浅平洼地、沿河洼地、缓平坡地、陵间坡地、缓岗(土埠)、河滩高地、河漫滩地,土壤类型多为潮土、湿潮土、砂姜黑土、盐化潮土、淋溶褐土等,质地多为中壤和轻壤,部分为砂壤和重壤。南部以种植小麦、玉米、花生等作物为主,北部以种植小麦、玉米、棉花为主。土层较厚,属于只要加大资金投入,完善基础设施,改善生产条件,产量就能大幅提高的中产田类型,有一定的开发潜力。六级地主要分布在昌邑市北部的沿海地区及都昌街道西部的洼地,这部分耕地微地貌类型主要为浅平洼地、海滩地、河漫滩地,土壤类型为滨海潮盐土和盐化潮土,质地多为砂壤土和轻壤土,地势低洼,盐碱危害较重,适宜于种植耐盐碱作物以及发展林果和畜牧业。

(二)耕地地力等级的行政区域划分

将全市耕地地力等级分布图与昌邑市行政区划图进行叠加分析,从耕地地力等级行政区域分布数据库中,按权属字段检索出各等级的记录,统计出各级地在各镇(街道)的分布状况(见表 6-3)。

表 6-3 昌邑市耕地地力等级行政区域分布

镇(街道)		一级地	二级地	三级地	四级地	五级地	六级地	合　计
卜庄镇	面积 (hm^2)	1049.94	2104.29	4652.66	3168.93	2467.5	1261.69	14705
	百分比(%)	7.14	14.31	31.64	21.55	16.78	8.58	100
柳疃镇	面积 (hm^2)	880.39	893.79	805.45	1443.35	1414.11	655.57	6092.66
	百分比(%)	14.45	14.67	13.22	23.69	23.21	10.76	100
龙池镇	面积 (hm^2)	0	43.11	345.4	3255.86	1454.39	499.35	5598.11
	百分比(%)	0	0.77	6.17	58.16	25.98	8.92	100
奎聚街道	面积 (hm^2)	929.89	1365.09	345.54	6.14	21.61	0	2668.27
	百分比(%)	34.85	51.16	12.95	0.23	0.81	0	100
围子镇	面积 (hm^2)	5346.04	2006.75	2414.25	134.84	12.89	0	9914.77
	百分比(%)	53.92	20.24	24.35	1.36	0.13	0	100
都昌街道	面积 (hm^2)	920.79	3422.13	1185.4	2757.64	3445.86	134.08	11865.91
	百分比(%)	7.76	28.84	9.99	23.24	29.04	1.13	100

续表

镇(街道)		一级地	二级地	三级地	四级地	五级地	六级地	合　计
饮马镇	面积 (hm^2)	2703.05	4595.79	1811.7	870.34	23.01	0	10003.89
	百分比(%)	27.02	45.94	18.11	8.7	0.23	0	100
北孟镇	面积 (hm^2)	0	183.42	3930.05	7529.17	1183.89	0	12826.52
	百分比(%)	0	1.43	30.64	58.7	9.23	0	100

第二节　耕地地力等级分述

一、一级地

(一)面积与分布

一级地评价单元为1212个,综合评级指数高于0.89,耕地面积为11830.11hm^2,占耕地总面积的16.06%,为昌邑市耕地质量最好的一个等级,利用类型全部为水浇地。一级地粮食平均产量为15433kg/hm^2,相当于全国耕地地力等级一等地。利用类型面积如表6-4所示。

表6-4　一级地耕地利用类型面积

利用类型	评价单元(个)	面积(hm^2)	占耕地总面积(%)	占本级地总面积(%)
水浇地	1212	11830.11	16.06	100

一级地分布于围子镇、饮马镇、卜庄镇、柳疃镇、奎聚街道、都昌街道,其中以围子镇分布面积最大,为5346.04hm^2,占该镇耕地面积的53.92%,占本级地总面积的45.19%,集中分布于围子镇潍河以东,漩河以西,宋庄村、周家部村以北,李才村、张董村以南的微斜平地。饮马镇一级地面积也较大,但分布比较零散,微地貌类型为微斜平地和沿河洼地。此外,龙池镇、北孟镇没有一级地分布。各镇(街道)一级地分布情况如表6-5所示。

表6-5　一级地各镇(街道)耕地面积

镇(街道)	面积(hm^2)	占本镇(街道)耕地面积(%)	占本级地总面积(%)
卜庄镇	1049.94	7.14	8.88
柳疃镇	880.39	14.45	7.44
龙池镇	0	0	0
奎聚街道	929.89	34.85	7.86
围子镇	5346.04	53.92	45.19
都昌街道	920.79	7.76	7.78
饮马镇	2703.05	27.02	22.85
北孟镇	0	0	0

(二)主要属性分析

一级地土壤类型以潮土、湿潮土为主,兼有少量砂姜黑土。土壤表层质地多为轻壤和中壤,兼有少量重壤和极少量砂壤,土体构型以壤均质、壤质黏心、壤质黏腰为主,无明显障碍层次。微地貌类型以微斜平地、沿河洼地为主,土层深厚,土壤理化性状良好,基本无盐渍化现象,可耕性强。地下水矿化度低于 0.5g/L 的耕地面积占本级地面积的 58.15%,矿化度为 0.5~2g/L 的耕地面积占本级地面积的 41.85%。农田水利设施较为完善,灌排条件好,灌溉保证率高,粮田种植小麦、玉米,一年两作,可浇灌 4~5 次水,土壤中性。受长年耕种和大田蔬菜种植的影响,土壤有机质、碱解氮、交换性钙、有效锰、有效铁含量较丰富,速效钾、交换性镁、有效铜为丰富水平,除有效钼平均含量为 0.09mg/kg 属缺乏外,其余养分指标均为中等或中等偏上水平,土壤养分含量较高。一级地主要养分含量如表 6-6 所示。

表 6-6　一级地主要养分含量

项　目	平均值	范围值	含量水平
有机质(g/kg)	13.3	9.9~18.2	较丰富
全氮(g/kg)	0.94	0.37~1.31	中等偏上
碱解氮(mg/kg)	95	50~143	较丰富
有效磷(mg/kg)	47.2	12.5~105.9	中等偏上
速效钾(mg/kg)	164	79~459	丰富
缓效钾(mg/kg)	623	286~1076	中等
交换性钙(mg/kg)	3059	1378~7315	较丰富
交换性镁(mg/kg)	474	237--761	丰富
有效硫(mg/kg)	54.6	21.7~135.1	中等
有效锌(mg/kg)	0.85	0.32~1.72	中等
有效硼(mg/kg)	0.65	0.15~1.43	中等
有效锰(mg/kg)	17.57	9.2~47.7	较丰富
有效钼(mg/kg)	0.09	0.03~0.3	缺乏
有效铜(mg/kg)	1.81	0.64~5.25	丰富
有效铁(mg/kg)	18.58	4.80~56.6	较丰富
pH	7.3	6.5~8.1	中性

(三)存在问题

1.该地区属于中部平原区,是全市高产、稳产、耕性优良地区,也是全市生姜、马铃薯等大田蔬菜种植相对集中的区域。对于蔬菜,尤其是生姜,肥料的投入特别大,造成土壤氮、磷、钾养分普遍较高,尤其是速效钾含量相对更丰富些。氮、磷、钾配比不合理和过量施用,不仅给农田带来了一定的污染,而且也影响了耕地质量和农产品品质。

2. 该地区水浇条件好，耕地利用类型全部为水浇地，灌溉农田时常有大水漫灌现象发生，造成了水资源的浪费以及土壤盐渍化现象的发生。

3. 微量元素钼缺乏。

(四)改良利用

一级地是全市综合性能最好的耕地，各项评价指标均属良好型。土层厚，排灌性好，易于耕作，养分含量高，保肥、保水性好，适于各种作物生长，是昌邑市高产、稳产地区。2008年和2009年的标准粮田建设项目就安排在占一级地比重较大的围子镇。本级地利用方向是发展高产、优质、高效农业，如无公害生姜生产基地、无公害马铃薯生产基地及优质高产小麦基地等。为此，应搞好以下工作：

1. 结合项目建设，发展无公害生产。结合测土配方施肥，小麦、玉米高产创建及万亩马铃薯无公害生产基地建设等项目，加大宣传力度，把该地区建设成为无公害生产的示范区。同时，切实加强对该地区耕地的保护，严格控制非农业用地，做到用地、养地结合，持续合理利用。

2. 加大农业投入，提升农业综合生产能力。增施有机肥、实行秸秆还田，增加土壤有机质含量；加大科学施肥、配方施肥的宣传力度，强化科技人员进村入户指导配方施肥措施，转变人们传统的施肥观念，尤其是生姜的施肥观念，多建立生姜配方施肥示范区，以点带面，做到平衡施肥、配方施肥，防止土壤酸化、盐渍化，提高耕地质量。

3. 推广节水节肥技术，提高水肥利用率。利用良种良法配套、测土配方施肥等技术，大力推广滴灌、喷灌、水肥一体化等技术，节水、节肥，提高水肥利用率，合理施肥，防止面源污染。

4. 适量补施锌、硼、钼肥。

二、二级地

(一)面积与分布

二级地评价单元为1521个，综合评价指数为0.84～0.89，耕地面积为14614.36hm^2，占全市耕地总面积的19.84%。本级耕地利用类型全部为水浇地。二级地粮食平均产量为14180kg/hm^2，相当于全国耕地地力等级一等地。利用类型面积如表6-7所示。

表6-7 二级地耕地利用类型面积

利用类型	评价单元(个)	面积(hm^2)	占耕地总面积(%)	占本级地总面积(%)
水浇地	1521	14614.36	19.84	100

二级地在全市8个镇(街道)均有分布，主要分布在饮马镇、都昌街道、卜庄镇、围子镇，共占本级地总面积的83%。其中饮马镇的二级地面积最大，分布于该镇的微斜平地和沿河洼地上，与一级地交叉分布；其次是都昌街道，该街道的二级地集中分布在以南逄村为中心的微斜平地和缓平坡地上。各镇(街道)二级地分布情况如表6-8所示。

表 6-8　二级地各镇(街道)耕地面积

镇(街道)	面积(hm^2)	占本镇(街道)耕地面积(%)	占本级地总面积(%)
卜庄镇	2104.29	14.31	14.40
柳疃镇	893.79	14.67	6.12
龙池镇	43.11	0.77	0.29
奎聚街道	1365.09	51.16	9.34
围子镇	2006.75	20.24	13.73
都昌街道	3422.13	28.84	23.42
饮马镇	4595.79	45.94	31.45
北孟镇	183.42	1.43	1.26

(二)主要属性分析

二级地土壤类型以潮土、湿潮土、砂姜黑土为主，兼有少量褐土化潮土。土壤表层质地为轻壤和中壤，少量为砂土和砂壤。土体构型以壤均质、壤质黏心、壤质黏腰为主，部分地区为含砂土体构型。微地貌类型以沿河洼地、微斜平地为主，含有少量缓平坡地和河滩高地。土层深厚，土壤理化性状良好，无盐渍化现象，可耕性强。地下水矿化度低于0.5g/L的耕地面积占本级地面积的48.09%，矿化度为0.5～2g/L的耕地面积占本级地面积的51.06%，农田水利设施较为完善，灌排条件较好，灌溉保证率较高，粮田种植小麦、玉米，一年两作，可浇灌3～5次水。土壤属中性，养分含量比较理想，有机质、大量元素、中量元素、大部分微量元素达中等及较丰富水平(见表6-9)。

表 6-9　二级地主要养分含量

项　目	平均值	范围值	含量水平
有机质(g/kg)	11.7	6.6～17.3	中等
全氮(g/kg)	0.86	0.33～1.29	中等
碱解氮(mg/kg)	86	42～151	中等
有效磷(mg/kg)	40.2	8.8～121.8	中等
速效钾(mg/kg)	151	71～545	较丰富
缓效钾(mg/kg)	634	360～1083	中等
交换性钙(mg/kg)	3100	1195～7537	较丰富
交换性镁(mg/kg)	454	200～885	较丰富
有效硫(mg/kg)	51.3	18.2～140.7	中等
有效锌(mg/kg)	0.7	0.31～1.73	中等
有效硼(mg/kg)	0.65	0.2～1.38	中等

续表

项 目	平均值	范围值	含量水平
有效锰(mg/kg)	15.45	6.5～28.2	较丰富
有效钼(mg/kg)	0.09	0.03～0.25	缺乏
有效铜(mg/kg)	1.44	0.65～5.15	较丰富
有效铁(mg/kg)	17.1	3.6～56.5	较丰富
pH	7.5	6.7～8.1	中性

(三)存在问题

二级地所处地势较平坦，土层深厚、水浇条件好，易于耕作，适耕期适中，是全市重要的粮食产区。二级地总体土壤地力较好，但部分地块存在农业生产的不利因素：一是土壤潜在肥力一般，有机质、速效钾含量相比全市平均养分含量偏低，耕地养分比例不协调；二是都昌街道的马埠、王耨、褚庄等一带的耕地土壤类型为风沙土，存在漏水、漏肥现象；三是饮马镇的崇德屯、马兰屯、孟家庄子等一带的耕地土壤类型为砂姜黑土，土体中有砂姜层，耕性不良，对作物生长有一定影响。

(四)改良利用

二级地综合评价良好，其合理利用应主要从土壤入手，注意增施有机肥，培肥地力，可采取深耕等措施，改良土壤质量及构型，建设高产、稳产农田。

1. 增施有机肥，实行秸秆直接还田或过腹还田，培肥地力，改善土壤偏砂的状况，改良土体构型。

2. 采取大犁深耕和深翻、深松等措施，逐步加深耕层，破除犁底层、砂姜层，改良土壤质量和构型，有利于作物根系深展，提高单位面积作物产量。

3. 合理确定氮、磷、钾及微肥比例、数量、施肥时期和方法，平衡土壤养分含量，最大限度地发挥各种肥料的增产潜力。

利用方向：搞好土壤培肥，提高耕地地力级别，建设高产、稳产农田，大力推广节水灌溉技术，提高灌溉利用率，合理使用化肥和农药，减少面源污染，推广“三品”生产。

三、三级地

(一)面积与分布

三级地评价单元为1814个，综合评价指数为0.79～0.84，耕地面积为15490.46hm^2，占全市耕地总面积的21.03%，三级地是除四级地之外占昌邑市耕地面积比例较大的耕地。其中水浇地为13151.40hm^2，占耕地总面积的17.85%，占本级地总面积的84.9%；旱地为2339.06hm^2，占耕地总面积的3.18%，占本级地总面积的15.1%。三级地粮食平均产量为12756kg/hm^2，相当于全国耕地地力等级二等地。各用地类型面积如表6-10所示。

表 6-10　三级地耕地利用类型面积

利用类型	评价单元(个)	面积(hm^2)	占耕地总面积(%)	占本级地总面积(%)
水浇地	1505	13151.4	17.85	84.9
旱地	309	2339.06	3.18	15.1
合计	1814	15490.46	21.03	100

三级地主要分布在卜庄镇、北孟镇、围子镇、饮马镇、都昌街道，其中以卜庄镇和北孟镇所占面积较大，分别为 4652.66hm^2、3930.05hm^2，共占本级地面积的 55.41%。卜庄镇三级地集中分布在荣乌高速公路以南，南泊村、刘庄村以北的浅平洼地和河滩高地；北孟镇三级地集中分布在田戈庄、万和屯村以北，孙家营子、李家庄子以南的微斜平地和陵间坡地；围子镇三级地面积为 2414.25hm^2，占该镇耕地面积的 24.35%，占本级地总面积的 15.59%，集中分布在漩河以东沿河洼地。柳疃镇、龙池镇、奎聚街道有少量或零星分布。各镇(街道)三级地分布情况如表 6-11 所示。

表 6-11　三级地各镇(街道)耕地面积

镇(街道)	面积(hm^2)	占本镇(街道)耕地面积(%)	占本级地总面积(%)
卜庄镇	4652.66	31.64	30.04
柳疃镇	805.45	13.22	5.20
龙池镇	345.4	6.17	2.23
奎聚街道	345.54	12.95	2.23
围子镇	2414.25	24.35	15.59
都昌街道	1185.4	9.99	7.65
饮马镇	1811.7	18.11	11.70
北孟镇	3930.05	30.64	25.37

(二)主要属性分析

三级地土壤主要为湿潮土、砂姜黑土，有少量盐化潮土和风沙土。耕层质地以轻壤和中壤为主，伴有少量的砂壤和重壤。土体构型主要为壤均质、砂均质、壤质黏腰和壤质黏心。微地貌类型主要为沿河洼地、微斜平地、浅平洼地、缓平坡地、陵间坡地和河滩高地。土壤理化性状较好，农田基础设施良好，灌排能力一般，粮田种植小麦、玉米，一年两作，大部分地区可浇灌 2～3 次水，少部分地区能浇灌 4～5 次水。地下水矿化度多为 0～2g/L，其耕地面积占本级耕地面积的 97.1%，有少量轻度和中度盐渍化现象。有机质、碱解氮、速效钾、交换性钙、有效铜、有效铁含量较丰富，交换性镁含量丰富，有效钼缺乏，其他各养分含量中等(见表 6-12)。

表 6-12　三级地主要养分含量

项　目	平均值	范围值	含量水平
有机质(g/kg)	13.3	5.8～18.8	较丰富
全氮(g/kg)	0.94	0.26～1.34	中等
碱解氮(mg/kg)	91	38～152	较丰富
有效磷(mg/kg)	36.5	6.8～108.4	中等
速效钾(mg/kg)	156	68～341	较丰富
缓效钾(mg/kg)	674	261～1145	中等
交换性钙(mg/kg)	3456	1153～8527	较丰富
交换性镁(mg/kg)	534	207～962	丰富
有效硫(mg/kg)	51.6	17.2～123.8	中等
有效锌(mg/kg)	0.66	0.29～1.73	中等偏下
有效硼(mg/kg)	0.58	0.23～1.33	中等
有效锰(mg/kg)	15.06	8.5～38	中等偏上
有效钼(mg/kg)	0.09	0.03～0.21	缺乏
有效铜(mg/kg)	1.58	0.58～4.77	较丰富
有效铁(mg/kg)	14.86	3.2～56.3	较丰富
pH	7.5	6.3～8.3	中性

(三)存在问题

三级地土壤类型较好,表层质地适中,耕性良好,土壤养分含量多属于中等或较丰富水平。主要存在问题:一是耕层土壤养分含量低于一级地、二级地,且存在分布不平衡现象;二是部分地块存在农业生产不利因素,主要表现在围子镇漩河以东的大部分耕地土壤偏黏,透水、透气性差,不利于作物的生长,北孟镇、卜庄镇的大部分耕地有夹砂层、夹黏层等障碍层次,耕性不良;三是部分耕地灌溉保证率偏低,56.9%的耕地可浇灌 2 次水,还有 5.86%的耕地仅能浇灌 1 次水,干旱年份灌溉无保证。

(四)改良利用

1.增施有机肥,实行秸秆还田,深耕深翻,合理耕作。尤其是围子镇东部的耕地,应该全面实行秸秆还田,改善土质偏黏及透水、透气性差的问题。

2.搞好农田基本建设,完善排灌体系,提高灌溉保证率。尤其是在灌排条件较差的卜庄镇、北孟镇,应兴修水利,完善田间基础设施,扩大灌溉面积,保障作物的正常生长。

3.协调氮、磷、钾比例,增施钾肥和微肥,均衡土壤养分。

利用方向:深耕增肥,加厚活土层,培肥地力;广开水源,发展灌溉。

四、四级地

(一)面积与分布

四级地评价单元为2773个,综合评价指数为0.74~0.79,耕地面积为19166.26hm²,占耕地总面积的26.01%,是全市耕地面积最大的一个等级。其中水浇地为6020.12hm²,占耕地总面积的8.17%,占本级地总面积的31.41%;旱地为13146.14hm²,占耕地总面积的17.84%,占本级地总面积的68.59%。四级地粮食平均产量为10838kg/hm²,相当于全国耕地地力等级三等地。各利用类型面积如表6-13所示。

表6-13 四级地各耕地利用类型面积

利用类型	评价单元(个)	面积(hm²)	占耕地总面积(%)	占本级地总面积(%)
水浇地	757	6020.12	8.17	31.41
旱地	2016	13146.14	17.84	68.59
合计	2773	19166.26	26.62	100

四级地主要分布在北孟镇、龙池镇、卜庄镇、都昌街道、柳疃镇,其中以北孟镇分布面积最大,为7529.17hm²,占该镇耕地面积的58.7%,占本级地总面积的39.28%,集中分布在该镇的西北部和南部的陵间坡地;龙池镇四级地集中分布在孙家庄、果园村以北,辛沙公路以南的浅平洼地和少部分微斜平地,面积为3255.86hm²,占该镇耕地面积的58.16%,占本级地总面积的16.99%;卜庄镇四级地集中分布在辛沙公路以北,下营村、裴家村以南,潍河以东,蒲河以西的浅平洼地和少部分河滩高地、河漫滩地,面积为3168.93hm²,占该镇耕地面积的21.55%,占本级地总面积的16.53%;饮马镇、围子镇和奎聚街道有少量或零星分布。各镇(街道)四级地分布情况如表6-14所示。

表6-14 四级地各镇(街道)耕地面积

镇(街道)	面积(hm²)	占本镇(街道)耕地面积(%)	占本级地总面积(%)
卜庄镇	3168.93	21.55	16.53
柳疃镇	1443.35	23.69	7.53
龙池镇	3255.86	58.16	16.99
奎聚街道	6.14	0.23	0.03
围子镇	134.84	1.36	0.70
都昌街道	2757.64	23.24	14.39
饮马镇	870.34	8.7	4.54
北孟镇	7529.17	58.7	39.28

(二)主要属性分析

四级地土壤类型主要有砂姜黑土、潮土、淋溶褐土、盐化潮土,表层质地以轻壤、中壤、砂土为主，含有少量的重壤和砂壤。土体构型主要有壤均质、砂均质、壤质黏心、壤质黏腰、壤质砂心，土体构型中夹砂层次比较明显。微地貌类型主要为浅平洼地、陵间坡地、微斜平地、缓平坡地、沿河洼地。土壤中明显存在轻度盐渍化现象，地下水矿化度主要是为0.5～2g/L，并有部分2～5g/L的中矿化度水、少量5～10g/L的弱矿化水和极少量的10～30g/L的盐水，农田基础设施灌排能力一般，粮田种植小麦、玉米，一年两作，可浇灌1～2次水。土壤微碱性。土壤养分含量除有效磷含量较缺乏、有效钼缺乏外，其余多为中等、较丰富水平，与三级地相比，有机质、碱解氮略低，有效磷较低，速效钾持平（见表6-15）。

表 6-15 四级地主要养分含量

项 目	平均值	范围值	含量水平
有机质(g/kg)	13.1	7.6～17	较丰富
全氮(g/kg)	0.94	0.22～1.55	中等偏上
碱解氮(mg/kg)	84	44～140	中等
有效磷(mg/kg)	25.2	7.8～101.9	较缺乏
速效钾(mg/kg)	158	76～573	较丰富
缓效钾(mg/kg)	729	317～1320	中等偏上
交换性钙(mg/kg)	3715	1521～9118	较丰富
交换性镁(mg/kg)	521	280～863	丰富
有效硫(mg/kg)	49.8	17.6～138.4	中等偏下
有效锌(mg/kg)	0.60	0.27～1.61	中等偏下
有效硼(mg/kg)	0.57	0.29～1.2	中等
有效锰(mg/kg)	14.77	8.6～30.8	中等偏上
有效钼(mg/kg)	0.09	0.03～0.25	缺乏
有效铜(mg/kg)	1.73	0.56～5.88	较丰富
有效铁(mg/kg)	16.16	3.4～49.6	较丰富
pH	7.6	6.6～8.2	微碱性

（三）存在问题

该级地主要受地形、土壤和矿化度的限制，土体构型中有较多的壤质砂心和砂均质，对土壤保水、保肥有一定影响，同时还有少量的壤质黏腰或壤质黏心，土壤通透性较差，对作物生长不利。北部沿海各镇的部分耕地及都昌街道西部的部分耕地土壤轻度盐渍化较为明显，影响作物的生长；北孟镇、龙池镇、卜庄镇、柳疃镇部分耕地灌溉保证率低；土壤速效养分有效磷含量偏低。

（四）改良利用

1.加深耕层，增施有机肥，实行秸秆还田，掺砂压黏改良土壤，提高土壤的物理化学性状。

2.兴修水利，平整土地，广泛利用弱矿化度水、淡水资源，采用管灌等方式合理灌溉，避免大水漫灌，减轻土壤盐渍化的程度。

3.加强农田基础设施的完善和维护管理，提高灌溉保证率。

4.增施或补施磷肥、微肥，进一步提高作物产量。

利用方向：一是培肥土壤，改良不利因素，农、林、牧综合应用，发展多种经营；二是综合治理旱、涝、碱威胁，逐步改造成旱涝保收农田。

五、五级地

（一）面积与分布

五级地评价单元为1494个，综合评价指数为0.67～0.74，耕地面积为10023.25hm²，占全市耕地总面积的13.6%，其中水浇地为1075.49hm²，占耕地总面积的1.46%，占本级地总面积的10.73%；旱地为8947.76hm²，占耕地总面积的12.14%，占本级地总面积的89.27%。五级地粮食平均产量9836kg/hm²，相当于全国耕地地力等级四等地。各利用类型面积如表6-16所示。

表6-16 五级地各耕地利用类型面积

利用类型	评价单元(个)	面积(hm²)	占耕地总面积(%)	占本级地总面积(%)
水浇地	170	1075.49	1.46	10.73
旱地	1324	8947.76	12.14	89.27
合计	1494	10023.25	13.6	100

五级地主要分布在都昌街道、卜庄镇、龙池镇、柳疃镇、北孟镇，其中都昌街道分布面积最大，为3445.86hm²，占该街道耕地面积的29.04%，占本级地总面积的34.38%，集中分布在该街道夹沟河以西的缓平坡地、浅平洼地和部分缓岗；卜庄镇四级地集中分布在辛沙公路以北，蒲河以东，漩河以西及北王家村、北赵家村、军营村一带的浅平洼地，面积为2467.50hm²，占该镇耕地面积的16.78%，占本级地总面积的24.62%。饮马镇、围子镇、奎聚街道有少量或零星分布。各镇(街道)五级地分布情况如表6-17所示。

表6-17 五级地各镇(街道)耕地面积

镇(街道)	面积(hm²)	占本镇(街道)耕地面积(%)	占本级地总面积(%)
卜庄镇	2467.50	16.78	24.62
柳疃镇	1414.11	23.21	14.11
龙池镇	1454.39	25.98	14.51
奎聚街道	21.61	0.81	0.22
围子镇	12.89	0.13	0.13
都昌街道	3445.86	29.04	34.38
饮马镇	23.01	0.23	0.23
北孟镇	1183.89	9.23	11.81

（二）主要属性分析

五级地土壤类型主要为潮土、盐化潮土、淋溶褐土。土壤表层质地以轻壤、中壤、砂壤为主，有少量砂土。土体构型主要为壤均质、砂均质、壤质黏心、壤质黏腰，土壤中存在明显的夹砂层次。微地貌类型主要为浅平洼地、缓平坡地和陵间坡地，伴有部分河漫滩地、沿河洼地、缓岗、少量的海滩地、河滩高地和丘陵埠地。65.69%的耕地地下水矿化度为0.5～2g/L，属弱度矿化水，19.11%的耕地为2～10g/L的中度和强度矿化水，同时有2.77%的耕地地下水矿化度为10～30g/L，属盐水，地表有不同程度的返盐现象。大部分耕地无灌溉条件，土壤微碱性。土壤养分含量偏低且不均衡，其中有机质、全氮、碱解氮、有效锌含量中等偏下，有效磷较缺乏，速效钾含量与四级地持平（见表6-18）。

表6-18 五级地主要养分含量

项　目	平均值	范围值	含量水平
有机质(g/kg)	10.5	6.6～16.8	中等偏下
全氮(g/kg)	0.8	0.29～1.3	中等偏下
碱解氮(mg/kg)	80	35～137	中等偏下
有效磷(mg/kg)	20.9	4.9～92.6	缺乏
速效钾(mg/kg)	163	76～501	较丰富
缓效钾(mg/kg)	731	365～1014	中等偏上
交换性钙(mg/kg)	3726	1639～9159	较丰富
交换性镁(mg/kg)	466	265～799	较丰富
有效硫(mg/kg)	51.8	13.2～139.1	中等
有效锌(mg/kg)	0.6	0.28～1.38	中等偏下
有效硼(mg/kg)	0.58	0.08～1.07	中等
有效锰(mg/kg)	12.96	6.8～22.2	中等
有效钼(mg/kg)	0.08	0.02～0.24	缺乏
有效铜(mg/kg)	1.46	0.58～5.16	较丰富
有效铁(mg/kg)	10.79	2.7～33.3	较丰富
pH	7.7	6.8～8.2	微碱性

（三）存在主要问题

一是土壤盐渍化较为明显，地下水矿化度较高；二是灌溉保证率较低，部分耕地基本无灌溉条件；三是土体构型中存在夹砂层或砂均质，理化性状不良，土壤保水、保肥能力差；四是土壤养分含量整体偏低，对作物产量影响较大。

（四）改良利用

1.发展微灌，提高灌溉保证率。

2.因地制宜地调整种植业结构，发展耐旱耐贫瘠耐盐碱作物。南部可种植红薯、花生、谷子等，北部可种植棉花、枣树等，土层较厚的地方，可选种抗旱小麦、玉米品种。

3. 增施有机肥、实行秸秆还田及配方施肥。

利用方向：五级地远离城区、工业区，土壤、空气污染轻，是发展有机食品的理想之地。

六、六级地

（一）面积与分布

六级地评价单元有358个，综合评价指数低于0.67，面积仅为2550.69hm²，占耕地总面积的3.46%。其中水浇地为29.08hm²，占耕地总面积的0.04%，占本级地总面积的1.14%；旱地为2521.61hm²，占耕地总面积的3.42%，占本级地总面积的98.86%。六级地粮食平均产量为6864kg/hm²，相当于全国耕地地力等级六等地。各利用类型面积如表6-19所示。

表6-19 六级地各耕地利用类型面积

利用类型	评价单元(个)	面积(hm²)	占总耕地面积(%)	占本级地总面积(%)
水浇地	6	29.08	0.04	1.14
旱地	352	2521.61	3.42	98.86
合计	358	2550.69	3.46	100

六级地分布在卜庄镇、柳疃镇、龙池镇、都昌街道，其中卜庄镇六级地面积最大，为1261.69hm²，占该镇耕地面积的8.58%，占本级地总面积的49.46%，集中分布在小姜家、郇家、小韩家、大韩家、小刘家、常家及厥里等村一带的浅平洼地；柳疃镇的六级地分布在渔尔堡村、灶户村、谭家村一带的浅平洼地和少部分河漫滩地，面积为655.57hm²，占该镇耕地面积的10.76%，占本级地总面积的25.7%；龙池镇的六级地分布在东利渔村一带的浅平洼地和少部分海滩地；面积为499.35hm²，占该镇耕地面积的8.92%，占本级地总面积的19.58%；都昌街道六级地较少，面积为134.08hm²，占该街道耕地面积的1.13%，占本级地总面积的5.26%，主要分布在远东庄、申明亭、家庄3个村附近；奎聚街道、饮马镇、围子镇、北孟镇4个镇(街道)没有六级地分布。各镇(街道)六级地分布情况如表6-20所示。

表6-20 六级地各镇(街道)耕地面积

镇(街道)	面积(hm²)	占本镇耕地面积(%)	占本级地总面积(%)
卜庄镇	1261.69	8.58	49.46
柳疃镇	655.57	10.76	25.7
龙池镇	499.35	8.92	19.58
奎聚街道	0	0	0
围子镇	0	0	0
都昌街道	134.08	1.13	5.26
饮马镇	0	0	0
北孟镇	0	0	0

（二）主要属性分析

六级地土壤类型主要是盐化潮土和滨海潮盐土。土壤耕层质地为砂壤、轻壤、中壤和砂土。土体构型主要为砂壤均质，含有少量壤质砂心、砂腰和黏腰。微地貌类型主要浅平洼地、河漫滩地和海滩地。地下水矿化度以 2～10g/L 为主，属中度矿化度水，土壤盐碱化现象明显。基本无灌溉条件，土壤微碱性，养分含量较低且极不协调（见表 6-21）。

表 6-21　　六级地主要养分含量

项　目	平均值	范围值	含量水平
有机质(g/kg)	9.3	5.5～13.7	缺乏
全氮(g/kg)	0.71	0.32～1.07	缺乏
碱解氮(mg/kg)	77	39～125	中等偏下
有效磷(mg/kg)	17.7	7～53.1	缺乏
速效钾(mg/kg)	159	84～343	较丰富
缓效钾(mg/kg)	704	353～941	中等
交换性钙(mg/kg)	3444	2191～5895	较丰富
交换性镁(mg/kg)	411	192～679	较丰富
有效硫(mg/kg)	49.9	18～73.7	中等偏下
有效锌(mg/kg)	0.59	0.34～1.2	中等偏下
有效硼(mg/kg)	0.57	0.34～0.81	中等
有效锰(mg/kg)	10.65	5.6～15.9	中等
有效钼(mg/kg)	0.07	0.03～0.15	缺乏
有效铜(mg/kg)	1.28	0.45～1.85	较丰富
有效铁(mg/kg)	9.53	3.4～20.8	中等偏上
pH	7.8	6.8～8.2	微碱性

（三）存在的主要问题

六级地土壤理化性状差，养分含量总体水平较低，有相当大面积的耕地缺少有机质、氮、磷，养分含量极不协调。该级地多属于昌邑市的盐碱地，地势低洼，潜水矿化度高，盐碱危害较重。农田的灌溉水平较低，无地下淡水可利用，绝大部分无灌溉条件，难以满足大田作物生长的需要。

（四）改良利用

该等级耕地的改良利用有较大的难度，土壤改良应蓄淡压碱，多施用有机肥，增加土层厚度，提高土壤肥力，改善土壤贫瘠的状况。农田基础设施应该加强完善和维护，有条件的可修筑集雨池，利用水库放水和积蓄雨水进行补灌。利用有限的水资源合理灌溉，避免盐分在土壤表层的大量积累，加剧土壤盐渍化。

第三节　耕地地力等级符合性检验

为了验证本次耕地地力评价划分的等级与本市实际的耕地地力水平的一致性，昌邑市农业局特别成立了由分管局长任组长、土肥站长任副组长，从土肥、农技、生产等各站科抽调 5 名具有中级以上职称的专业技术人员为成员的昌邑市耕地地力等级符合性检验调查小组，以昌邑市耕地地力评价等级图（见附图 8）和昌邑市耕地地力等级行政区域分布表（见表 6-3）为依据，一级地至四级地选取占本级耕地面积前两位的镇（街道），五级地和六级地选取占本级耕地面积最大的镇（街道）为调查镇（街道），每个镇（街道）从各属的耕地地力等级中随机抽取 3 个行政村，每个村抽取 5 户，共 30 个行政村 150 户，于 2011 年 11 月 10 日～20 日，进行了粮食产量实地调查。调查结果如表 6-22 所示。

表 6-22　　耕地地力等级符合情况调查表

耕地地力等级	镇（街道）	行政村	粮食产量（kg/667m²）			
			平均	合计	小麦	玉米
一级地	围子镇	苑家村	1051	1042	515	527
		张家村		1039	508	531
		邢家村		1045	516	529
	饮马镇	杨家楼村		1068	520	548
		杨家屯村		1040	509	531
		丰乐屯村		1073	523	550
二级地	都昌街道	王耨村	955	964	478	486
		单家埠村		953	470	483
		孟洼村		940	462	478
	饮马镇	张家庄子村		949	468	481
		八里庄子村		966	480	486
		伊家庄子村		960	475	485
三级地	卜庄镇	南泊村	869	883	432	451
		西马疃村		877	432	445
		东辛庄村		864	426	438
	北孟镇	范家屋子村		875	430	445
		西官庄村		853	418	435
		千戈庄		860	420	440

续表

耕地地力等级	镇(街道)	行政村	粮食产量(kg/667m²)			
			平均	合计	小麦	玉米
四级地	卜庄镇	北二甲村	752	744	368	376
		东辛店村		765	375	390
		滩子村		751	367	384
	北孟镇	朱家屯村		756	370	386
		池前村		740	365	375
		池后村		756	372	384
五级地	都昌街道	渔埠村	675	675	335	340
		徐林村		670	325	345
		西侯富村		680	330	350
六级地	卜庄镇	小刘家村	479	479	235	244
		小韩家村		465	225	240
		常家村		492	242	250

一级地调查了围子镇、饮马镇两个镇的苑家村、张家村等 6 个行政村 30 户农户，所调查的农户粮田种植作物为小麦、玉米，种植方式为一年两作，田间基础设备完善，灌溉保证率较高，可浇灌 4～5 次水；耕层质地多为轻壤，有机质、氮、磷、钾等养分含量较高，比例协调，管理配套。粮食平均产量为 15765 kg/hm²，相当于全国耕地地力等级一等地。

二级地调查了都昌街道、饮马镇两个镇(街道)的王耨村、单家埠村等 6 个行政村 30 户农户，所调查的农户粮田种植作物为小麦、玉米，种植方式为一年两作，田间基础设施完善，旱能浇，涝能排，可浇灌 3～4 次水；耕层质地多为轻壤和中壤，有机质、氮、磷、钾等养分含量平衡，管理水平较高。粮食平均产量为 14325kg/ hm²，相当于全国耕地地力等级一等地。

三级地、四级地调查了卜庄镇、北孟镇两个镇的南泊村、西马疃村等 12 个行政村 60 户农户，所调查的农户粮田种植作物为小麦、玉米，种植方式为一年两作，田间基础设施较完善，一般可浇灌 1～3 次水；耕层质地以轻壤和中壤为主，伴有部分砂壤和重壤，有机质、氮、磷、钾等养分含量低于一级地和二级地，养分含量不甚协调，管理水平较粗放。三级地粮食平均产量为 13035kg/hm²，相当于全国耕地地力等级二等地；四级地粮食平均产量为 11280kg/hm²，相当于全国耕地地力等级三等地。

五级地调查了都昌街道的渔埠村、徐林村、西侯富村 15 户农户，所调查的农户粮田种植作物为小麦、玉米，种植方式为一年两作，灌溉条件差，大部分能浇 1 次水，少部分能浇 2 次水，耕层土壤盐渍化较为明显，有机质、氮、磷、钾等养分含量较低，粮食平均产量为 10125kg/hm²，相当于全国耕地地力等级四等地。

六级地调查了卜庄镇的小刘家村、小韩家村、常家村 15 户农户，所调查的农户粮田种植作物为小麦、玉米，种植方式为一年两作，无灌溉条件，属于靠天“吃饭”，耕层土壤物理性状差，盐碱危害较重，养分含量总体水平较低，粮食平均产量为 7185kg/hm^2，相当于全国耕地地力等级六等地。

综上所述，本次耕地地力评价划分的耕地等级与当地实际粮食产量水平基本相符。

第二篇 耕地改良与合理利用

第七章 耕地改良利用分区

耕地是农业生产和农业可持续发展的重要基础。耕地维持着作物生产力、影响着环境的质量和动植物及人类的健康。昌邑市自 1981 年第二次土壤普查以来，随着农村经营体制、耕作制度、作物品种、种植结构、产量水平和肥料施用等方面的显著变化，耕地利用状况也发生了明显改变。近年来，虽然对部分耕地实施了地力监测，但至今对全市中低产耕地状况及其障碍因素等缺乏系统性、实用性的调查分析，使耕地利用与改良难于适应新形势下农业生产发展的要求。因此，开展耕地地力调查评价，摸清全市中低产耕地状况及其障碍因素，有的放矢地开展中低产耕地的科学改良利用，挖掘区域耕地的生产潜力，对于耕地资源的可持续利用具有十分重要的意义。

第一节 耕地改良利用分区原则与分区系统

一、耕地改良利用分区的原则

耕地改良利用分区的基本原则是从耕地自然条件出发，主导性、综合性、实用性和可操作性相结合，按照因地制宜、因土适用、合理利用和配置耕地资源，充分发挥各类耕地的生产潜力，坚持用地与养地相结合，近期与长远相结合的原则进行，以土壤组合类型、肥力水平、改良方向和主要改良措施的一致性为主要依据，同时考虑地貌、气候、水文和生态等条件以及植被类型，参照历史与现状等因素综合考虑进行分区。

二、耕地改良利用分区系统

根据耕地改良利用分区原则，将影响耕地利用的各类限制因素归纳为耕地自然环境要素、耕地土壤养分要素和耕地土壤物理要素，将全市耕地改良利用划分为三个改良利用类型区，即：耕地自然环境条件改良利用区、耕地土壤培肥改良利用区、耕地土体整治改良利用区，并分别用大写字母 E、N 和 P 表示。各改良利用类型区内，再根据相应的限制性主导因子，续分为相应的改良利用亚类。

第二节 耕地改良利用分区方法

一、耕地改良利用分区因子的确定

耕地改良利用分区因子是指参与评定改良利用分区类型的耕地诸属性。由于影响的因素很多，根据耕地地力评价，遵循主导因素原则、差异性原则、稳定性原则、敏感性原则，进行了限制性主导因素的选取。考虑与耕地地力评价中评价因素的一致性，各土壤养分的丰缺状况及其相关要素的变异情况，选取耕地土壤有机质含量、耕地土壤有效磷含量、耕地土壤速效钾含量、耕地土壤有效锌含量和耕地土壤有效硼含量作为耕地土壤养分状况的限制性主导因子；选取灌溉保证率、盐渍化水平作为耕地自然环境状况的限制性主导因子；选取耕层质地条件和土体构型条件作为耕地土壤物理状况的限制性主导因子。

二、耕地改良利用分区标准

依据农业部《全国中低产田类型划分与改良技术规范》，根据山东省各县区耕地地力评价资料，综合分析目前全省各耕地改良利用因素的现状水平，同时针对影响昌邑市耕地利用水平的主要因素，邀请具有土壤管理经验的相关专家进行分析，制定了耕地改良利用各主导因子的分区及其耕地改良利用类型的确定标准。具体分级标准如表 7-1 所示。

表 7-1 耕地改良利用主导因子分区标准

耕地改良利用区划	限制因子	代号	分区标准
耕地土壤培肥改良利用区(N)	有机质(o,g/kg)	No	<12
	有效磷(p,mg/kg)	Np	<15
	速效钾(k,mg/kg)	Nk	<100
	有效锌(zn,mg/kg)	Nzn	<0.5
	有效硼(b,mg/kg)	Nb	<0.5
耕地自然环境条件改良利用区(E)	灌溉保证(i,%)	Ei	灌溉保障率低于 50%
	盐渍化(s)	Es	盐渍化程度轻度以上
耕地土体整治改良利用区(P)	耕层质地(t)	Pt	砂土、砂壤、粗骨土
	土体构型(c)	Pc	土体中有障碍层次

三、耕地改良利用分区方法

在 GIS 支持下，利用耕地地力评价单元图，根据耕地改良利用各主导因子分区标准在其相应的属性库中进行检索分析，确定各单元相应的耕地改良利用类型，通过图面编辑生成耕地改良利用分区图，并统计各类型面积比例。

第三节　耕地改良利用分区专题图的生成

一、耕地土壤培肥改良利用分区图的生成

根据耕地土壤养分限制因素分区标准把昌邑市耕地有机质分为两类，即有机质改良利用区和有机质非改良利用区，有机质改良利用区以代号 No 标注；同样，有效磷改良利用区用代号 Np 标注，速效钾改良利用区用代号 Nk 标注，有效锌改良利用区用代号 Nzn 标注，有效硼改良利用区用代号 Nb 表示，五项叠加编辑生成耕地土壤培肥改良利用分区图，结果如图 7-1 所示。

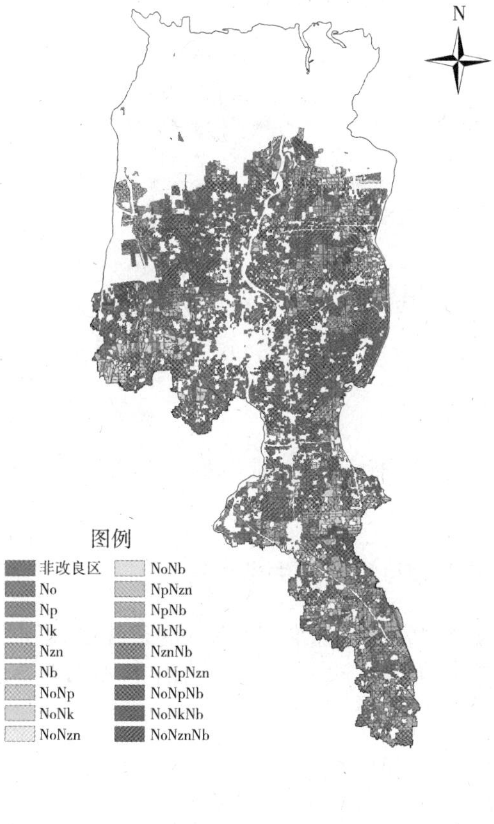

图 7-1　耕地土壤培肥改良利用分区图

二、耕地自然环境条件改良利用分区图的生成

根据耕地自然环境条件限制因素分区标准进行昌邑市耕地改良利用分区。灌溉保证条件分为灌溉保证条件改良利用区和灌溉保证条件非改良利用区，改良利用区用代号 Ei 标注；盐渍化程度分为盐渍化改良利用区和非改良利用区，盐渍化改良利用区用代号 Es

标注。两项叠加在 GIS 下检索生成耕地土体整治改良利用分区图，结果如图 7-2 所示。

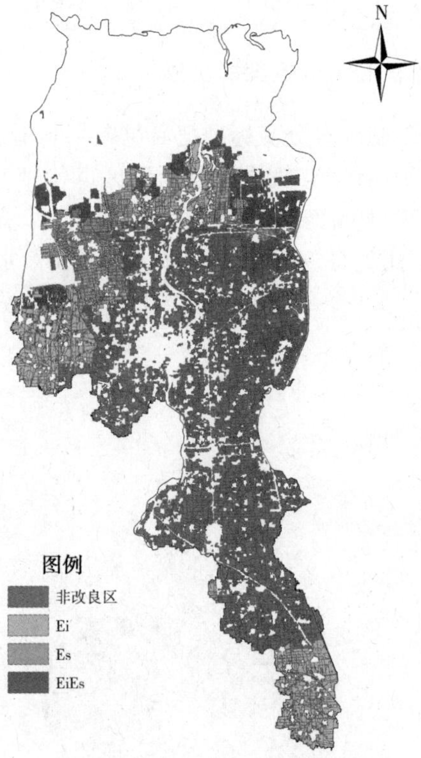

图 7-2　耕地自然环境条件改良利用分区图

三、耕地土体整治改良利用分区图的生成

根据耕地土地条件限制因素分区标准，耕层质地条件改良利用区用符号 Pt 标注，土体构型改良利用区用符号 Pc 标注。两项叠加在 GIS 下检索生成耕地土体整治改良利用分区图，结果如图 7-3 所示。

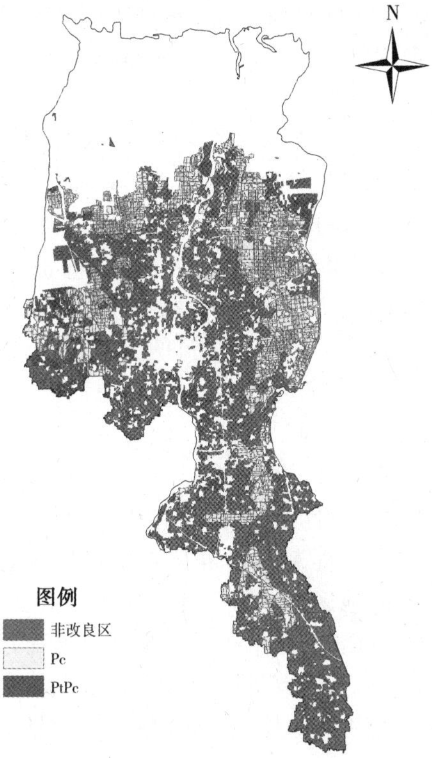

图 7-3 耕地土体整治改良利用分区图

第四节 耕地改良利用分区结果分析

一、耕地土壤培肥改良利用分区面积统计及问题分析

昌邑市耕地土壤培肥改良利用区各改良利用类型面积及其比例如表 7-2 所示。

表 7-2 昌邑市耕地土壤培肥改良利用分区面积统计表

改良利用分区	Nb	No Nb	No NznNb	NznNb	No	NoNp	NoNp Nb	Np	Nzn
面积(hm^2)	9786.28	4954.46	1621.87	2967.63	15289.88	2600.77	700.02	1733.11	2996.89
百分比(%)	13.28	6.72	2.2	4.03	20.75	3.53	0.95	2.35	4.07
改良利用分区	No Nzn	Np Nb	Np Nzn	NoNp Nzn	Nk Nb	NoNk Nb	No Nk	Nk	非改良区
面积(hm^2)	2980.8	900.45	391.82	369.14	490.53	444.18	262.46	434.27	24750.58
百分比(%)	4.05	1.22	0.53	0.5	0.67	0.6	0.36	0.59	33.59

由图 7-1 和表 7-2 可以看出，昌邑市土壤养分状况总体较好，土壤养分不需培肥改良的耕地面积为 24750.58hm²，占耕地总面积的 33.59%。缺乏有机质的耕地面积为 29223.58hm²，占耕地总面积的 39.66%，主要分布在南至饮马镇金台村、北至卜庄镇河滩村的潍河沿岸，都昌街道、奎聚街道的大部分区域及卜庄镇的东北部。缺少钾肥的耕地面积为 1631.44hm²，占耕地总面积的 2.22%，缺少钾肥的耕地各镇(街道)均有分布，饮马镇、北孟镇较多，分布非常零散，比较突出的有饮马镇的山阴、吴沟、左家营子及肖家庄子、卢元村一带，北孟镇的高家屯、山西村一带，奎聚街道的陶埠村以北。缺乏磷肥的耕地面积为 6695.31hm²，占耕地总面积的 9.08%，缺乏磷肥的耕地主要分布在龙池镇的大部分区域及北孟镇的胶莱河沿岸。缺乏硼肥的耕地面积为 21865.42hm²，占耕地总面积的 29.67%。缺乏硼肥的耕地主要分布在北孟镇的大部、饮马镇的东南部、卜庄镇的部分区域。缺乏锌肥的耕地面积为 11328.15hm²，占耕地总面积的 15.38%，缺乏锌肥的耕地零散分布在北孟镇、饮马镇、卜庄镇、都昌街道。缺乏单一养分的耕地面积为 30240.43hm²，占耕地总面积的 41.04%；同时缺乏两种养分的耕地面积为 15548.92hm²，占耕地总面积的 21.11%；同时缺乏三种养分的耕地面积为 3135.21hm²，占耕地总面积的 4.25%。可以看出，昌邑市土壤养分的特点是耕地中养分缺乏比较普遍，主要是土壤有机质及有效硼、有效锌等微量元素在不同地区有不同程度的缺乏。需要培肥改良的耕地分布比较广泛，从各类型面积比例可以看出，昌邑市耕地土壤培肥改良的主要方向为有针对性地增施有机肥和硼肥、锌肥，逐步提高土壤有机质和微量元素含量。在逐步提高有机肥用量的前提下，中部地区应特别注重有机肥的投入，南部地区和北部地区应注重增施硼肥、锌肥。

二、耕地自然环境条件改良利用分区面积统计及问题分析

昌邑市耕地自然环境条件改良利用区各改良利用类型面积及其比例如表 7-3 所示。

表 7-3　昌邑市耕地自然环境条件改良利用分区面积统计表

改良利用分区	Ei	Es	EiEs	非改良区
面积(hm²)	21157.44	320.97	5477.76	46718.96
百分比(%)	28.72	0.44	7.44	63.41

由图 7-2 和表 7-3 可以看出，昌邑市耕地自然环境条件较好，地形平坦，灌溉条件较好，不需改良的耕地面积达到 46718.96hm²，占耕地总面积的 63.41%。需要改良的耕地主要分布在南部和北部。灌溉保证水平需提高的耕地面积为 26635.2hm²，占耕地总面积的 36.16%，主要分布在北孟镇南部，都昌街道西部，卜庄镇、柳疃镇、龙池镇三个镇的北部；土壤盐渍化需要治理的耕地面积为 5798.73hm²，占耕地总面积的 7.88%，主要分布在卜庄镇、柳疃镇、龙池镇三个镇的北部及都昌街道西部；灌溉保证水平和土壤盐渍化同时需要改善治理的集中分布在卜庄镇的东北部及柳疃镇、龙池镇、都昌街道的少部分区域。由此可知，昌邑市耕地自然环境条件改良利用的主要方向为改善灌溉方式，改大水漫灌为畦灌、管灌、滴灌、喷灌，尤其是卜庄镇、龙池镇、柳疃镇 3 个镇的北部区域，改善灌溉方式可以有效地防止土壤的次生盐渍化。

三、耕地土体整治改良利用分区面积统计及问题分析

昌邑市耕地土体整治改良利用区各改良利用类型面积及其比例如表 7-4 所示。

表 7-4 昌邑市耕地土体整治改良利用分区面积统计表

改良利用分区	Pc	PtPc	非改良区
面积(hm^2)	24169.97	5528.41	43976.74
百分比(%)	32.81	7.5	59.69

由图 7-3 和表 7-4 可以看出，昌邑市耕地土体结构一般，主要是昌邑市耕层以砂壤为主。需要改良的耕地也主要是砂质土壤，或含有夹砂层的土壤。质地和土体构型都需要改良的耕地面积为 5528.41hm^2，占耕地总面积的 7.5%，主要分布在卜庄镇的东北部，饮马镇、围子镇两个镇的沿潍河一带及都昌街道西部。土体构型需要改良的面积占总面积的 40.31%，主要分布在卜庄镇的大部，围子镇的东部，柳疃镇、龙池镇的北部，都昌街道的西部，饮马镇、北孟镇两个镇的部分区域。所以，昌邑市土体整治的重点应着力改善土壤偏砂的特点，特别是潍河沿岸和北部海滩地，宜采取秸秆还田、增施有机肥、深耕等措施，改良偏砂的土壤表层质地及不良的土体结构，这将是昌邑市耕地土体整治改良的主要方向。

第五节 耕地改良利用对策及措施

一、增加经济投入，加大耕地保护力度

农业是既要承担自然风险又有市场风险的弱质产业，保护农业是国民经济发展中面临的重大问题。由于调控体制不健全，受比较利益驱使，各层次资金投入重点向非农业倾斜，资金投入不足已成为农业生产发展的主要制约因素。要达到农业增产的目的就要增加耕地投入，加强中低产田改造，不断提高耕地的质量，从而提高耕地利用的经济效益。昌邑市宜进一步加强对耕地改良利用的投入，通过对耕地的改良逐步消除制约耕地生产力的限制因素，培肥地力，改善农业生产条件和农田生态环境。

二、平衡施肥，用养结合，增施有机肥，培肥地力

长期以来，全市部分中低产田区域在耕地开发利用上重利用、轻培肥，重化肥、轻有机肥，引起土壤养分，特别是有机质含量的下降和矿质养分的失衡，导致耕地肥力下降。全市普遍存在有机质含量不足及有效硼、有效锌含量较低的问题。因此，要持续提高中低产耕地的基础地力，为农作物生长创造高产基础，必须将用地与养地妥善结合起来，广辟有机肥源，重视有机肥和硼肥、锌肥等微量元素肥料的施用，提倡冬种绿肥和施用有机—无机复混肥。同时应利用中低产耕地调查评价成果，科学指导化肥的调配，采用科学优化平衡施肥，重视合理增施有机肥、钾肥及微肥，不断培肥地力，实现中低产耕地资源的持续

利用。

(一)高度重视秸秆还田工作

农作物秸秆是很重要的有机肥源。其养分丰富，来源广，数量多。昌邑市主要农作物小麦、玉米的秸秆每年总生成量平均为50万吨，小麦秸秆还田率达到75%以上，玉米秸秆还田率达到60%，随着农业机械化的发展，秸秆还田面积不断扩大。秸秆还田每年可提供氮素1200吨、磷素750吨、钾素2000吨，为土壤有机质的提升创造了条件。在大力推广秸秆还田的基础上，应注意秸秆还田的基础技术性研究工作，为秸秆还田的推广提供技术资料，为合理利用秸秆给予指导。

(二)搞好有机肥宣传

昌邑市43%的耕地土壤有机质含量不足12.0g/kg，64.2%的耕地土壤全氮含量不足1.00g/kg。重视有机肥，增加高质量的有机肥投入，可使养分全面而持久，改善土壤结构，增加土壤保水、保肥能力，增加土壤中二氧化碳的含量，提高光合作用。昌邑市有机肥资源为3万吨，随着人口、畜禽数量和粮食产量的增加，有机肥资源也在不断增加。

有机肥养分全面；含有大量有机质，对改良土壤性质、提高土壤肥力、清除土壤污染及保护生态环境等方面有独特的作用；肥劲稳而持久，尤其对生育期较长的作物施用效果更好。

(三)全面实施测土配方施肥技术

测土配方施肥是均衡土壤营养、改善土壤肥力的重要手段之一。结合耕地土壤培肥改良利用分区，有重点地开展测土配方施肥，逐步解决局部地区缺磷、缺钾、缺锌、缺硼的问题，调节作物需肥与土壤供肥之间的矛盾。有针对性地补充作物所需的营养元素，实现各种养分平衡供应，满足作物的需要，达到提高肥料利用率和减少化肥施用量，提高作物产量，改善农产品品质，节省劳力，节支增收的目的。

(四)大力推广水肥一体化技术

水肥一体化是借助压力系统，将可溶性固体或液体肥料按土壤养分含量和作物种类的需肥规律和特点配兑成的肥液，与灌溉水一起通过可控管道系统供水、供肥，使水肥相融后，通过管道和滴头形成滴灌，均匀、定时、定量浸润作物根系发育生长区域，使主要根系土壤始终保持疏松和适宜的含水量，同时根据不同作物的需肥特点、土壤环境和养分含量状况、不同生长期需水和需肥规律情况进行不同生育期的需求设计，把水分、养分定时、定量按比例直接提供给作物。具有减少灌溉水、化肥用量，肥效快，养分利用率高等特点，是一项先进的节本增效的实用技术和助农增收的有效措施。昌邑市现有节水灌溉面积为7067hm^2，为大力推广水肥一体化技术提供了广阔的前景。

三、加强水利建设，改善灌溉条件，注重盐碱地的改良

水是作物生长的必要条件，灌排条件与耕地的基础地力有着密切的关系，因而可以通过采取以下措施，实现自然降水的空间聚集，改善区域农田的土壤水分状况，推广节水灌溉技术，改善和扩大灌溉面积。

(1)卜庄镇、柳疃镇、龙池镇的北部沿海地区要健全灌溉工程，改善灌区输水、配水设备，加强灌溉作业管理，改进地面灌溉技术，避免大水漫灌，采用增产、增值的节水灌溉方

法和灌溉技术，注重盐碱地的改良，防止土壤盐渍化。北孟镇南部要加强水利建设，修筑田埂，防止水土冲刷；安排好水利规划，修好水渠，防止渗漏，加强管理，提高引灌水的利用率，提高灌溉保证率。

(2)灌溉保证率需提高的区域要人工富集天然降水，建造大、中、小型蓄水池、塘等蓄水体系，将集纳雨水、拦截径流和蓄水有效结合起来，在作物需水的关键时期进行灌溉，解决作物的需求和降水错位的矛盾，以充分发挥水分的增产效果。

(3)改善土壤结构，增加土壤的蓄水能力，通过对土壤增施有机物料(如施用有机肥，秸秆还田等)和应用土壤改良剂，改良土壤结构，增强土壤结构的稳定性，提高土壤对降水的入渗速率和持水量。

(4)采用农业措施改良土壤质地，改善土体结构。昌邑市耕地土壤限制性因素主要为耕层土壤砂化，可以采用以肥改砂的方法，一方面增加土壤中养分含量；另一方面增加土壤中的有机胶体，对改良土壤砂化和提高土壤肥力有显著的作用。具体措施就是在耕层土壤砂化比较严重的潍河沿岸和北部海滩地，采取秸秆还田、增施有机肥等措施，改良偏砂的土壤表层质地。另外，对浅层夹砂、夹黏耕地通过深耕、深翻，增加耕层厚度，逐步打破犁底层，提高耕地地力。对深层夹砂、夹黏耕地通过设施农业建设，实行小水勤灌、小肥勤追的方面，提高水肥利用率。应注意排灌工程建设，解决潜淤、干旱问题。此外，选择适宜性的作物种植，既能改善土壤性质又能获得较好的经济效益。因地制宜地发展当地名优产品，是适应自然、提高经济效益的有效措施。

四、集约化利用耕地资源，发展生态型可持续农业，改善生态环境

耕地生态环境质量的高低是保证农作物持续稳产、高产、优产、高效的重要前提。根据昌邑市资源优势以及生态环境的特点，因地制宜地利用耕地资源，通过合理轮作、科学间套种等措施，增加复种指数，努力提高耕地资源的利用率；注重多物种、多层次、多时序、多级质能、多种产业的有机结合，农、林、牧、副、渔并举，建立生态型可持续农业系统，达到经济、生态和社会效益的高度统一。此外，应重新审视耕地承包到户政策所致的耕地经营权分散在新形势下出现的不利于耕地资源规模集约经营的缺点，努力探讨建立“公司＋农户”或各种专业化合作组织等耕地规模集约经营模式，提高全市耕地资源的集约经营和经济效益。

第八章　耕地资源合理利用与改良

进入21世纪，人口不断增多，耕地面积不断减少，要保持农业和农村经济可持续发展、保障国家粮食安全和社会和谐稳定，首先要确保耕地的数量和质量。对耕地资源进行合理利用与改良是保障耕地面积，挖掘耕地生产潜力，提高农业综合生产能力，推进农业生态、低碳、可持续发展的有效措施。

第一节　耕地资源的现状与特征

一、耕地资源的现状

（一）耕地土壤类型

全市耕地共分褐土、潮土、盐土、砂姜黑土、风沙土5个土类、11个亚类、14个土属、68个土种。褐土土类耕地面积为10007.52hm²，占耕地总面积的13.58%，主要分布在南部埠岭地区；潮土土类是本市耕地最大的一个土类，耕地面积为51966.32hm²，占耕地总面积的70.53%，在全市的各个镇（街道）均有分布；盐土土类耕地面积为1188.64hm²，占耕地总面积1.61%，主要分布在龙池镇、柳疃镇、卜庄镇三个镇的北部；砂姜黑土土类耕地面积为8924.4hm²，占耕地总面积的12.11%，主要分布在围子镇、饮马镇、北孟镇等镇沿胶莱河一带和北孟镇的南部区域；风沙土土类耕地面积为1588.25hm²，占耕地总面积的2.16%，零星分布在都昌街道的裴庄、东褚庄、远东庄、东永安、南双台、申明亭等村周围。各土壤类型耕地面积如表8-1所示。

表8-1　　各土壤类型耕地面积

土壤类型	褐土	潮土	盐土	砂姜黑土	风沙土
耕地面积(hm²)	10007.52	51966.32	1188.64	8924.4	1588.25
占耕地总面积(%)	13.58	70.53	1.61	12.11	2.16

（二）耕地养分状况

昌邑市耕地耕层土壤养分总体状况是有机质含量、氮素含量中等偏上，磷素含量中等，钾素含量相对丰富，微量元素含量中等，其中锌、硼含量中等偏下，锰含量中等，铜、铁含量较丰富，钼缺乏。应注意协调氮、磷、钾比例，补充锌肥、硼肥。全市耕地土壤养分含量如表8-2所示。

表 8-2 全市耕地土壤养分含量

项 目	平均值	变 幅	变异系数
有机质(g/kg)	12.3	5.4～19.7	24.2
全氮(g/kg)	0.89	0.12～1.97	29.2
碱解氮(mg/kg)	86	31～179	26.2
有效磷(mg/kg)	34.4	3.2～158.8	66.2
速效钾(mg/kg)	156	60～533	45
缓效钾(mg/kg)	655	192～1509	28.3
pH	7.5	5.9～8.5	5.2
有效锌(mg/kg)	0.66	0.11～1.87	51.3
有效硼(mg/kg)	0.61	0.06～1.98	41.9
有效锰(mg/kg)	14.78	3.35～58.72	39.1
有效钼(mg/kg)	0.09	0.02～0.37	54.6
有效铜(mg/kg)	1.51	0.3～5.88	64.2
有效铁(mg/kg)	14.51	2.1～57.7	88.2
交换性钙(mg/kg)	3442	812～13933	43.2
交换性镁(mg/kg)	463	179～997	30.3
有效硫(mg/kg)	52.2	11.7～168.1	57.2
有效硅(mg/kg)	243.95	57.59～499.03	30.2
总孔隙度(%)	50.1	44.2～59.2	4.2
容重(g/cm^3)	1.33	1.18～1.49	4.6

二、耕地资源的特征

(一)粮田种植单一,灌溉保证率不平衡

粮田以种植小麦、玉米为主,一年两作。小麦常年种植面积为 3.3×10^4 hm^2,占粮田面积的 90.17%,玉米常年种植面积为 3.57×10^4 hm^2,占粮田面积的 97.63%。中部平原区水利设施健全,地下水较充足,基本能保证灌溉用水;北部部分盐碱区及南部埠岭区地下水水源不足,蓄水设施不够完善,基本靠天浇灌,或等待峡山水库放水灌溉,遇到干旱年份粮田灌溉基本无保障。

(二)生姜、马铃薯等大田蔬菜面积扩大,肥料投入大

近年来,随着生姜、马铃薯经济效益的不断提高,全市生姜、马铃薯种植面积连年扩大。生姜由原来只在都昌街道集中种植,逐渐扩大到围子镇、奎聚镇、饮马镇、北孟镇、卜庄镇等多个镇(街道)种植,面积由 2008 年的 0.3×10^4 hm^2 发展到目前的 0.7×10^4 hm^2。马铃薯主要集中种植在饮马镇、都昌街道,面积由 2008 年的 0.13×10^4 hm^2 发展到目前的

$0.33\times10^4hm^2$。近年来，生姜、马铃薯的种植面积已占蔬菜总种植面积的70%以上。随着生姜、马铃薯等蔬菜种植面积的不断扩大，肥料投入量也随之增加，生姜每亩平均施用化肥折纯为105kg，马铃薯每亩平均施用化肥折纯为45kg。

(三)园地自然生产普遍，科学管理程度不高

全市园地主要分布在卜庄镇、饮马镇、围子镇、北孟镇、奎聚街道、都昌街道等镇(街道)，龙池镇、柳疃镇等镇少有分布。截至2010年，全市果园面积发展到$0.23\times10^4hm^2$，主栽树种有苹果、梨、柿子、山楂、杏、葡萄等。由于农民组织化程度低，大规模种植面积小，标准化生产难于实施，且果园郁闭，树龄老化，幼龄果园少，加之栽培管理粗放，技术水平落后，果品产量低，质量参差不齐，高档精品果少，市场竞争力不高。

(四)粮田、蔬菜地复种指数高，养护难度大

全市粮田种植制度基本为一年两作，粮田综合复种指数高达193.8%；蔬菜地除生姜等作物一年一作外，其他品种多为一年两作或一年三作，或是菜粮一年两作，复种指数高达205.34%，土壤长期得不到有效的修整和养护，部分地块土壤出现板结，个别地块甚至有酸化、盐渍化趋势。

第二节 耕地改良的实践与效果

一、耕地障碍因素分析

通过野外调查和室内化验分析可知，当前影响昌邑市农业生产发展的耕地障碍因素主要有干旱、盐碱、耕层薄、土体有障碍层次等。

(一)干旱

主要是水源不足，降水分布不均，常年出现季节性干旱。同时在季风气候的影响下，降水分布不均，一年中降水多集中在夏季，且春旱、晚秋及冬旱较为严重，因而季节性的干旱对农作物生长极为不利。从水利资源看，全市地下水中部较丰富，靠井灌，北部沿海地区无浅层淡水，不能打机电井，也就不能利用地下淡水灌溉，南部丘陵地区地下水源缺乏，灌溉困难。目前，全市北部沿海地区水源主要靠峡山水库，而近几年水库供水量也越来越少。因此，北部农作物生长因干旱受到严重影响，干旱是当前影响农作物生产的主要因素。

(二)盐碱

北部受盐碱威胁的滨海潮盐土、盐化潮土耕地面积为$16094.21hm^2$，占耕地总面积的21.8%。地下水位一般为1～2m，矿化度为2～10g/L，局部高于50g/L，最高达200g/L，严重影响作物生长。

近年来，通过多种措施改良，土壤含盐量降低，土壤已向好的方向转化。若连续干旱几年，土壤盐分逐年积累，仍会恢复到以前的盐碱面貌。因此，北部盐碱地至今没有得到彻底根治，农业生产极不稳定。

(三)耕层薄

耕层薄指两方面的意思：一是土层薄；二是土壤养分含量较低，不协调。南部埠陵

地的耕层浅，犁底层紧实，土体较薄，土体厚度多在70cm左右，局部小于50cm。这种土壤供肥、供水能力差，作物生长受到较大限制，土壤养分含量低是普遍存在的一个问题。

从土壤类型看，褐土、砂姜黑土含有机质、全氮较高，但土质差，释放养分能力弱，供肥性差，与当前土壤中养分的含量和生产水平的需求很不适应，特别是有机质不足，是造成土壤结构不良、地力瘠薄的主要原因，也是影响高产的重要环节。

(四)土体有障碍层次

全市耕地土壤有夹砂层的为17846.82hm^2，有障碍作用的夹黏层的为17307.66hm^2，以上都阻碍土壤水肥运行，影响作物正常生长发育。

二、土壤改良的措施与效果

(一)改善农田基础设施

结合标准粮田建设、全国新增千亿斤粮食生产能力规划等项目，对全市711眼机电井、264座机井房进行了维修，新打机电井500余眼，新建、维修桥涵1041座，整修、疏挖排水沟278.3km，铺设地下管道313.77km，铺设地下电缆135.5km，改善了田间道路不畅通、排灌设施不配套、农电线路铺设不合理的实际情况，提高了耕地基础生产条件，形成了田成方、路相连、井配套的农田新格局。

(二)培肥地力

1. 增施有机肥，提高土壤有机质含量。增施有机肥是发展农业生产的传统经验，但随着农业的发展，目前在有机肥的积造和施用方面仍然存在忽视质量的现象，应该给予高度重视。提高有机肥的质量和数量，最根本的途径是进一步扩大有机肥源和倡导有机肥的正确积制技术。一是发展畜牧业，走养畜和肥田的路子。有条件的地方，应积极推广粮肥间作或轮作。二是推广节柴灶，发展农村沼气，逐步解决农村能源问题，增加秸秆还田的数量。三是杜绝粪尿与草木灰混积、单晒粪干等不科学的现象，积肥造肥与文明建设相结合，提高人畜粪尿的利用率。四是充分利用塘泥、杂草、秸秆等有机物质，对大牲畜圈和猪圈勤起勤垫，改变积肥中"黄土搬家"的不良做法。

2. 推广粮食作物秸秆还田，提升耕地质量。粮食作物秸秆中富含有机质和氮、磷、钾等养分，实施秸秆还田，可活化土壤耕层，促进好气性微生物活动。实践证明，秸秆还田是培肥地力、增加土壤有机质的有效手段之一。随着机械化水平的提高，目前，全市小麦种植地块秸秆还田率已达到100%，玉米秸秆还田率达到85%以上。

(三)配方施肥，协调土壤养分

随着化肥的大量施用，作物产量并不因化肥量的增加而相应提高，甚至某些高产地块出现增肥不增产的现象。施用化肥效益降低的主要原因：一是肥料结构不合理。除有机肥质差量少外，化肥品种单一是重要因素。与肥力指标相比，化肥比例欠佳，直接影响了化肥的增产效益。二是化肥用量增多，有机肥不足，诱发土壤缺少部分微量元素。三是在施肥技术上不能因地制宜。由此可见，科学施肥、提高肥料利用率是搞好科学培肥土壤的首要任务。

总的原则：结合测土配方施肥项目，宣传施用配方肥，调整土壤速效养分含量和比例。

立足土壤养分状况，因缺补缺，突出重点，协调施肥配比，改进施肥技术。中低产田的土壤要增氮、增磷；对养分贫乏的低产地块，应以化肥起步，适当加大氮肥、磷肥，特别是加大磷肥的投放量；高产地块在稳氮增磷的基础上，应注意钾肥和微肥的施用。同时，不同的土壤类型和作物种类也可直接影响着化肥的施用效果。如砂姜黑土、湿潮土容易缺磷，盐化潮土和褐土的锌元素较贫乏；玉米、小麦对锌和花生、棉花对硼均有较强的敏感性，施肥时应重视这些特点。

（四）沼液、沼渣变废为宝

近年来，全市大力实施农村户用沼气项目，推进"一池三改"户用沼气池建设，加强了秸秆联户沼气工程建设，大力推广以沼气为纽带的循环经济模式，提高农业副产品的资源化再利用。有效利用沼气池的沼液、沼渣浇灌作物，减少肥料施用量，减轻面源污染，保护生态环境。

（五）旋耕和深耕相结合，加深活土层

连年旋耕导致耕层变浅、土壤板结、根系营养面积变小。深耕可以加深耕作层，增加土壤孔隙度，促进作物根系的发育；增加土壤团粒结构，保蓄土壤水分，增强作物抗旱能力；增加土壤微生物活动，加速养分转化。深耕还可以消灭杂草及虫卵，减少虫源基数。粮田建议隔年深耕，蔬菜地建议三年旋耕、一年深耕。通过深耕，使改良区内耕作层深度达到25cm左右。

三、集约化经营

以农业龙头企业为引领、专业化合作组织为纽带，建立起"企业＋基地（合作社）＋农户"的集约化经营模式。近年来，昌邑市积极转方式、调结构，培植壮大农业龙头企业，山东新昌集团、仁诚食品、游龙面业等32家带动能力强、辐射范围广、产业集中度高的大型骨干农业龙头企业被认定为国家、省、市级以上农业产业化龙头企业，建立标准化养殖场287个，标准化无公害农产品生产基地约$2\times10^4 hm^2$，带动农户达16000余户，密切关注农民与龙头企业的"利益均沾、风险共担"的利益联结机制，使农业产业化经营每个环节都有明确的市场主体，提高一体化水平，对耕地资源进行有机组合，使耕地由分散、零星、劣质向集中、连片、优质过渡，提高了耕地利用率，保障了耕地的数量和质量，促进了农业和农村经济的可持续发展。

四、盐碱地改良

（一）搞好田间水利工程建设

有条件的盐碱地区要兴修水利，灌排配套，围堰整平，以淡压碱。

（二）平整土地

平整土地可使水分均匀下渗，提高降雨淋盐和灌溉洗盐的效果，防止土壤斑状盐渍化。

（三）深耕深翻

盐分在土壤中的分布情况为地表层多、下层少。经过耕翻，可把表层土壤中盐分翻扣到耕层下边，把下层含盐较少的土壤翻到表面。翻耕能疏松耕作层，切断土壤毛细管，减弱土壤水分蒸发，有效地控制土壤返盐。

（四）增施有机肥

有机肥经微生物分解、转化形成腐殖质，能提高土壤的缓冲能力，并可和碳酸钠作用形成腐殖酸钠，降低土壤碱性。腐殖酸钠还能刺激作物生长，增强抗盐能力。腐殖质可以促进团粒结构形成，从而使孔隙度增加、透水性增强，有利于盐分淋洗，抑制返盐。有机质在分解过程中产生大量有机酸，一方面可以中和土壤碱性，另一方面可加速养分分解，促进迟效养分转化，提高磷的有效性。

（五）合理施用化肥

化肥增加土壤中的氮、磷、钾含量，促进作物生长，提高作物的耐盐力。施用化肥可以改变土壤盐分组成，抑制盐类对作物的不良影响。盐碱地施用化肥时要避免施用碱性肥料，如氨水、碳酸氢铵、石灰氮、钙镁磷肥等，而应以中性和酸性肥料为好。硫酸钾复合肥是微酸性肥料，适合在盐碱地上施用，且有改良盐碱地的良好作用。

五、用地、养地有机结合

近年来，全市加大重视“充分用地、积极养地、用养结合”的保护耕地措施，维持与提高土壤肥力，充分发挥土壤的生产潜力，提高作物单产。

（一）有机肥和无机肥配合施用

有机肥是一种全肥，富含有机质、多种矿质营养元素和大量微生物，可以直接供给作物所需要的有机和无机养分，而且有利于改良土壤理化性质和生物性质，增强土壤生物活性，促进土壤养分有效化。而无机肥（化肥）是一种速效性肥料，若长期施用或大量不合理施用，会引起土壤有机质的降低和板结、盐碱化，一些酸性肥料如氯化铵、硫酸铵等会导致土壤出现酸化的问题，但如果合理施用且走有机、无机相结合的道路，可以取长补短，在近期内或长期内取得较高的效益。

（二）生物养地

利用生物遗体培养地力或改良土壤。如豆类作物是养地作物，具有固氮能力；禾本科作物具有固碳能力；油料作物通过家畜返还耕地，为少取多还作物。从有机质和营养元素总返还率来看，麦类有机质为半取半还，钾为少取多还，氮、磷为多取少还；大豆的有机质为少取多还，磷、钾为多取少还，氮为少取多还。通过合理的作物布局和轮作倒茬，把用养特点不同的作物合理搭配，做到种中有养，用养结合，达到最优配置，提高土地利用率。

（三）化学养地

用化学肥料加上微肥来代替有机肥的效果。化学肥料的效果是立竿见影的，所以称为“速效性肥料”。它可以促进土壤养分平衡，扩大物质循环。化肥施用水平与产量水平密切相关，粮食增产额中约50%靠化肥，有些低产田由于还田有机质较少，有机源不足，施用化肥改变农田物质恶性循环是可以施行的，同时还可以起到无机促有机的作用。

六、中低产田改造

中低产田约占昌邑市耕地总面积的40.72%，具有稳产、增产的巨大潜力，对这部分耕地进行合理改造，可将中产田改造为高产田，低产田改造为中产田，逐步提高耕地质量，增加耕地产出率。结合实施全国新增千亿斤粮食生产能力规划项目，改造中低产田4300hm^2。通过改造，粮食增产506.25kg/hm^2，其中小麦为108.75kg/hm^2、玉米为397.5kg/hm^2。

(一)积极争取政策倾斜，增加农业投入

加强中低产田改造，需要大量的资金支持。近十年来，国家不断出台粮食直补、良种补贴、农机具补贴等一系列强农惠农政策，极大地提高了农民的种植积极性。在此基础上，昌邑市也积极响应国家政策，在资金投入上向农业倾斜，在财力紧张的情况下，多方筹集资金，累计投资2000余万元，用于农田基本建设和农资投入，改善农业生产条件，优化农田生态环境。

(二)增施有机肥，平衡施肥，培肥地力

长期以来，昌邑市在中低产田耕地开发利用上重利用、轻培肥，重化肥、轻有机肥。化肥的施用量逐年增加，但有机肥投入量却不足，特别是在粮田上，且投入的化肥以氮肥、磷肥为主，引起土壤养分特别是微量元素，含量的下降和矿质养分的失衡，导致耕地肥力下降。全市普遍存在微量元素，特别是有效硼和有效锌含量偏低等限制性因素。因此，昌邑市要持续提高中低产田耕地的基础地力，为农作物生长创造稳产、增产基础，必须广辟有机肥源，重视有机肥的施用，注重氮肥、磷肥、钾肥和微量元素肥料的平衡施用，不断培肥地力，实现中低产田耕地资源的永续利用。

(三)加强农田水利设施建设，改善灌排条件

灌排条件与耕地的基础地力有着密切的关系。实现自然降水的空间聚集，推广节水灌溉技术，能改善区域农田的土壤水分状况和扩大灌溉面积。健全灌溉工程，改善灌区输水、配水设备，加强灌溉作业管理，改进地面灌溉技术，采用增产、增值的节水灌溉方法和灌溉技术。加强水利建设，修筑田埂，防止水土流失，安排好水利规划，修好水渠，防止渗漏，加强管理，提高引灌水的利用率。充分利用大、中、小型蓄水池、塘等蓄水体系，人工富集天然降水，拦截径流，在作物需水的关键时期进行灌溉。

第三节　耕地资源合理利用的对策

通过分析昌邑市耕地资源现状与特征，针对不同等级耕地地力，充分考虑全市农业生产的地域性，将障碍因素相近、改良措施相似、利用方向一致的耕地划分在一起，并适当保持地域上集中、连片，以便于统筹规划、合理安排，将全市耕地划分为三大农业生产利用区域：南部粮油种植区、中部粮菜果种植区、北部粮棉种植区。针对每个区域特点及耕地养分状况进行了详细分析，提出了合理有效的改良利用对策(见表8-3、表8-4和表8-5)。

表 8-3 各分区有机质、大量元素含量

利用分区	有机质(g/kg) 平均值和变幅	全氮(g/kg) 平均值和变幅	碱解氮(mg/kg) 平均值和变幅	有效磷(mg/kg) 平均值和变幅	速效钾(mg/kg) 平均值和变幅
南部粮油种植区	13.2 6.1～18.7	0.94 0.12～1.97	79 31～145	25.1 5.5～72.6	141 60～360
中部粮菜果种植区	11.8 5.4～19.7	0.83 0.18～1.43	85 31～179	39.9 3.2～158.8	160 62～533
北部粮棉种植区	12.7 5.4～19.2	0.93 0.14～1.97	91 33～178	28.9 3.8～100	159 60～388

表 8-4 各分区中量元素、pH 含量

利用分区	交换性钙(mg/kg)	交换性镁(mg/kg)	有效硫(mg/kg)	pH
	平均值和变幅	平均值和变幅	平均值和变幅	众数和变幅
南部粮油种植区	4329 1116～9526	447 226～689	49.9 13.8～166.9	7.5 7.0～8.1
中部粮菜果种植区	3027 812～9645	406 179～965	55.5 12.5～168.1	7.3 5.9～8.2
北部粮棉种植区	3529 1707～13933	534 185～997	49.4 11.7～166.2	7.7 6.1～8.5

表 8-5 各分区微量元素含量

利用分区	有效锌(mg/kg)	有效硼(mg/kg)	有效铜(mg/kg)	有效铁(mg/kg)	有效锰(mg/kg)	有效钼(mg/kg)
	平均值和变幅	平均值和变幅	平均值和变幅	平均值和变幅	平均值和变幅	平均值和变幅
南部粮油种植区	0.56 0.11～1.81	0.48 0.21～1.29	1.50 0.42～5.88	12.80 2.10～52.90	13.90 3.35～36.29	0.07 0.02～0.23
中部粮菜果种植区	0.73 0.14～1.86	0.70 0.13～1.98	1.44 0.40～5.25	16.53 2.20～57.70	16.08 3.50～58.72	0.09 0.02～0.26
北部粮棉种植区	0.67 0.13～1.87	0.62 0.06～1.58	1.61 0.30～4.77	13.69 2.10～56.30	14.07 5.31～39.81	0.09 0.02～0.37

一、南部粮油种植区

(一)耕地资源概况

该区主要分布于昌邑市南部的北孟镇,种植作物以小麦、玉米、花生为主,耕地面积为12826.52hm^2,占全市耕地总面积的17.41%。土壤类型主要为淋溶褐土、潮褐土、砂姜黑土。土壤pH众数为7.5,养分含量特点是有机质、全氮、有效铜含量较高,有效磷、速效钾、有效锌、交换性钙含量偏低,养分含量比例不协调。有机质平均含量为13.2g/kg、全氮平均含量为0.94g/kg、碱解氮平均含量为79mg/kg、有效磷平均含量为25.1mg/kg、速效钾平均含量为141mg/kg、有效硫平均含量为49.9mg/kg、有效锌平均含量为0.56mg/kg、有效硼平均含量为0.48mg/kg,是昌邑市的低磷、低钾、缺锌、缺硼区。

该区埠岭较多,地形部位相对较高,中部、南部水源无保障,水浇条件差,土壤瘠薄,种植方式以旱作为主,是昌邑市旱作粮食生产区。该区地块分散,土壤保水、蓄水能力弱,水利设施较差,部分农田主要靠降雨囤水浇灌,耕地地力水平较低,30.64%的耕地属三级地,58.7%的耕地属四级地,产量低而不稳。改良主攻方向主要是通过工程、生物、农、化学等综合措施,消除或减轻提高农业产量的各种障碍因素,提高耕地基础地力。

(二)改良利用对策

1.大力实施农田基础设施新建、改造工程,保障水源,提高灌溉保证率。采取积极争取地方财政支持、呼吁农民自筹的方式,加大农田基础设施投入,对原有蓄水、输水设施加固、清理、整修;修筑田埂、坝沟,防止水土流失;在有水源的地方建造蓄水、囤水设施,解决农田基本旱情。

2.配方施肥,增施磷肥、钾肥、锌肥,增加土壤养分含量,培肥地力。针对该区磷钾缺乏、微量元素含量低的情况,要结合测土配方施肥项目,安排土壤养分监测点,因地、因作物施肥,缺啥补啥,平衡施肥。

3.推广旱地小麦早、深、平增产节水栽培技术。该区小麦减产因素主要为:苗期生长弱,根系不发达,分蘖不足。主要通过深耕加深耕作层,肥料运筹突出早、深等措施来实现增产,一般每亩施有机肥3000~5000kg、纯氮15kg、五氧化二磷10kg、氧化钾8kg,结合深耕全作为基肥施入土壤,以促进小麦苗期营养生长和冬前分蘖,增加亩穗数。播种采取不起垄、等行距(20~22cm),以保证足够的苗、株、穗、粒。

4.增施有机肥和大力推广秸秆还田,改良土壤结构。因丘陵埠地土壤瘠薄,稳定性差,通过施用有机肥或秸秆还田等方式固定土壤,增强其稳定性,提高土壤对降水的入渗速率和持水量。

二、中部粮菜果种植区

(一)耕地资源概况

该区包括饮马镇、围子镇、都昌街道、奎聚街道四个镇(街道),面积为34452.84hm^2,占全市耕地总面积的46.76%。土壤类型以潮土、湿潮土为主,部分为砂姜黑土、淋溶褐土、潮褐土、风沙土,是昌邑市粮食高产、稳产区,生姜、马铃薯等大田蔬菜集中种植区和苹果、梨、杏、桃等种植区。土壤pH众数为7.3,养分含量特点是有机质含量中等,大部分速效性养分比较丰富，微量元素适中。有机质平均含量为 11.8g/kg、碱解氮平均含量为 85mg/kg、有效磷平均含量为 39.9mg/kg、速效钾平均含量为 160mg/kg、有效锌平均含量为 0.73mg/kg、有效硼平均含量为 0.7mg/kg。

该区地势平坦，绝大部分土壤熟化程度高，耕地地力水平较高，一级地耕地面积为 9899.78hm^2，占全市一级地面积的 83.68%，占本区耕地面积的 28.73%，二级地耕地面积为 11389.75hm^2，占全市二级地面积的 77.94%，占本区耕地面积的 33.06%，农田基础设施良好，水浇条件优越，耕层深厚，保水、保肥。大田菜地栽植作物以生姜、马铃薯为主，另有大葱、白菜、甘蓝、菠菜、芹菜、萝卜等露天菜地零星分布；粮田相对集中，秸秆还田、测土配方施肥、小麦精播半精播、小麦氮肥后移、玉米“一增四改”、玉米适当晚收等高产、高效栽培技术得到大力推广，粮食生产稳定发展。同时，该区也是全市果园种植面积最大的地区，主要品种有苹果、梨、葡萄、杏、桃等，其中金昌大姜、山阳大梨是国家地理标志产品。

（二）改良利用对策

1.加大农田基础设施保护力度，稳定粮田面积。该区农田基础设施良好，但使用频繁，常年失修，应组织机械、人力对灌溉井、输水渠、田埂、坝头进行维护，确保浇灌面积。自 2008 年以来，昌邑市委、市政府加大该区农业项目的实施力度，维修机井 345 余眼，新打机井 153 眼，维修田间道路 155.46km，维修排水沟 145.12km，铺设地下管道 37km、田间供电线路 37.5km，农田水利运行良好。

2.增施有机肥及生物菌肥，活化土壤。以有机肥添加生物菌肥为底肥，创造良好的土壤微生物环境，增加土壤活性，减少肥害。下一步要结合土壤有机质提升项目的实施，加大推广力度，实现该区基施有机肥全覆盖。

3.深耕和旋耕相结合，增加活土层，预防土壤板结。土壤长期旋耕，加上种植茬数多，养分消耗极大，极易结块变硬。通过深耕，可疏松活土层，增加养分吸收，有效预防板结。

4.改水渠输水为管道输水，节约水源，增加灌溉面积。在水渠内铺设塑料皮管或地埋 PVC 塑料管，直接将水源输送到田间地头，减少因水渠渗漏或跑水造成的浪费，年节约用水 86m^3/hm^2，增加灌溉面积 1.9hm^2。

三、北部粮棉种植区

（一）耕地资源概况

该区包括卜庄镇、柳疃镇、龙池镇，面积为 26395.77hm^2，占全市耕地总面积的 35.83%。土壤类型主要为潮土和盐化潮土，少部分为湿潮土、褐土化潮土和滨海潮盐土，是昌邑市粮食增产潜力区、棉花集中种植区。土壤 pH 众数为 7.7，养分含量特点是速效性养分含量普遍较低，有效锌、有效铁、有效钼偏低。有机质平均含量为 12.7g/kg、碱解氮平均含量为 91mg/kg、有效磷平均含量为 28.9mg/kg、速效钾平均含量为 159mg/kg、有效锌平均含量为 0.67mg/kg、有效硼平均含量为 0.62mg/kg。

该种植区部分粮田土层深厚，地势平坦，但土壤物理性状不好，质地黏重，保水、保肥性能强，养分释放程度慢，是昌邑市中低产田重点改造区。该区一级地、二级地分布少，以三级地、四级地、五级地为主，这 3 个等级的耕地面积占该区耕地总面积的 72.01%，同时也是六级地的主要分布区域，耕地面积为 2416.61hm^2，占全市六级地总面积的 94.7%。

该区棉田种植面积大，土壤 pH 较高，北部大部分耕地受盐碱威胁较大。

（二）改良利用对策

1. 实施作物秸秆直接还田和覆盖还田，增加土壤养分含量。在水源较好地区推行作物秸秆直接还田，省工、省时。在水源困难地区，将秸秆粉碎，覆盖于田间，在后茬作物播种前耕地时施入土壤，提高土壤蓄水保墒能力，调节土壤温度，改善土壤结构。

2. 加强田间基础设施建设，有条件的地方多打机电井，增加有效灌溉面积。搞好田间水利工程，灌排配套，以淡压碱，改良盐碱地，提高耕地质量。

3. 推广测土配方施肥技术，协调氮、磷、钾养分，补施微肥，提高肥料利用率。结合配方施肥技术的推广普及，增加施用配方肥面积，平衡土壤养分。

4. 结合全国新增千亿斤粮食生产能力规划项目，改造中低产田，对土地进行整理和复垦开发，增加耕地面积，提高耕地质量。

第九章　耕地资源管理信息系统建设

第一节　项目来源及前期准备

一、项目来源及目的意义

昌邑市耕地资源信息系统数据库建设工作，是农业部“沃土工程，科学施用化肥”即测土配方施肥工作的重要组成部分，是国家实现农业科学种田，促进粮食稳定生产，实现农业科学施肥经常化、普及化的重要工作，是实现农业耕地地力评价成果资料统一化、标准化的重要计划，是实现综合农业信息资料共享的技术手段。昌邑市耕地资源信息系统数据库建设工作是对最新的土地利用现状调查成果，第二次土壤普查的土壤、地貌等，以及本次耕地地力评价工作中采集的土壤化学分析成果进行汇总，建立一个集空间数据库和属性数据库的存储、管理、查询、分析、显示为一体的数据库，为科学种田及施肥、农业的可持续发展、深化农业科学管理工作服务。

二、建库单位组成

为加快昌邑市耕地地力评价及耕地资源信息系统数据库建设，依据农业部县域耕地资源信息系统数据库建设要求，由多年来一直从事农业测土施肥管理及研究、耕地地力评价、数据库建设等有一定经验的单位组成联合工作组。

山东省土壤肥料总站：负责耕地地力评价及建库工作组织、协调、标准制定、土壤图成果资料的归属核查处理等。

山东农业大学资源与环境学院：负责耕地地力评价图、土壤化学微量元素系列图及研究报告编制等。

山东天地亚太国土遥感有限公司：负责土地、土壤、矿化度、地貌、灌溉分区等图件扫描矢量化及几何校正处理等编图工作，耕地地力评价所有建库资料统一化、标准化处理，空间数据库和属性数据库建设，耕地地力评价成果图件修改编辑及图件输出，数据库建设报告编制等工作。

三、建库工作的软硬件环境

(一)主要硬件

计算机 10 台，HP5000 和 HP3500 绘图仪各一台，HP Scanjet 5000 高速文档扫描仪

一台。

(二)软件

MAPGIS6.7 软件 10 套，ARCGIS9.2 软件 2 套，县域耕地资源信息系统软件 2 套，ENVI4.5 遥感图像处理与分析软件 1 套。

第二节　建库内容及建库工作中主要问题的处理

一、建库内容

依据农业部耕地地力评价数据库建设的要求，昌邑市耕地资源信息系统数据库包括空间数据库和属性数据库两部分内容。属性数据库依据县域耕地资源信息系统数据字典、建库县提供的有关资料、山东省第二次土壤普查土种归属表及土壤分类代码编制。空间数据库包括土地利用现状图、土壤图、矿化度图、灌溉分区图、地貌图、耕地地力调查点点位图、耕地地力评价等级图、土壤化学微量元素系列图等。

二、建库工作中的主要问题

昌邑市耕地资源信息系统数据库建设工作由于涉及的内容多，加之部分资料为第二次土壤普查的资料，与县域耕地资源信息系统数据字典的要求对比存在以下问题：

1. 第二次土壤普查的土壤、地貌等成果均为纸介质图，因图纸折叠和自然伸缩的影响，图件变形大，形成较大的误差。

2. 土地利用现状图为 2009 年的现状，近年来交通用地和蔬菜地出现较大的变化等。

3. 昌邑市土壤图中的土种名称与山东省土种归属要求不一致。

4. 昌邑市的地貌图为微地貌图，与县域耕地资源信息系统数据字典中地貌划分的名称不能一一对应。

5. 已有资料坐标系不统一问题，如第二次土壤普查图件为 1954 年北京坐标系，土地利用现状图或行政区划图为 1980 年西安坐标系等。

6. 已有成果资料专业内容和地名注释错漏等。

7. 没有统一的土壤分类与代码。

三、建库工作中有关问题的处理

1. 依据 1∶50000 标准分幅地形图，对所有建库的纸介质成果图全部进行几何校正处理，以消除纸介质成果图的误差。

2. 依据较新的航天卫星资料对近年来变化的公路、铁路等进行修改补充。

3. 为使昌邑市土种的名称与省归属要求相对应，在耕地资源信息系统数据库建设前，首先对土壤图中所有图斑内容进行了检查统计，对错漏注释及边界问题进行修改补充及编制土种归属表，最后由山东省土肥站进行土种归属复查处理。为方便县域土壤图的利用和对比，建库后的图中仍保留了原县域土壤图的土种代号，编制了省标、县土壤名称及代码对比表。属性挂接为县域土种代码。

4.由于县域耕地资源信息系统数据字典中划分的地貌名称少，其地貌名称不能一一对应，在建库时尽量选择与数据字典中相近的地貌名称进行编码，为方便地貌图的利用和对比，在地貌图中保留了原地貌图的名称和代码，图例中增加了建库数据字典中规定的地貌名称、代码与县原地貌名称、代码的对比表，属性挂接为数据字典中规定的地貌名称和代码。

5.对已有资料坐标系不统一问题，依据数据库建设要求，所有成果全部统一到高斯—克吕格投影，6度分带，1954年北京坐标系中。

6.对已有成果资料专业内容和地名注释错漏问题，全部打印成图件和文字进行全面检查和补充，并按照检查稿逐条进行修改。

7.对没有统一的土壤分类与代码问题，编制了全省统一的土类、亚类、土属代码及县域土种代码。

由于20世纪80年代山东省第二次土壤普查汇总时没有制定全省统一的县域土壤代码，无法满足目前全国开展的耕地地力评价及县域耕地资源信息系统建库工作统一化、标准化和科学实施测土施肥的需要，为了满足其建库和科学施肥工作的需要，依据县域耕地资源信息系统数据字典中土壤类型代码要求及山东省第二次土壤普查土种归属的要求，以满足本次建库工作的需要为基础，编制了山东省第二次土壤普查分类的土类、亚类、土属、土种的代码。其中土类、亚类、土属的代码以山东省第二次土壤普查土种归属表为准，土种代码以每个县级为单元，按土种的顺序编制。

分类原则与方法：本次编码工作以山东省第二次土壤普查土种归属的要求为基础，以科学性、完整性、统一化、标准化、可扩展性等为原则，在山东省第二次土壤普查土种归属分类单元中仅对土类、亚类、土属3个层级进行编码的基础上，分土类、亚类、土属、土种四个层级进行编码，每个县域为独立的单元编码。

代码结构与编码方法：代码结构，采用4个层次的编码方法对山东省第二次土壤普查县域成果进行编码，其代码结构为土类、亚类、土属、土种4个层次。编码方法，土类代码用第一层二位阿拉伯数字表示（每一个土类用两个阿拉伯数字表示，从“01”开始）。亚类代码用第二层二位阿拉伯数字表示，从“01”开始。土属代码用第三层二位阿拉伯数字表示，从“01”开始。土种代码用第四层二位阿拉伯数字表示，按每个县域的土种顺序从“01”开始。

第三节 数据库标准化

一、标准引用

县域耕地资源信息系统数据字典中规定的国标及行业有关技术标准：

1. GB/T 2260—2002 《中华人民共和国行政区划代码》
2. NY/T 309—1996 《全国耕地类型区、耕地地力等级划分标准》
3. NY/T 310—1996 《全国中低产田类型划分与改良技术规范》
4. GB/T 17296—2000 《中国土壤分类与代码》

5. 全国农业区划委员会 《土地利用现状调查技术规程》
6. 国土资源部 《土地利用现状变更调查技术规程》
7. GB/T 13989－1992 《国家基本比例尺地形图分幅与编号》
8. GB/T 13923－1992 《国土基础信息数据分类与代码》
9. GB/T 17798－1999 《地球空间数据交换格式》
10. GB/T 3100－1993 《国际单位制及其应用》
11. GB/T 16831－1997 《地理点位置的纬度、经度和高程的标准表示方法》
12. GB/T 10113－2003 《分类与编码通用术语》
13. GB/T 10114－2003 《县级以下行政区划代码编制规则》
14. GB/T 9648－1988 《国际单位制代码》
15. 农业部 《全国耕地地力调查与评价技术规程》
16. 农业部 《测土配方施肥技术规范(试行)》(2008 年)
17. 农业部 《测土配方施肥专家咨询系统编制规范(试行)》
18. 山东省县域土种归属标准
19. 山东省县域耕地地力评价标准
20. 山东省第二次土壤普查土种归属及代码等。

二、空间坐标系及建库平台

(一)空间数据坐标系

投影:高斯—克吕格,6 度分带。1954 年北京坐标系,1956 年黄海高程系。比例尺:1∶50000。

(二)数据库采集模板和数据库文件格式

为使所有建库资料达到统一化和标准化,以及满足所有成果图件输出和耕地资源地力评价工作的需要,对建库资料的扫描矢量化和几何校正处理工作均采用 MAPGIS 平台,数据库的文件格式为 MAPGIS 的点、线、面文件。待数据库成果评审验收和修改后,将 MAPGIS 的点、线、面格式转换为 shape 格式,由 ARCGIS 平台进行数据库规范化处理,最后将数据库资料导入县域耕地资源信息管理系统。

第四节　数据库结构

一、空间数据库图层划分

空间数据库图层划分是严格按照县域耕地资源信息系统数据字典的要求分层的,每层只反映属性相同的内容。昌邑市耕地资源信息系统数据库建设包括土地利用现状图、第二次土壤普查成果和耕地地力评价等三部分内容,全省空间数据库图层划分情况如表 9-1 所示。

表 9-1　　耕地资源信息系统空间数据库分层表

序号	图层代码	图层名称	序号	图层代码	图层名称
1	AD101	行政区划图	18	SP103	耕层土壤有效磷等值线图
2	AD102	县乡村位置图	19	SP104	耕层土壤速效钾等值线图
3	AD103	行政界线图	20	SP105	耕层土壤缓效钾等值线图
4	AD201	辖区边界图	21	SP106	耕层土壤有效锌等值线图
5	AD202	装饰边界图	22	SP108	耕层土壤有效钼等值线图
6	GE103	面状水系图	23	SP109	耕层土壤有效铜等值线图
7	GE104	线状水系图	24	SP110	耕层土壤有效硅等值线图
8	GE105	道路图	25	SP111	耕层土壤有效锰等值线图
9	GE201	坡度图	26	SP112	耕层土壤有效铁等值线图
10	GE203	地貌类型分区图	27	SP201	耕层土壤 pH 等值线图
11	LM102	灌溉分区图	28	SP113	耕层土壤交换性钙等值线图
12	LU101	土地利用现状图	29	SP114	耕层土壤交换性镁等值线图
13	SB101	土壤图	30		耕层土壤有效硫等值线图
14	SB203	地下水矿化度等值线图	31		耕层土壤水解性氮等值线图
15	SB302	耕地地力调查点点位图	32		耕地地力评价等级图
16	SP101	耕层土壤有机质等值线图	33		耕层土壤有效硼等值线图
17	SP102	耕层土壤全氮等值线图			

注:本表为山东省统一的分层情况,昌邑市为部分图件。

二、属性数据库结构

属性数据结构内容严格按县域耕地资源信息系统数据字典及建库县提供的资料编制,属性数据库结构如表 9-2 所示。

表 9-2　　耕地资源信息系统属性数据库结构表

图　名	属性数据结构	字段类型
行政区划图	内部标识码:系统内部 ID 号	长整型,9
	实体类型:point, polyline, polygon	文本型,8
	实体面积:系统内部自带	双精度,19,2
	实体长度:系统内部自带	长整型,10
	县内行政码:根据国家统计局“统计上使用的县以下行政区划代码编制规则”编制	长整型,6

续表

图　名	属性数据结构	字段类型
乡村位置图	内部标识码:系统内部 ID 号	长整型,9
	实体类型:point, polyline, polygon	文本型,8
	X 坐标:无;Y 坐标:无	双精度,19,2
	县内行政码:根据国家统计局“统计上使用的县以下行政区划代码编制规则”编制	长整型,6
	标注类型:村标注,乡标注,县标注	字符串,6
行政界线图	内部标识码:系统内部 ID 号	长整型,9
	实体类型:point, polyline, polygon	文本型,8
	实体长度:系统内部自带	长整型,10
	界线类型:根据国家基础信息标准填写	文本型,40
辖区边界图	内部标识码:系统内部 ID 号	长整型,9
	实体类型:point,polyline,polygon	文本型,8
	实体面积:系统内部自带	双精度,19,2
	实体长度:系统内部自带	长整型,10
	要素代码:依据《国家基础地理信息数据分类与代码》编制要素代码	长整型,5
	要素名称:依据《国家基础地理信息数据分类与代码》编制要素名称	文本型,40
	行政单位名称:单位的实际名称填写	文本型,20
装饰边界图	内部标识码:系统内部 ID 号	长整型,9
面状水系图	内部标识码:系统内部 ID 号	长整型,9
	实体类型:point, polyline, polygon	文本型,8
	实体面积:系统内部自带	双精度,19,2
	实体长度:系统内部自带	长整型,10
	要素代码:依据《国家基础地理信息数据分类与代码》编制要素代码	长整型,5
	要素名称:依据《国家基础地理信息数据分类与代码》编制要素名称	文本型,40
	面状水系码:自定义编码	字符串,5
	面状水系名称:依据 2006 年 10 月版山东省地图册编制	字符串,20
	湖泊储水量:依据 1∶50000 地形图	字符串,8

续表

图　名	属性数据结构	字段类型
线状水系图	内部标识码:系统内部 ID 号	长整型,9
	实体类型:point, polyline, polygon	文本型,8
	实体长度:系统内部自带	长整型,10
	要素代码:依据《国家基础地理信息数据分类与代码》编制要素代码	长整型,5
	要素名称:依据《国家基础地理信息数据分类与代码》编制要素名称	文本型,40
	线状水系码:自定义编码	长整型,4
	线状水系名称:依据 2006 年 10 月版山东省地图册编制	文本型,20
	河流流量:无	长整型,6
道路图	内部标识码:系统内部 ID 号	长整型,9
	实体类型:point, polyline, polygon	文本型,8
	实体长度:系统内部自带	长整型,10
	要素代码:依据《国家基础地理信息数据分类与代码》编制要素代码	长整型,5
	要素名称:依据《国家基础地理信息数据分类与代码》编制要素名称	文本型,40
	公路代码:根据国家标准《公路路线命名编号和编码规则命名和编号规则》编制	文本型,11
	公路名称:根据国家标准《公路路线命名编号和编码规则命名和编号规则》编制	文本型,20
地貌类型分区图	内部标识码:系统内部 ID 号	长整型,9
	实体类型:point,polyline,polygon	文本型,8
	实体面积:系统内部自带	双精度,19,2
	实体长度:系统内部自带	长整型,10
	地貌类型:数据引用自"中国科学院生物多样性委员会地貌类型代码库"(四类码)	文本型,18
灌溉分区图	内部标识码:系统内部 ID 号	长整型,9
	实体类型:point,polyline,polygon	文本型,8
	实体面积:系统内部自带	双精度,19,2
	实体长度:系统内部自带	长整型,10
	灌溉水源:县局提供数据	文本型,10
	灌溉水质:无	文本型,4
	灌溉方法:县局提供数据	文本型,18
	年灌溉次数:县局提供数据	文本型,2
	灌溉条件:无	文本型,4
	灌溉保证率:无	长整型,3
	灌溉模数:无	双精度,5,2
	抗旱能力:无	长整型,3

续表

图　名	属性数据结构	字段类型
土地利用现状图	内部标识码:系统内部 ID 号	长整型,9
	实体类型:point,polyline,polygon	文本型,8
	实体面积:系统内部自带	双精度,19,2
	实体长度:系统内部自带	长整型,10
	地类号:国土资源部发布的《全国土地分类》三级类编码	长整型,3
	平差面积:无	双精度,7,2
土壤图	内部标识码:系统内部 ID 号	长整型,9
	实体类型:point,polyline,polygon	文本型,8
	实体面积:系统内部自带	双精度,19,2
	实体长度:系统内部自带	长整型,10
	土壤省标码:土壤类型省及县分类系统编码	长整型,8
地下水矿化度等值线图	内部标识码:系统内部 ID 号	长整型,9
	实体类型:point,polyline,polygon	文本型,8
	实体长度:系统内部自带	长整型,10
	地下水矿化度:依据县级矿化度图实际数据填写	双精度,5,1
耕地地力调查点点位图	内部标识码:系统内部 ID 号	长整型,9
	实体类型:point,polyline,polygon	文本型,8
	X 坐标:北京 54 坐标系	双精度,19,2
	Y 坐标:北京 54 坐标系	双精度,19,2
	点县内编号 AP310102:自定义编号	长整型,8
行政区基本情况数据表	县内行政码 SH110102:根据国家统计局"统计上使用的县以下行政区划代码编制规则"编制	长整型,6
	省名称:山东省	字符串,6
	县名称:××市,××区,××县	字符串,8
	乡名称:××乡,××镇,××街道	字符串,18
	村名称:××村,××委员会	字符串,18
	行政单位名称:××市,××区,××县,××乡,××镇,××街道,××村,××委员会	字符串,20
	总人口:无	字符串,7
	农业人口:无	字符串,7
	非农业人口:无	字符串,7
	国民生产总值 GNP:无	双精度,11,2

续表

图　名	属性数据结构	字段类型
县级行政区划代码表	行政单位名称：××市，××区，××县，××乡，××镇，××街道，××村，××委员会	长整型，6
	县内行政码 SH110102：根据国家统计局“统计上使用的县以下行政区划代码编制规则”编制	长整型，9
土地利用现状地块数据表	内部标识码：系统内部 ID 号	长整型，9
	地类号：国土资源部发布的《全国土地分类》三级类编码	字符串，3
	地类名称：国土资源部发布的《全国土地分类》三级类名称	字符串，20
	计算面积：无	双精度，7，2
	地类面积：无	双精度，7，2
	平差面积：无	双精度，7，2
	报告日期：无	日期型，10
土壤类型代码表	土壤省标码：土壤类型省标分类系统编码	字符串，8
	土壤省标名：土壤类型省标分类系统名称	字符串，20
耕地地力调查点基本情况及化验结果数据表	灌溉水源：县提供数据	字符串，10
	灌溉方法：县提供数据	字符串，18
	调查点国内统一编号：自定义编号	字符串，14
	调查点县内编号：自定义编号	字符串，8
	调查点自定义编号 AP310103：自定义编号	字符串，40
	调查点类型：耕地地力调查点	字符串，20
	户主联系电话：区号一本地电话号码	字符串，13
	调查人联系电话：区号一本地电话号码	字符串，13
耕地地力调查点基本情况及化验结果数据表	调查人姓名：××××	字符串，8
	调查日期：采集当天日期	日期型，10
	≥0℃积温：无	字符串，5
	≥10℃积温：无	字符串，5
	年降水量：县提供数据	字符串，4
	全年日照时数：无	字符串，4
	光能辐射总量：无	字符串，4
	无霜期：县提供数据	字符串，3
	干燥度 CW210107：无	双精度，4，2
	东经：县提供数据	双精度，9，5
	北纬：县提供数据	双精度，8，5
	坡度：地形坡度海拔：海拔高度	双精度，6，1
	坡向：缺少数据	双精度，4，1

续表

图　名	属性数据结构	字段类型
耕地地力调查点基本情况及化验结果数据表	地形部位：数据引用自 NY/T 309－1996《全国耕地类型区、耕地地力等级划分》和 NY/T 310－1996《全国中低产田类型划分与改良技术规范》	字符串，4
	田面坡度：依据田面实际坡度	字符串，50
	灌溉保证率：无	双精度，4，1
	排涝能力：无	字符串，3
	梯田类型：无	字符串，2
	梯田熟化年限：无	字符串，10
	保护块面积：无	字符串，3
	土壤侵蚀类型：无	双精度，7，2
	土壤侵蚀程度：无明显侵蚀，轻度侵蚀	字符串，8
	污染源企业名称：无	字符串，20
	污染源企业地址：无	字符串，50
	液体污染物排放量：无	字符串，50
	粉尘污染物排放量：无	双精度，6，1
	污染面积 LE220105：无	双精度，6，1
	污染物类型：无	双精度，9，2
	污染范围：无	字符串，20
	污染造成的损害：无	字符串，40
	距污染源距离：无	字符串，30
	污染物形态：无	字符串，5
	污染造成的经济损失：无	字符串，4
	省名称：山东省	字符串，9
	县名称：××市，××区，××县	字符串，8
	乡名称：××乡，××镇，××街道	字符串，18
	村名称：××村，××委员会	字符串，18
	户主姓名	字符串，8
	土壤类型代码(国标)：根据县提供数据填写	字符串，8
	土类名称(县级)：县提供数据	字符串，20
耕层土壤全氮等值线图	内部标识码：系统内部 ID 号	长整型，9
	实体类型：point，polyline，polygon	文本型，10
	实体长度：系统内部自带	长整型，10
	全氮：依据土壤化学分析全氮值耕地地力等级评价成果填写	双精度，4，2
耕层土壤有效磷等值线图	内部标识码：系统内部 ID 号	长整型，9
	实体类型：point，polyline，polygon	文本型，10
	实体长度：系统内部自带	长整型，10
	有效磷：依据土壤化学分析有效磷值耕地地力等级评价成果填写	双精度，5，1

续表

图　名	属性数据结构	字段类型
耕层土壤速效钾等值线图	内部标识码:系统内部 ID 号	长整型,9
	实体类型:point, polyline, polygon	文本型,10
	实体长度:系统内部自带	长整型,10
	速效钾:依据土壤化学分析速效钾值耕地地力等级评价成果填写	长整型,3
耕层土壤缓效钾等值线图	内部标识码:系统内部 ID 号	长整型,9
	实体类型:point, polyline, polygon	文本型,10
	实体长度:系统内部自带	长整型,10
	缓效钾:依据土壤化学分析缓效钾值耕地地力等级评价成果填写	长整型,4
耕层土壤有效锌等值线图	内部标识码:系统内部 ID 号	长整型,9
	实体类型:point, polyline, polygon	文本型,10
	实体长度:系统内部自带	长整型,10
	有效锌:依据土壤化学分析有效锌值耕地地力等级评价成果填写	双精度,5,2
耕层土壤有效钼等值线图	内部标识码:系统内部 ID 号	长整型,9
	实体类型:point, polyline, polygon	文本型,10
	实体长度:系统内部自带	长整型,10
	有效钼:依据土壤化学分析有效钼值耕地地力等级评价成果填写	双精度,4,2
耕层土壤有效铜等值线图	内部标识码:系统内部 ID 号	长整型,9
	实体类型:point, polyline, polygon	文本型,10
	实体长度:系统内部自带	长整型,10
	有效铜:依据土壤化学分析有效铜值耕地地力等级评价成果填写	双精度,5,2
耕层土壤有效硅等值线图	内部标识码:系统内部 ID 号	长整型,9
	实体类型:point, polyline, polygon	文本型,10
	实体长度:系统内部自带	长整型,10
	有效硅:依据土壤化学分析有效硅值耕地地力等级评价成果填写	双精度,6,2
耕层土壤有效锰等值线图	内部标识码:系统内部 ID 号	长整型,9
	实体类型:point, polyline, polygon	文本型,10
	实体长度:系统内部自带	长整型,10
	有效锰:依据土壤化学分析有效锰值耕地地力等级评价成果填写	双精度,5,1
耕层土壤有效铁等值线图	内部标识码:系统内部 ID 号	长整型,9
	实体类型:point, polyline, polygon	文本型,10
	实体长度:系统内部自带	长整型,10
	有效铁:依据土壤化学分析有效铁值耕地地力等级评价成果填写	双精度,5,1

续表

图　名	属性数据结构	字段类型
耕层土壤pH等值线图	内部标识码:系统内部ID号 实体类型:point，polyline，polygon 实体长度:系统内部自带 pH:依据土壤化学分析pH耕地地力等级评价成果填写	长整型,9 文本型,10 长整型,10 双精度,4,1
耕层土壤交换性钙等值线图	内部标识码:系统内部ID号 实体类型:point，polyline，polygon 实体长度:系统内部自带 交换性钙:依据土壤化学分析交换性钙值耕地地力等级评价成果填写	长整型,9 文本型,10 长整型,10 双精度,6,1
耕层土壤交换性镁等值线图	内部标识码:系统内部ID号 实体类型:point，polyline，polygon 实体长度:系统内部自带 交换性镁:依据土壤化学分析交换性镁值耕地地力等级评价成果填写	长整型,9 文本型,10 长整型,10 双精度,5,1
耕层土壤有效硫等值线图	内部标识码:系统内部ID号 实体类型:point，polyline，polygon 实体长度:系统内部自带 有效硫:依据土壤化学分析有效硫值耕地地力等级评价成果填写	长整型,9 文本型,10 长整型,10 双精度,5,1
耕层土壤水解性氮等值线图	内部标识码:系统内部ID号 实体类型:point，polyline，polygon 实体长度:系统内部自带 水解性氮:依据土壤化学分析水解性氮值耕地地力等级评价成果填写	长整型,9 文本型,10 长整型,10 双精度,5,3
耕地地力评价等级图	内部标识码:系统内部ID号 实体类型:point，polyline，polygon 实体面积:系统内部自带 等级(县内):‘120’	长整型,9 文本型,10 双精度,19,2 文本型,2
耕层土壤有效硼等值线图	内部标识码:系统内部ID号 实体类型:point，polyline，polygon 实体长度:系统内部自带 有效硼:依据土壤化学分析有效硼值耕地地力等级评价成果填写	长整型,9 文本型,10 长整型,10 双精度,4,2
土壤全盐含量分布图	内部标识码:系统内部ID号 实体类型:point，polyline，polygon 实体长度:系统内部自带 全盐:依据土壤化学分析全盐值耕地地力等级评价成果填写	长整型,9 文本型,10 长整型,10 双精度,4,1

续表

图　名	属性数据结构	字段类型
耕层土壤有效镁等值线图	内部标识码：系统内部 ID 号	长整型，9
	实体类型：point，polyline，polygon	文本型，10
	实体长度：系统内部自带	长整型，10
	有效镁：依据土壤化学分析有效镁值耕地地力等级评价成果填写	长整型，2
耕层土壤有效钙等值线图	内部标识码：系统内部 ID 号	长整型，9
	实体类型：point，polyline，polygon	文本型，10
	实体长度：系统内部自带	长整型，10
	有效钙：依据土壤化学分析有效钙值耕地地力等级评价成果填写	长整型，2

第五节　建库工作方法

一、数据库质量控制

数据库质量涉及三个方面的工作：一要满足耕地地力评价工作的需要；二要满足耕地资源信息系统数据库建设的需要；三要满足建库所有成果图件输出的需要。为满足以上三个方面的要求，在数据库建设工作开展前，首先在有关国标、部标和行业标准的基础上，制定了统一的工作平台、工作方法和流程，成果图件图名、图例和色彩编制要求，成果质量检查工作方法，对耕地地力评价基础性图件首先在建库单位初步检查后，交项目县进行全面检查和修改补充错漏内容，返回建库单位对所有成果图件安排专人进行全面检查和修改，从而保证了数据库的成果质量。

二、建库工作有关规定

为保证建库工作的按时及保质完成，成立了建库项目组。

建库项目组：设立技术负责一人，全面负责建库工作有关规程的学习、日常建库工作安排、工作进度、质量检查、建库数据库资料汇总、MAPGIS 格式建库成果经 ARCGIS 规范化处理、导入县域耕地资源信息系统等工作。

质量检查组：安排具有工作经验的人员成立检查组，负责所有建库资料的质量检查及修改工作。

制定建库工作标准：在建库工作前，首先对建库图形子图的大小，线的粗细及线型，面的色彩搭配，图件分层，工作方法和流程下发到每一个建库工作人员手中，统一建库图形扫描矢量化的技术要求。

最终成果检查：所有成果图待评审验收后，依据专家意见，由建库组和耕地地力评价组依据专家和甲方意见进行成果图和数据库修改补充，最后输出成果图件和导入县域耕地资源信息系统。

三、建库资料精度及建库工作流程

(一)建库资料精度

为保证建库资料的数学精度,首先形成大于昌邑市范围的1∶50000标准图幅理论图框,拼接形成县域的1∶50000理论图框。以1∶50000标准分幅地形图为基础,在地形图和县域土地利用现状图上选择同名地物点(主要为农村道路交叉点等)为几何校正点。为保证县域图件的精度,昌邑市选择不少于30个的几何校正点,每一个几何校正点选择地形图附近的4个公里网交叉点,将其校正到县域的理论图框上,形成满足1∶50000精度要求的县域地理底图。以该图为基础,将所有建库成果图件校正到县域地理底图上。

(二)建库工作流程

第一步:按照建库工作的基本要求对土地利用现状、土壤、灌溉分区、地貌、采样点位等图件进行扫描矢量化和几何校正处理、建库组错漏自查和交甲方进行错漏检查、返回建库组修改及编辑、拓扑检查、属性挂接处理等。第二步:将以上成果交耕地地力评价组进行耕地地力评价工作。第三步:耕地地力评价组将其评价成果资料再返回建库组,由建库组按照县域耕地资源信息系统数据库建设要求,对所有建库成果资料进行全面的质量检查及编辑处理、拓扑处理、属性挂接,最后由MAPGIS—ARCGIS—县域耕地资源信息系统输出成果图件。

(三)主要空间数据库说明

1.行政区划图(地理底图)。以土地利用现状图为背景,分别提取乡镇、村庄、主要工矿企业建设用地,主要道路、河流、境界、行政区划等内容。参考地图或1∶50000地形图,对主要道路、双线河流等地物进行连接并加注地物注记。依据卫星影像等资料,对近年来增加的主要道路进行更新。

2.土壤图。依据土壤调查研究报告、土壤志、山东省土壤分类归属标准,编制土种归属对比表和省标与县级对比表图例。在土壤图上保留土壤图原始代码,属性挂接为新编的县域土种代码,可满足各级政府工作的需要。

3.地貌图。由于地貌图为微地貌图,为满足各级政府使用及建库工作的需要,在地貌图中保留了原地貌代码,其属性尽量对应到数据字典中的名称及代码,在图例中增加了对比表,满足了各项工作的需要。

(四)属性库编制方法

严格按照建库数据字典中的要求及建库单位提供的资料编制各种成果图属性代码。

第六节 建库成果

昌邑市耕地资源信息系统数据库建设成果包括农业部规定格式的数据库和MAPGIS格式的成果，共计25幅图（见表9-3）。

表9-3 昌邑市耕地资源信息系统数据库建设成果表

序号	成果图名称	备注
1	昌邑市土地利用现状图	
2	昌邑市土壤图	
3	昌邑市地貌图	
4	昌邑市耕地地力调查点点位图	
5	昌邑市灌溉分区图	
6	昌邑市潜水矿化度分布图	
7	昌邑市坡度图	
8	昌邑市耕地地力评价等级图	
9	昌邑市土壤 pH 分布图	
10	昌邑市土壤有机质含量分布图	
11	昌邑市土壤全氮含量分布图	
12	昌邑市土壤碱解氮含量分布图	
13	昌邑市土壤有效磷含量分布图	
14	昌邑市土壤速效钾含量分布图	
15	昌邑市土壤缓效钾含量分布图	
16	昌邑市土壤交换性钙含量分布图	
17	昌邑市土壤交换性镁含量分布图	
18	昌邑市土壤有效硫含量分布图	
19	昌邑市土壤有效硅含量分布图	
20	昌邑市土壤有效锌含量分布图	
21	昌邑市土壤有效硼含量分布图	
22	昌邑市土壤有效锰含量分布图	
23	昌邑市土壤有效钼含量分布图	
24	昌邑市土壤有效铜含量分布图	
25	昌邑市土壤有效铁含量分布图	

昌邑市耕地资源信息系统数据库建设包括空间数据库和属性数据库两部分内容，空间数据库全部是按照县域耕地资源信息系统数据字典要求进行的。属性数据库由于部分资料难以收集到(如土地平差面积等)，属性数据仅按照县域耕地资源信息系统数据字典要求编制了部分内容。例如，耕地地力评价土壤采样点位图，利用GPS坐标展绘到地理底图上的点与实际点位误差较大，达不到精度要求。所以，耕地地力评价土壤调查采样点位图是依据野外采样点位图经扫描矢量化后形成的，属性挂接为GPS定点的坐标。

第三篇　测土配方施肥指标体系及技术应用与推广

第十章　测土配方施肥指标体系的建立

测土配方施肥是以土壤测试和肥料田间试验为基础，根据作物需肥规律、土壤供肥性能和肥料效应，在合理施用有机肥的基础上，提出氮、磷、钾及中微量元素等肥料的施用数量、时期和方法。通俗地讲，就是在农业科技人员指导下科学施用配方肥。

测土配方施肥技术的核心是调节和解决作物需肥与土壤供肥之间的矛盾。同时有针对性地补充作物所需的营养元素，作物缺什么元素就补充什么元素，需要多少就补充多少，实现各种养分平衡供应，满足作物的生长需要，达到提高肥料利用率和减少用量、提高作物产量、改善农产品品质、节省劳力、节支增收的目的。

测土配方施肥包括土样采集检测、确定肥料配方、配方肥生产、配方肥供应、施肥技术指导五个环节。其中，科学合理的肥料配方是关键，确定肥料配方又必须以测土配方施肥的技术指标体系作为技术支撑，所以说，测土配方施肥的核心技术是建立施肥指标体系。因此，必须通过大量的试验建立和完善不同作物的测土配方施肥技术指标体系。

第一节　田间试验与大田示范方案设计

一、试验示范实施的基本情况

昌邑市测土配方施肥试验主要采用“3414”完全试验设计、“3414”不完全试验设计(肥效参数试验)以及大田校验示范。

“3414”是指氮、磷、钾 3 个因素、4 个水平、14 个处理。该方案设计吸收了回归最优设计中处理少、效率高的优点，是目前国内外应用较为广泛的肥料效应田间试验方案，也是这次测土配方施肥推荐施用的田间试验方案。4 个水平的含义：“0 水平”指不施肥，“2 水平”指当地最佳施肥量的近似值，“1 水平”=“2 水平”×0.5，“3 水平”=“2 水平”×1.5(该水平为过量施肥水平)，如表 10-1 所示。该方案除了可应用 14 个处理进行氮、磷、钾三元二次效应方程的拟合以外，还可分别进行氮、磷、钾中任意二元或一元效应方程的拟合。例如，进行氮、磷二元效应方程拟合时，可选用处理 2～7、11、12，可求得在以 K_2 水平为基础的氮、磷二元二次效应方程。又如，选用处理 2、3、6、11 可求得在 P_2K_2 水平为基础的氮肥效应方程；选用处理 4、5、6、7 可求得在 N_2K_2 水平为基础的磷肥效应方程；选用处理 6、8、9、10 可求得在 N_2P_2 水平为基础的钾肥效应方程。此外，通过处理 1，可以获得基础地力产量，即空白区产量。

表 10-1 "3414"试验方案处理

试验编号	处 理	N	P	K
1	$N_0P_0K_0$	0	0	0
2	$N_0P_2K_2$	0	2	2
3	$N_1P_2K_2$	1	2	2
4	$N_2P_0K_2$	2	0	2
5	$N_2P_1K_2$	2	1	2
6	$N_2P_2K_2$	2	2	2
7	$N_2P_3K_2$	2	3	2
8	$N_2P_2K_0$	2	2	0
9	$N_2P_2K_1$	2	2	1
10	$N_2P_2K_3$	2	2	3
11	$N_3P_2K_2$	3	2	2
12	$N_1P_1K_2$	1	1	2
13	$N_1P_2K_1$	1	2	1
14	$N_2P_1K_1$	2	1	1

试验氮、磷、钾某一个或两个养分的效应，或因其他原因无法实施"3414"完全实施方案，可在"3414"方案中选择相关处理，即"3414"部分实施方案。这样既保证了测土配方施肥田间试验总体设计的完整性，又考虑到不同区域土壤养分特点和不同试验目的要求，可满足不同层次的需要。如有些区域重点要试验氮、磷效果，可在 K_2 作底肥的基础上进行氮、磷二元肥料效应试验，但应设置 3 次重复。具体处理要与"3414"方案处理编号对应(见表 10-2)。

表 10-2 氮、磷二元二次肥料试验设计与"3414"方案处理编号对应表

试验编号	处 理	N	P	K
1	$N_0P_0K_0$	0	0	0
2	$N_0P_2K_2$	0	2	2

续表

试验编号	处　理	N	P	K
3	$N_1P_2K_2$	1	2	2
4	$N_2P_0K_2$	2	0	2
5	$N_2P_1K_2$	2	1	2
6	$N_2P_2K_2$	2	2	2
7	$N_2P_3K_2$	2	3	2
8	$N_3P_2K_2$	3	2	2
9	$N_1P_1K_2$	1	1	2

上述方案也可分别建立氮、磷一元效应方程。

在肥料试验中，为了取得土壤养分供应量、作物吸收养分量、土壤养分丰缺指标等参数，一般把试验设计为 5 个处理：空白对照（CK）、无氮区（PK）、无磷区（NK）、无钾区（NP）和氮磷钾区（NPK）。这 5 个处理分别是“3414”完全实施方案中的处理 1、2、4、8 和 6（见表 10-3）。如果试验有机肥的效应，可增加有机肥处理区；如果试验某中（微）量元素的效应，在 N、P、K 基础上，进行加与不加该中（微）量元素的比较。试验要求测试土壤养分和植株养分含量，进行考种和计产。试验设计中，氮、磷、钾、有机肥等用量接近效应肥料函数计算的最高产量施肥量或用其他方法推荐的合理用量。

表 10-3　　常规 5 个处理试验设计与“3414”方案处理编号对应表

“3414”方案	处理编号	处　理	N	P	K
空白对照	1	$N_0P_0K_0$	0	0	0
无氮区	2	$N_0P_2K_2$	0	2	2
无磷区	4	$N_2P_0K_2$	2	0	2
无钾区	8	$N_2P_2K_0$	2	2	0
氮磷钾区	6	$N_2P_2K_2$	2	2	2

自项目施肥以来，已经在小麦、玉米两种主要粮食作物上完成了“3414”田间肥效试验 17 处、肥效校验试验 25 处。

二、建立测土配方施肥指标体系的准备工作

（一）“3414”试验中第二个水平的确立

采用“3414”试验，其第二个水平的确定非常重要。如果第二个水平太低，则可能造成肥料效应方程出现外推的情况（最佳施肥量超出第三水平）；如果第二个水平太高，就会造成施肥水平远离最佳施肥量，不能反映最佳施肥量的情况。昌邑市在确定试验的第二水平时，参考了近年来的田间试验结果，根据试验田可能获得的目标产量来设计第二个水平。

(二)氮肥基追比例

昌邑市的小麦、玉米磷肥、钾肥基本上全作为基肥或追肥一次性施用。在氮肥施用上,习惯上将小麦、玉米的基肥和追肥按各占50%的比例来分配,还有少部分农户采用"一炮轰"的施肥模式。现代施肥理念是土壤肥料中的氮素供应水平应与作物各时期对氮素的需求同步,以提高氮肥的利用率。

近年来,由于昌邑市耕地的土壤肥力和栽培制度已经发生了较大的变化,要使测土配方施肥试验能够指导大田生产,对传统的基肥和追肥比例进行修整是十分必要的。为此,针对基肥和追肥比例问题专门安排了试验进行确定。

(三)重复的设置

由于"3414"完全试验占用耕地面积较大,安排重复比较困难。因此,"3414"完全试验设两次重复。"3414"部分实施试验(一般为6个处理)设置三次重复。肥效校验试验每个处理面积都在667m^2以上,不设置重复。

(四)试验地块的选择

在试验地块的选择上,注意了随机性和代表性。按照高、中、低产田大体上各占1/3的比例,选择平坦、整齐、肥力均匀、具有代表性的不同肥力水平的地块。试验地避开了靠近道路、堆肥、渠道等场所的特殊地块,同时兼顾了交通便利和农户的科技水平,达到了既保证试验的准确率和代表性,同时又使试验起到典型示范的作用。

(五)基础采样

肥料试验的基础采样是试验成功的基础。为此,昌邑市的所有试验都采用基础采样,每个试验点的土壤样品都由15个取土点混合组成,化验试验地块土壤养分含量,包括有机质、碱解氮、有效磷、速效钾、中微量元素、pH等土壤理化性状,同时进行植株营养诊断和测定。为保证试验的完整和准确,对试验的基础样品都保留了副样,以备复查时检验试验的正确性。

第二节 土壤丰缺指标、施肥参数和最佳施肥量的确定

"3414"试验结果资料的统计分析主要内容包括回归分析、方差分析、施肥参数计算等。

回归分析主要是通过建立产量与施肥量之间的二次回归方程,寻找某个养分的最佳施肥量。

方差分析是通过F检验与多重比较,判断回归模式的回归效果。

施肥参数计算主要包括肥料利用率、土壤养分校正系数、作物养分需要量、土壤养分丰缺指标等施肥参数的计算,目的是为了获取构建区域性测土配方施肥信息系统需要的有关参数。

一、施肥参数计算

(一)丰缺指标的获取

1.将某一较大的生态区域内的所有田间试验按土壤类型进行分类汇总,对某一特定

作物，至少进行 30 个点的“3414”完全试验或部分实施田间试验。

2. 计算各试验中缺氮、磷、钾的相对产量。

根据缺素区产量与试验设计中的最佳施肥水平下的产量，相比较计算相对产量，对“3414”试验而言：

缺氮的相对产量＝[处理 2($N_0P_2K_2$)产量/处理 6($N_2P_2K_2$)产量]×100%

缺磷的相对产量＝[处理 4($N_2P_0K_2$)产量/处理 6($N_2P_2K_2$)产量]×100%

缺钾的相对产量＝[处理 8($N_2P_2K_0$)产量/处理 6($N_2P_2K_2$)产量]×100%

3. 将每处试验的相对产量与土壤养分测定值配对。

4. 选择回归模型，对配对数据进行回归分析，建立两者的函数关系。常用模型为 $y=a+b\ln x$ 或 $y=x/(ax+b)$，模型选定通常以相关系数大小为依据。

5. 利用函数计算相对产量分别为 50%、70%、90%、95%时对应的土壤养分值。

6. 依据土壤养分的分级评价标准(见表 10-4)，建立土壤养分丰缺指标。

表 10-4　　土壤养分的分级评价标准

相对产量(%)	<50	50～70	70～90	90～95	>95
评价	极低	低	中	高	极高

(二)试验参数的计算方法

1. 目标产量

可采用平均单产法来确定。平均单产法是利用施肥区前三年平均单产和年递增率为基础来确定目标产量，其计算公式为：

目标产量(kg/hm^2)＝(1＋递增率)×前三年平均单产(kg/hm^2)

昌邑市作物产量的递增率确定为 10%。

2. 作物需肥量

通过对正常成熟的农作物全株养分的分析，测定各种作物 100kg 经济产量所需养分量，乘以目标产量即可获得作物需肥量。

作物目标产量所需养分量(kg)＝[目标产量(kg)/100]×100 kg 经济产量所需养分量

3. 肥料利用率

肥料利用率(%)＝[(施肥区作物吸收的养分量－不施肥区农作物吸收的养分量)/肥料养分量]×100%

4. 土壤养分供给量

土壤养分供给量(kg)＝土壤养分测定值×0.15×校正系数

土壤养分测定值以 mg/kg 表示，0.15 为该养分在每亩按 150 吨耕层土中换算成 $kg/667m^2$ 的系数。

校正系数(%)＝[缺素区作物地上部分吸收该元素量(kg)/该元素土壤测定值(mg/kg)]×0.15

5. 土壤养分利用系数

土壤养分利用系数＝(不施肥区农作物某养分吸收量/土壤养分测定值)×0.15

6. 地力产量贡献率

地力产量贡献率(%)=(无肥区产量/习惯施肥区产量)×100%

7. 肥料产量贡献率

肥料产量贡献率(%)=[(施肥区产量-无肥区产量)/施肥区产量]×100%

8. 平衡施肥潜在增产潜力

平衡施肥潜在增产率(%)=[(平衡施肥处理产量-习惯施肥区产量)/习惯施肥区产量]×100%

9. 平衡施肥的纯效益

平衡施肥的产出增加值=(平衡施肥处理产量-习惯施肥对照产量)×农产品单位价格

平衡施肥的纯效益增加值=平衡施肥的产出增加值+平衡施肥的肥料节本值

计算施肥参数时,按试验地地力水平将各试验点归类,分别计算高、中、低肥力所有试验点施肥参数的平均值。

二、适宜施肥量分析

不同生产条件下的适宜施肥量主要以"3414"试验结果资料的回归分析来获取,主要是建立产量与施肥量之间的二次回归方程,然后通过方程确定最大施肥量与最佳施肥量,根据施肥量预测产量。运用"3414"完全实施方案的14个处理,建立N、P、K三个因素与产量的三元二次效应方程;部分实施方案(选择完全施肥方案的部分处理)可建立某一个或某两个因素与产量的一元二次或二元二次效应方程。

(一)三元二次肥料效应回归分析

标准的"3414"试验的三元二次方程为:

$$y=b_0+b_1x_1+b_2x_2+b_3x_3+b_4x_{12}+b_5x_{22}+b_6x_{32}+b_7x_1x_2+b_8x_1x_3+b_9x_2x_3$$

最高施肥量自变量 $x_j(j=1,2,3\cdots)$ 的边际效应等于0。

$$b_1+2b_4x_1+b_7x_2+b_8x_3=0$$

$$b_2+2b_5x_2+b_7x_1+b_9x_2=0$$

$$b_3+2b_6x_{32}+b_8x_1+b_9x_2=0$$

求解上述方程组,获取最高施肥量 $x_{1,2,3}$。

最佳施肥量自变量 $x_j(j=1,2,3\cdots)$ 的边际效应等于肥料价格与产出品价格之比。

$$b_1+2b_4x_1+b_7x_2+b_8x_3=Px_1/Py$$

$$b_2+2b_5x_2+b_7x_1+b_9x_2=Px_2/Py$$

$$b_3+2b_6x_{32}+b_8x_1+b_9x_2=Px_3/Py$$

求解上述方程组,获取最佳施肥量 $x_{1,2,3}$。

本书试验数据统计分析计算采用现成的计算机软件来完成,包括利用中国肥料信息网等网络工具进行运算和利用Excel进行计算。

(二)一元二次肥料效应回归分析(以磷、钾为例)

首先逐点计算每处试验条件下的适宜施肥量,利用方案中 $N_2P_0K_2$ $N_2P_1K_2$ $N_2P_2K_2$ $N_2P_3K_2$($N_2P_2K_0$ $N_2P_2K_1$ $N_2P_2K_2$ $N_2P_2K_3$)4个处理,分析最佳施磷(钾)量,分析方法为:

步骤 1:通过散点图观察产量随施肥量的变化,如无规律,则暂时按该点不需施肥处理。

步骤 2:简单计算不同处理产量的差异。如不超过 5%,则视为该点不需施肥。最佳施肥量为零。如施肥处理与不施肥处理产量的差异超过 5%,但施肥处理间产量差异不超过 5%,则最佳施肥量为最低设计施肥水平。

步骤 3:如产量变化有规律,则进行一元回归分析。回归方法:一是 Excel 散点图添加趋势线法,二是 Excel 回归计算法。

步骤 4:用回归方程计算最佳施肥量。

利用极值原理,计算最大施肥量:

$$\frac{\partial x}{\partial n}=0 \quad \frac{\partial y}{\partial p}=0 \quad \frac{\partial y}{\partial k}=0$$

利用极值原理,计算最佳施肥量:

$$\frac{\partial y}{\partial n}=\frac{p_n}{p_y} \quad \frac{\partial y}{\partial p}=\frac{p_p}{p_y} \quad \frac{\partial y}{\partial k}=\frac{p_k}{p_y}$$

以小麦为例,氮、钾水平下,回归方程 $y=453.458894+5.707990x_1-0.179665x_{12}$,由些方程计算得:在氮、钾水平下,磷肥最大施肥量为 15.886kg/667m²,最佳施肥量为 8.163 kg/667m²。

(三)不同生产条件下的适宜施肥量分析

1. 计算不同产量水平下的最佳施肥量。将试验点按高、中、低产量水平分类,统计计算每一产量水平所有试验点最佳施肥量的变幅和平均值。

2. 计算不同土壤养分等级情况下的最佳施肥量。将试验点按土壤养分等级分类,统计计算每一土壤养分等级内所有试验点最佳施肥量的变幅和平均值。

土壤养分等级分级标准:按某作物的丰缺指标分析结果分级。

第三节　小麦测土配方施肥指标体系

一、小麦主要施肥参数的分析计算

(一)小麦 100kg 籽粒吸收量

小麦 100kg 籽粒吸收养分量参数(见表 10-5)的获得,主要结合试验田植株全量养分(全氮、全磷、全钾)分析进行。在各类试验示范田(包括“3414”完全实施试验、“3414”部分实施试验、肥效校验试验)中采集的植株样品进行化验,通过计算得到每生产 100kg 籽粒吸收养分的总量。

表 10-5　每生产 100 kg 小麦籽粒所需养分量

小麦产量	元　素	N	P_2O_5	K_2O
400kg/667m²	吸收量(kg)	2.86	0.95	2.92
	比例(%)	3.01	1	3.07

续表

小麦产量	元　素	N	P_2O_5	K_2O
500 kg/667m²	吸收量(kg)	2.98	0.97	2.93
	比例(%)	3.07	1	3.02
600 kg/667m²	吸收量(kg)	3.06	1.03	3.08
	比例(%)	2.97	1	2.99

(二)土壤养分利用系数

通过对肥效小区试验的土壤养分利用系数的汇总分析，得出土壤养分利用系数计算分析结果：土壤碱解氮平均利用系数为68.3%、有效磷平均利用系数为58.1%、速效钾平均利用系数为48.9%(见表10-6)。

表10-6　小麦土壤养分利用系数

产量分级	产量水平(kg/667m²)	碱解氮(%)	有效磷(%)	速效钾(%)
高	>500	71.2	63.8	56.3
中	400～500	65.4	52.4	41.5
平均		68.3	58.1	48.9

(三)肥料利用率

通过对肥效小区试验的肥料利用率的汇总分析，得出肥料利用率计算分析结果：氮肥平均利用率为28.5%、磷肥的平均利用率为15.8%、钾肥的平均利用率为38.4%(见表10-7)。

表10-7　小麦不同产量水平肥料利用率

产量分级	产量水平(kg/667m²)	氮素(%)	磷素(%)	钾素(%)
高	>500	30.6	16.1	41.2
中	400～500	26.4	15.5	35.6
平均		28.5	15.8	38.4

二、小麦测土配方施肥丰缺指标

(一)土壤氮素丰缺指标及氮肥推荐用量

根据试验结果和昌邑市农田养分的实际情况，将麦田土壤肥力等级划分为5个等级，即极高、高、中、低、极低。土壤供氮等级越高，相对产量越高，氮肥推荐用量越低。如处于供氮极高等级的麦田，相对产量高于95%，土壤碱解氮含量高于150mg/kg，氮肥推荐用量为10kg/667m²。处于供氮极低等级的麦田，相对产量低于50%，土壤碱解氮含量低于45mg/kg，氮肥推荐用量为18 kg/667m²。处于供氮中等级的麦田，相对产量为75%～90%，土壤碱解氮含量为70～100mg/kg，氮肥推荐用量为13～15 kg/667m²(见表10-8)。

表10-8 小麦土壤碱解氮丰缺指标及氮肥推荐用量

肥力等级	相对产量(%)	碱解氮含量(mg/kg)	氮肥推荐用(Nkg/667m²)
极高	＞95	＞150	10
高	90～95	100～150	10～13
中	75～90	70～100	13～15
低	50～75	45～70	15～17
极低	＜50	＜45	18

(二)土壤磷素丰缺指标及磷肥推荐用量

麦田有效磷含量等级划分与土壤氮素一样，划分为5个等级，即极高、高、中、低、极低。土壤供磷等级越高，相对产量越高，磷肥推荐用量越低。如处于供磷极高等级的麦田，相对产量高于95%，土壤有效磷含量高于60mg/kg，磷肥推荐用量为0～2kg/667m²。处于供磷极低等级的麦田，相对产量低于50%，土壤有效磷含量低于10mg/kg，磷肥推荐用量为10～12kg/667m²。处于供磷中等级的麦田，相对产量为75%～90%，土壤有效磷含量为20～40mg/kg，磷肥推荐用量为6～8 kg/667m²(见表10-9)。

表10-9 小麦土壤有效磷丰缺指标及磷肥推荐用量

肥力等级	相对产量(%)	有效磷含量(mg/kg)	磷肥推荐用量(P_2O_5 kg/667m²)
极高	＞95	＞60	0～2
高	90～95	40～60	4～6
中	75～90	20～40	6～8
低	50～75	10～20	8～10
极低	＜50	＜10	10～12

(三)土壤钾素丰缺指标及钾肥推荐用量

麦田速效钾含量等级按照昌邑市农田养分的实际情况也划分为5个等级，即极高、高、中、低、极低。土壤供钾等级越高，相对产量越高，钾肥推荐用量越低。如处于供钾极高等级的麦田，相对产量高于95%，土壤速效钾含量高于200mg/kg，建议不施钾肥。处于供钾极低等级的麦田，相对产量低于50%，土壤速效钾含量低于70mg/kg，钾肥推荐用量为12～15kg/667m²。处于供钾中等级的麦田，相对产量为75%～90%，土壤速效钾含量为100～150mg/kg，钾肥推荐用量为4～8 kg/667m²(见表10-10)。

表 10-10　　小麦土壤速效钾丰缺指标及钾肥推荐用量

肥力等级	相对产量(%)	速效钾含量(mg/kg)	钾肥推荐用量(K_2O kg /667m^2)
极高	>95	>200	0
高	90～95	150～200	0～2
中	75～90	100～150	4～8
低	50～75	70～100	8～12
极低	<50	<70	12～15

三、基肥和追肥比例

为了确定小麦氮肥基肥和追肥的比例，安排了小麦氮肥不同基肥、追肥比例试验，试验处理为 N 15kg/667m^2、P_2O_5 7.5kg/667m^2、K_2O 7.5kg/667m^2，磷肥、钾肥全部基施，氮肥的基肥比例分别设置为 70%、60%、50%、40%、30%(见表 10-11)。

表 10-11　　小麦氮肥基肥、追肥比例试验结果

基肥比例	产量水平(kg/667m^2)		
	高产田	中产田	低产田
70%	545.7	431.2	343.8
60%	590.3	481.4	374.7
50%	595.6	504.6	353.4
40%	617.8	478.9	335.3
30%	605.5	445.7	326.7

试验结果显示，高产水平麦田中，基追比为 4∶6，40%的氮肥作基肥，60%的氮肥用于春季追肥，施用时间适当后移；中产水平麦田中，基肥、追肥各占 50%；低产水平麦田中，基追比为 6∶4，基肥要占到总施氮量的 60%(见表 10-12)。

表 10-12　　土壤肥力分级与小麦氮肥基追比例的参考方案

土壤肥力	全氮含量(g/kg)	小麦产量水平(kg/667m^2)	基肥比例(%)	追肥比例(%)
低	<0.5	<400	60	40
中	0.5～1	400～500	50	50
高	>1	>500	40	60

四、小麦最佳施肥量分析

（一）磷最佳施肥量

根据小麦试验计算出最佳施肥量。将试验点按土壤磷素的丰缺指标和小麦不同产量水平分类汇总，统计出土壤磷素不同含量水平下最佳施肥量的平均值（见表10-13）和小麦不同产量水平（指试验中缺磷素处理区）最佳施肥量的平均值（见表10-14）。

表10-13 小麦不同磷素含量水平磷的最佳施肥量

分级标准	极低	低	中	较高	高
相对产量（%）	<50	50～75	75～90	90～95	>95
土壤磷素含量（mg/kg）	<10	10～20	20～40	40～60	>60
施肥量（P_2O_5 kg/667m^2）	5.5	6.2	6.9	4.8	2.4

表10-14 小麦不同产量水平磷的最佳施肥量

产量水平	低产	中产	高产
产量（kg/667m^2）	<400	400～500	>500
施肥量（P_2O_5 kg/667m^2）	5.5	6.3	4.1

（二）钾最佳施肥量

根据小麦试验计算出最佳施肥量。将试验点按土壤钾素的丰缺指标和小麦不同产量水平分类汇总，统计出土壤钾素不同含量水平下最佳施肥量的平均值（见表10-15）和小麦不同产量水平（指试验中缺钾素处理区）最佳施肥量的平均值（见表10-16）。

表10-15 小麦不同钾素含量水平钾的最佳施肥量

分级标准	极低	低	中	较高	高
相对产量（%）	<50	50～75	75～90	90～95	>95
土壤钾素含量（mg/kg）	<70	70～100	100～150	150～200	>200
施肥量（K_2O kg/667m^2）	3.9	4.1	4.8	2.5	1.2

表10-16 小麦不同产量水平钾的最佳施肥量

产量水平	低产	中产	高产
产量（kg/667m^2）	<400	400～500	>500
施肥量（K_2O kg/667m^2）	4.5	4.9	3.6

第四节　玉米测土配方施肥指标体系

一、玉米主要施肥参数的分析计算

(一)玉米 100 kg 籽粒吸收养分量

通过对玉米肥料试验植株样品全量养分(全氮、全磷、全钾)进行化验、分析,计算得到每生产 100kg 籽粒吸收的养分总量(见表 10-17)。

表 10-17　　昌邑市每生产 100 kg 玉米籽粒所需养分量表

玉米产量	元素	N	P_2O_5	K_2O
$400kg/667m^2$	吸收量(kg)	2.75	0.94	2.38
	比例(%)	2.93	1	2.53
$500kg/667m^2$	吸收量(kg)	2.83	0.96	2.47
	比例(%)	2.95	1	2.57
$600kg/667m^2$	吸收量(kg)	2.87	0.96	2.49
	比例(%)	2.99	1	2.59

(二)土壤养分利用系数

通过对肥效小区试验的土壤养分利用系数的汇总分析,玉米田土壤养分利用系数平均为:碱解氮 77.4%、有效磷 64.1%、速效钾 44.9%(见表 10-18)。

表 10-18　　玉米土壤养分利用系数

玉米田类型	产量水平($kg/667m^2$)	碱解氮(%)	有效磷(%)	速效钾(%)
高产田	＞550	78.3	65.8	47.3
中产田	400～550	76.5	62.4	42.5
平均		77.4	64.1	44.9

(三)肥料利用率

通过对肥效小区试验的肥料利用率的汇总分析,玉米田肥料利用率计算分析结果如表 10-19 所示,氮肥利用率平均为 30.5%,磷肥利用率平均为 20.7%,钾肥利用率平均为 41.8%。

表 10-19　　不同产量水平玉米田肥料利用率

玉米田类型	产量水平($kg/667m^2$)	氮肥利用率(%)	磷肥利用率(%)	钾肥利用率(%)
高产田	＞550	31.2	21.7	42.7
中产田	400～550	29.8	19.6	40.8
平均		30.5	20.7	41.8

二、玉米测土配方施肥丰缺指标

(一)土壤氮丰缺指标及氮肥推荐用量

玉米氮含量等级按照农田养分的实际情况划分为5个等级，即极高、高、中、低、极低。土壤供氮等级越高，相对产量越高，氮肥推荐用量越低。如处于供氮极高等级的玉米田，相对产量高于95%，土壤碱解氮含量高于150mg/kg，氮肥推荐用量为10kg/667m^2。处于供氮极低等级的玉米田，相对产量低于50%，土壤碱解氮含量低于45mg/kg，氮肥推荐用量为16～18kg/667m^2。处于供氮中等级的玉米田，相对产量为75%～90%，土壤碱解氮含量70～100mg/kg，氮肥推荐用量为12～15kg/667m^2(见表10-20)。

表10-20　玉米土壤碱解氮丰缺指标及氮肥推荐用量

肥力等级	相对产量(%)	碱解氮含量(mg/kg)	氮肥推荐用量(N kg/667m^2)
极高	>95	>150	10
高	90～95	100～150	10～12
中	75～90	70～100	12～15
低	50～75	45～70	14～16
极低	<50	<45	16～18

(二)土壤磷丰缺指标及磷肥推荐用量

玉米田土壤有效磷等级按照农田养分的实际情况划分为5个等级，即极高、高、中、低、极低。土壤供磷等级越高，相对产量越高，磷肥推荐用量越低。处于供磷极高等级的玉米田，相对产量高于95%，土壤有效磷含量高于60mg/kg，磷肥推荐用量为1～3kg/667m^2。处于供磷极低等级的玉米田，相对产量低于50%，土壤有效磷含量低于10mg/kg，磷肥推荐用量为10～12kg/667m^2。处于供磷中等级的玉米田，相对产量为75%～90%，土壤有效磷含量为20～40mg/kg，磷肥推荐用量为6～8kg/667m^2(见表10-21)。

表10-21　玉米土壤有效磷丰缺指标及磷肥推荐用量

肥力等级	相对产量(%)	有效磷含量(mg/kg)	磷肥推荐用量(P_2O_5 kg/667m^2)
极高	>95	>60	1～3
高	90～95	40～60	4～6
中	75～90	20～40	6～8
低	50～75	10～20	8～10
极低	<50	<10	10～12

(三)土壤钾丰缺指标及钾肥推荐用量

玉米田土壤钾肥力等级按农田养分的实际情况划分为5个等级，即极高、高、中、低、极低。土壤供钾等级越高，相对产量越高，钾肥推荐用量越低。处于供钾极高等级的玉米田，相对产量高于95%，土壤速效钾含量高于200mg/kg，可以不施钾肥。处于供钾极低等级的玉米田，相对产量低于50%，土壤速效钾含量低于70mg/kg，钾肥推荐用量为12～15kg/667m^2。处于供钾中等级的玉米田，相对产量为75%～90%，土壤速效钾含量为100～150mg/kg，钾肥推荐用量为4～8kg/667m^2(见表10-22)。

表10-22　　玉米土壤速效钾丰缺指标及钾肥推荐用量

肥力等级	相对产量(%)	速效钾含量(mg/kg)	钾肥推荐用量(K_2O kg/667m^2)
极高	>95	>200	0
高	90～95	150～200	0～2
中	75～90	100～150	4～8
低	50～75	70～100	8～12
极低	<50	<70	12～15

三、玉米最佳施肥量分析

(一)磷最佳施肥量

根据玉米试验计算出最佳施肥量，将各试验点按土壤磷素的丰缺指标和玉米不同产量水平分类汇总，统计出土壤磷素不同含量水平下最佳施肥量的平均值(见表10-23)和玉米不同产量水平(指试验中缺磷素处理区)最佳施肥量的平均值(见表10-24)。

表10-23　　玉米不同磷素含量水平磷的最佳施肥量

分级标准	极低	低	中	较高	高
相对产量(%)	<50	50～75	75～90	90～95	>95
土壤磷素含量(mg/kg)	<10	10～20	20～40	40～60	>60
施肥量(P_2O_5 kg/667m^2)	5.2	6.1	6.9	5.5	0

表10-24　　玉米不同产量水平磷的最佳施肥量

产量水平	低产	中产	高产
产量(kg/667m^2)	<400	400～550	>550
施肥量(P_2O_5 kg/667m^2)	5.3	6.5	4.9

(二)钾最佳施肥量

根据玉米试验计算出最佳施肥量，将试验点按土壤钾素的丰缺指标和玉米不同产量水平分类汇总，统计出土壤钾素不同含量水平下最佳施肥量的平均值(见表10-25)和玉米不同产量水平(指试验中缺钾素处理区)最佳施肥量的平均值(见表10-26)。

表 10-25　玉米不同钾素含量水平钾的最佳施肥量

分级标准	极低	低	中	较高	高
相对产量(%)	<50	50～75	75～90	90～95	>95
土壤钾素含量(mg/kg)	<70	70～100	100～150	150～200	>200
施肥量(K_2O kg/667m^2)	4.1	4.2	5.5	2.1	0

表 10-26　玉米不同产量水平钾的最佳施肥量

产量水平	低产	中产	高产
产量(kg/667m^2)	<400	400～550	>550
施肥量(K_2O kg/667m^2)	4.9	5.2	3.5

第五节　农田土壤营养元素分级指标体系

综合前面几节所述，针对昌邑市小麦、玉米田土壤碱解氮、有效磷、速效钾的丰缺指标，提出了昌邑市农田种植粮食作物时地力评价指标，以供使用(见表 10-27)。

表 10-27　昌邑市农田地力评价指标

项　目	丰富	中	低	缺乏
有机质(g/kg)	>20	12～20	8～12	<8
碱解氮(mg/kg)	>110	80～110	50～80	<50
速效磷(mg/kg)	>40	20～40	10～20	<10
速效钾(mg/kg)	>120	80～120	60～80	<60

一般情况下，作物需要的微量元素主要来自于土壤，微量元素的种类主要有铁、锰、铜、硼、锌、钼和氯。昌邑市土壤所含的微量元素极不平衡，铜、铁、锰和氯丰富或较为丰富，而硼、锌、钼则普遍缺乏，多在临界值以下(硼、锌、钼临界值分别为 0.5mg/kg、1mg/kg、0.15 mg/kg)(见表 10-28)。

表 10-28　农田微量元素地力评价指标

项　目	丰富	中	低	缺乏
有效硼(mg/kg)	>2	2～1	1～0.5	<0.5
有效锌(mg/kg)	>3	3～2	2～1	<1
有效钼(mg/kg)	>0.25	0.25～0.2	0.2～0.15	<0.15

续表

项　目	丰富	中	低	缺乏
有效铁(mg/kg)	＞20	20～10	10～5	＜5
有效锰(mg/kg)	＞30	30～15	15～5	＜5
有效铜(mg/kg)	＞2	2～1	1～0.5	＜0.5

不同作物对微量元素的吸收量虽有差异，但整体差别不大。所以，该农田微量元素地力评价指标不仅适用于小麦、玉米等粮食作物，也可以在果品、蔬菜生产中借鉴参考。

第十一章　测土配方施肥配方设计与技术应用

确定科学合理的肥料配方是测土配方施肥工作的重要环节，也是测土配方施肥技术的具体体现。将田间土壤样品测定的大量数据进行优化，按照不同地区养分分布的特点和作物对养分的吸收规律，设计出适宜区域作物的肥料配方，并结合测土配方施肥技术指标体系进行区域配肥，将配方肥应用到农田是测土配方施肥的最终目的。近年来，随着计算机技术和信息技术的快速发展和广泛应用，施肥配方趋向系列化、多样化，灵活性、适应性、可操作性更强，区域配肥与推荐施肥技术在生产中发挥出更大的作用。

第一节　肥料配方设计的基本环节

在运用全球卫星定位系统进行土壤采样与测试的基础上，综合考虑行政区划、土壤类型、土壤质地、气象条件、种植结构、作物需肥规律等因素，借助信息技术生成区域性土壤养分空间变异图和县域施肥分区，优化设计不同分区的肥料配方。

一、GPS 定位指导下的土壤样品采集

土壤样品采集要使用 GPS 定位，采样点的空间分布应相对均匀，大约每 6.67 hm^2 采集一个土壤样品，先在土壤图上大致确定采样位置，然后在标记位置附近采集多点混合土样。

（一）区域土壤采样点的确定

根据研究区域的地形，设计区域采样点的布置方法；根据研究区域面积和拟采样点数目，设置取样间距。昌邑市地貌类型复杂，点位的代表性差，合理布点尤为重要。根据土壤类型、土壤母质类型、作物种类、种植方式等，在全市 1∶50000 的土壤图上，按照土种分布、点位空间距离进行了详细、认真地布点。区域土壤采样点的布置和采样点数目决定了 GIS 分析的精确度，是整项工作的基础。根据全市的地形条件精确研究区域的采样点位置和采样数目，涉及了全市所有的行政村。

（二）田间采样

采样点位置确定后，采样是否具有代表性也是决定分析结果的关键因素之一。利用 GPS 记录采样点的地理坐标，每个样点以坐标点为圆心，采集不少于 15 个点位，混合为 1 个基础农化。土样采样深度：粮田为 0～20cm，果园为 0～40cm。

二、土壤测试与土壤养分空间数据库的建立

将土样带回化验室中风干测定土壤养分，土壤养分含量的测定应该按规范的标准步骤进行，一个点的土壤养分含量的差异可能会导致整个区域土壤养分图出现偏差。为了保证数据录入工作的准确性，由专人负责，测定一批及时录入电脑，规范的数据录入能有效地提高工作效率和减少返工的概率。将土壤养分的测定值保存在 Excel 表中。

土壤样品及时处理化验后，将土壤测试数据和空间位置建立对应关系，形成空间数据库，以便于能在 GIS 中进行分析。

三、土壤养分分区图的制作

基于区域土壤养分分级指标，以地理信息系统为操作平台，使用 KRIGING 等方法进行土壤养分空间插值，制作土壤养分分区图。

(一)地理信息系统

地理信息系统是 20 世纪 60 年代开始迅速发展起来的地理学研究新技术，是多学科交叉的产物。地理信息系统的定义是由两个部分组成的：一方面，地理信息系统是一门科学，是描述、存储、分析和输出空间信息的理论和方法的一门新兴交叉学科；另一方面，地理信息系统是一个技术系统，是以地理空间数据库为基础，采用地理模型分析方法，适时提供多种空间的动态地理信息，为地理研究和地理决策服务的计算机技术系统。其基本特点是以图层的形式储存各类空间数据，不同的图层相互叠加形成完整的地理地图。

(二)土壤养分图的制作

对于土壤有机质、氮、磷、钾、锌、硼、钼等养分数据，首先按照野外实际调查点进行整理，建立了以各养分为字段、以调查点为记录的数据库。之后，进行了土壤采样样点图与分析数据库的连接，在此基础上对各养分数据进行自动的插值处理。

在测土配方施肥工作中，土壤养分图的用途主要是为了直接服务于区域配肥。因此，土壤养分的分级应以土壤养分丰缺指标为依据，不需要为了突出空间变异而划分过多等级。

四、分区配方制定与施肥推荐

根据土壤养分的空间分布特点，结合作物养分需求规律以及施肥决策系统，生成县域施肥分区图和分区域的肥料配方。设计配方时，应掌握四条技术原则。

(一)区域氮素总量控制与分期调控

土壤氮素具有总体稳定和局部变异的双重特点。依据前者，可将一定区域范围内作物全生育期氮肥施用总量控制在一个合理的范围内；依据后者，可以在这个范围的基础上，根据作物氮素吸收规律，对不同生育期的氮肥用量进行分配。结合已有的研究结果，可以从三个方面来实现区域氮素的总量控制、分期调控：一是通过长期定位试验和多年多点的分散肥料试验的汇总，确定一定区域范围内作物平均施氮量。例如，昌邑市多年多点肥料试验表明，对于中等供氮土壤，小麦—玉米轮作体系每季作物氮肥用量应控制在 10～15 kgN/667m^2，如果在小麦播种时和拔节期两次施氮，基追比例应为 1∶1，如果在小麦播种、返青和拔节三次施氮，基追比例应为 1∶1∶2。二是通过一定区域农田生态系统氮

素平衡来确定作物氮肥供应总量。对于农田生态系统来说，氮素的输入项主要包括化肥、有机肥（包括秸秆还田）、环境氮素（包括大气沉降、灌溉水、生物固氮等）、种子及秧苗带入的氮素，氮素的输出主要包括收获作物带走的氮素和氮素损失量两部分，其中氮素损失又包括氮素淋洗、铵挥发和硝化反硝化损失等。三是通过作物目标产量和氮素吸收总量确定一定区域内氮素施用总量。对于昌邑市来说，形成100kg籽粒小麦吸收需氮量的变化范围为2.86～3.06kgN/667m^2。对于目标产量为400～600kg/667m^{2}的小麦籽粒产量来说，氮肥施用总量应控制在10～16 kgN/667m^2，该方法获取的区域氮肥施用总量略低于根据试验汇总的区域氮肥施用总量。

（二）区域磷、钾恒量监控

与土壤氮素变异特征不同，土壤磷、钾具有连续变异的特点，这一变异的大小和方向由磷肥施用量和作物需求量之间的动态平衡决定。因此，可以根据一定区域范围内土壤有效磷、速效钾的测试值和作物多年施肥的反应，确定较长时段（一般为3～5年）磷、钾的相对恒定用量，将作物根层土壤有效磷、速效钾水平构建或保持在一个适宜的水平上，该水平既可以满足高产优质作物对磷、钾供应的需求，又避免过量投入造成的资源浪费。具体来讲，当土壤有效磷、速效钾处于较低水平时，区域磷、钾管理的目标除增加作物产量外，还应稳步提高土壤有效磷、速效钾的水平，故磷肥、钾肥用量要投入大于产出；当土壤有效磷、速效钾处于适宜水平时，区域磷、钾管理的目标应是增加作物产量、维持土壤有效磷、速效钾水平，故磷肥、钾肥用量投入等于产出；当作物根层土壤有效磷、速效钾处于较高水平时，区域磷、钾管理的目标应控制磷、钾肥用量，逐年降低土壤有效磷、有效钾含量，直至适宜水平，故磷肥、钾肥用量投入小于产出。

在农业生产中，磷肥、钾肥一般作为基肥一次性施入，磷、钾分期调控主要考虑轮作周期内磷、钾分配比例。在区域磷、钾分期调控中，不能仅仅考虑小麦或玉米当季作物，而应将小麦—玉米轮作周期的磷、钾通盘考虑，统一运筹。小麦对磷敏感，可2/3左右磷肥用在小麦上，1/3左右磷肥用在玉米上；钾则相反，可将40%左右钾肥用在小麦上，60%左右钾肥用在玉米上。

（三）区域微量元素的因缺补施

昌邑市土壤大都存在某种或几种微量元素缺乏问题。微量元素施肥原则与大量元素不同，在确定了土壤丰缺临界值的基础上，一般微肥用量相对固定。因此，可以通过土壤测试或田间缺素试验确定区域土壤的微量元素缺乏程度。

（四）区域增施有机肥

有机肥是重要的农业资源，在培肥地力、改善作物品质、提高农产品国际竞争力等方面具有重要作用，也是无公害农业和有机农业生产中不可缺少的肥源。20世纪80年代以来，由于昌邑市农业的迅速发展，化肥的需求量急剧增加，有机肥的施用量相对降低，在农业生产中出现了“重无机肥、轻有机肥”的现象，从而导致环境污染、农产品品质和耕地质量逐渐下降等一系列问题。充分合理利用有机肥不仅能增加作物产量，培肥地力，改善作物品质，提高土壤养分的有效性，防治环境污染，而且对于农业的可持续发展也有重要的意义。近年来，通过农业部开展的沃土工程，在全市实施测土配方施肥项目，坚持走“有机肥与无机肥相结合”的路子，农业耕地土壤有机质含量在逐年增加。采取的主要措施：一是增施有机肥，包括腐熟好的农家肥和商品有机肥。建议施肥量为年施优质有机肥 3000～5000 kg/667m^{2}或商品有机肥 100 kg/667m^2。二是大力提倡秸秆还田。秸秆还田比施用等量的沤肥效果更好。目前，主要推广小麦、玉米秸秆直接还田技术，全市小麦秸秆还田达到100%，玉米达到 85%以上。三是广辟肥源。大力推广其他有机肥源及施用技术，包括沼气肥、生物菌肥和有机—无机复合肥等。四是开展粮肥轮作、间作，用地、养地相结合。

第二节　区域施肥配方设计

一、肥料配方设计的基本流程

在确定施肥区域后，根据施肥分区养分丰缺指标，考虑农民的施肥习惯，制定区域内的推荐施肥方案和肥料配方，再经过进行肥料配方田间对比试验的验证，才能最终确定肥料配方，然后应用到农业生产中去。基本流程如图 11-1 所示。

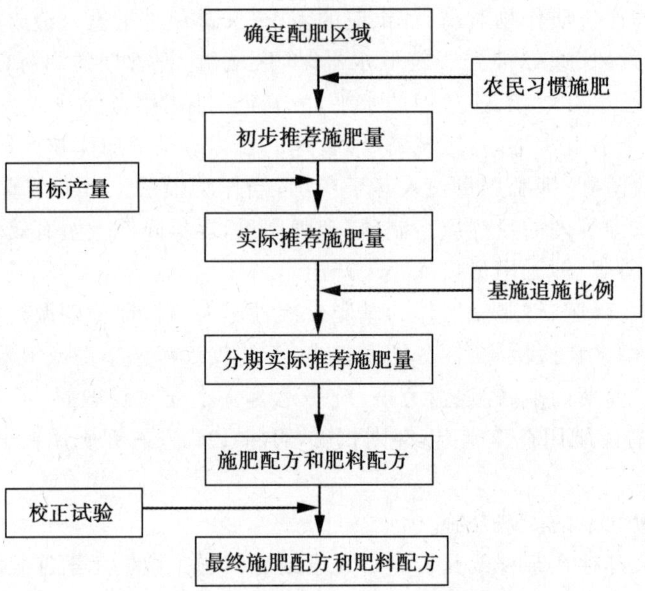

图 11-1　区域施肥配方设计基本流程

下面以小麦为例，对昌邑市测土配方施肥中区域施肥配方的设计方法、步骤进行具体说明。

根据昌邑市土壤养分含量和适宜施肥量的情况看，土壤磷、钾建议各分为两个等级。分级标准为：

土壤有效磷：中低，即低于 40mg/kg，高，即高于 40mg/kg

土壤速效钾：中低，即低于 110mg/kg，高，即高于 110mg/kg

按照以上分级标准，小麦施肥配方推荐时，氮肥的推荐主要采用以产定氮法：

$$N = 0.025 \times \text{目标产量(kg)} + 4$$

磷肥、钾肥的推荐则根据土壤养分状况综合分析结果，分别拟订不同配方。

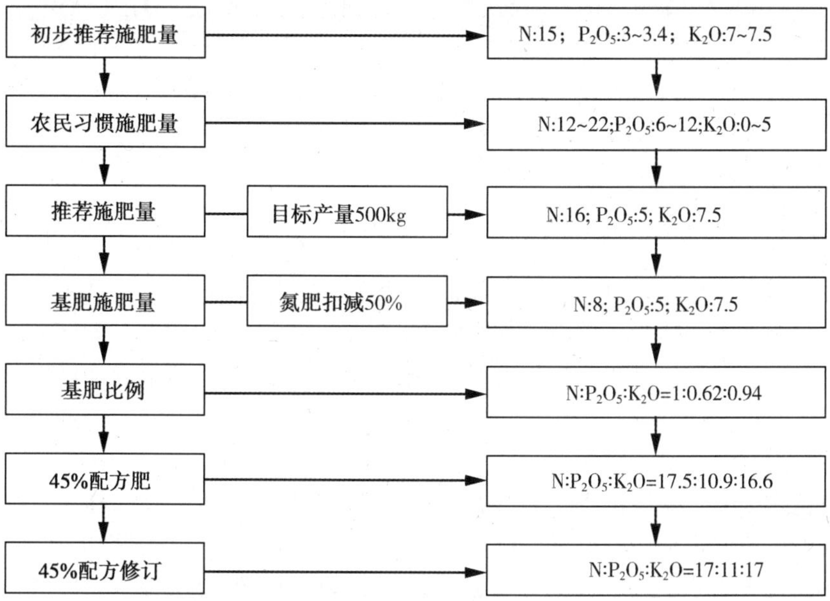

图 11-2 小麦施肥配方设计流程

二、配方肥种类

根据昌邑市土壤养分状况和主要种植作物的需肥规律及特点，提出并优化了小麦、玉米、生姜的主要肥料配方，供农民选购肥料时参考（见表 11-1）。

表 11-1 昌邑市主要配方肥配方

适用作物	配方（$N-P_2O_5-K_2O$）	总含量（%）	推荐施用范围
小麦	12－17－16	45	北孟镇
	20－12－13	45	都昌街道、奎聚、围子镇、卜庄镇、饮马镇、石埠
	16－16－13	45	龙池镇、柳疃镇、下营
玉米	24－6－10	40	围子镇、都昌街道、奎聚、卜庄镇、饮马镇、石埠
	24－8－8	40	下营、龙池镇、柳疃镇
	20－8－12	40	北孟镇及胶莱河沿岸
生姜	24－6－12	42	生姜生长前期
	16－6－21	43	生姜生长后期

第三节　测土配方施肥技术应用

昌邑市自2008年实施测土配方施肥项目以来，取得了显著的效果，主要体现在施肥结构发生了变化，土壤养分向相对协调的方向发展，极大地提高了农业生产的社会效益、经济效益和生态效益。

一、施肥结构发生了明显变化

国家测土配方施肥项目的实施，已引起了全社会的积极响应，农民对测土配方施肥技术的认知程度显著增强，对这项工作的开展和效果反应强烈。农民传统的施肥习惯正在改变，肥料投入结构不合理、不依地力、不分作物盲目施肥、单一施肥或过量施肥的习惯正逐步得到遏制；农民的施肥观念正在发生变化，自觉接受新技术的意识正在提高，施肥技术正在由"经验型"向"标准型"、"定量型"转变。

经过连续5年对昌邑市100多个农户和大量示范区的小麦、玉米、棉花、马铃薯、生姜等作物的施肥情况进行跟踪调查，可以看出，随着测土配方施肥工作的开展，投入农田的肥料结构出现了变化，总体上氮肥、磷肥用量下降，而有机肥、钾肥和微肥用量有不同程度的增加，肥料结构正在趋于合理。平均增减情况如表11-2所示。

表11-2　肥料施用量变化情况

作　物	有机肥增减量（kg/667m²）	N增减量（kg/667m²）	P_2O_5增减量（kg/667m²）	K_2O增减量（kg/667m²）	微肥增减量（kg/667m²）
小麦	323	−1.71	−2.85	1.16	0.28
玉米		−1.84	−3.27	2.06	0.36
棉花	358	−1.3	−2.76	1.57	0.35
马铃薯	100	−3.94	−6.66	3.85	0.89
生姜	539	−7.41	−7.94	−2.65	2.5

二、土壤养分不断协调

昌邑市自2008年开始共建立了20个县级耕地地力监测点，连续4年对土壤中的有机质、碱解氮、有效磷、速效钾含量进行了监测。可以看出，随着测土配方施肥工作的不断深入，土壤养分状况已经开始发生变化。平均增减情况如表11-3所示。

表11-3　耕地土壤养分变化情况

成　分	有机质		碱解氮		有效磷		有效钾	
项　目	增减值（g/kg）	增减率（%）	增减值（mg/kg）	增减率（%）	增减值（mg/kg）	增减率（%）	增减值（mg/kg）	增减率（%）
变化量	0.4	3.1	8.4	8.9	2.2	4.7	1	0.6

三、效益显著

(一)经济效益

昌邑市自2008年测土配方施肥项目实施以来,累计推广应用测土配方施肥技术面积达17.93×10^4 hm^2,其中,小麦7.73×10^4 hm^2、玉米7.85×10^4 hm^2、棉花0.86×10^4 hm^2、生姜0.55×10^4 hm^2、马铃薯0.33×10^4 hm^2。经过对示范区考察,并与农民习惯施肥相对比,发现测土配方施肥后,节本增效效果十分显著(见表11-4)。

表11-4 测土配方施肥节本增效情况

作 物	节肥($kg/667m^2$)	节本(元/$667m^2$)	增产($kg/667m^2$)	增收(元/$667m^2$)	总节肥(万吨)	总增产(万吨)	总节本增效(万元)
小麦	3.4	22	23	46	0.39	2.67	7888
玉米	3.06	21	22.5	45	0.36	2.65	7768.2
棉花	2.5	17.5	9.5	190	0.03	0.12	2676.8
生姜	18	124.2	185	370	0.15	1.54	4101.9
马铃薯	6.75	46.5	125	187.5	0.03	0.63	1170

通过项目的实施,提高了农业综合生产能力,促进了农业节本增效和农民增收。测土配方施肥技术的推广已成为各地社会主义新农村建设的重要内容,为农民收入的增加注入了新的活力。

(二)社会效益

通过项目的实施,广大农民真正在田间地头享受到了全方位的免费检测和技术指导服务,享受到了测土配方施肥技术应用的成果。随着中央对"三农"工作力度的不断加大,国内许多知名肥料生产企业、经营单位寻求围绕"三农"拓宽发展空间的结合点。测土配方施肥项目搭建了肥料生产企业、农业技术推广部门、肥料经营单位与农民群众之间的对接平台。在这个平台上,多方对接并融为一体,形成了强大的合力。经过投标筛选的配方肥定点生产企业,一方面为严格控制产品质量,进行技术改造,更新企业发展理念,给企业发展注入新的活力;另一方面又因产品质量优、价格低,而赢得了政府、农业技术推广部门、肥料经营单位、农民群众的赞誉,无形资产及效益大幅度增加;配方肥配送中心打破了传统经营理念,实现了从"经营利润"向"经营信誉"转变的高级发展阶段;配方肥委托供应点在为农服务中获得了成就感,自觉地承担起了咨询、指导等工作;农民群众是测土配方施肥的最大受益者,不仅得到了现实的利益,更重要的是施肥、购肥观念发生了深刻变化。随着配方肥的研制和推广,更多的肥料生产企业和农资经营户主动要求参与测土配方施肥工程,遏制了哄抬物价和以假充好现象的发生,净化了农资市场,农民真正用上了物美价廉的放心肥。测土配方施肥已跨越了纯技术的内涵,成为全社会共同参与的施肥技术革命。变配方施肥为施配方肥,这是农民用肥观念的一场重大变革。测土配方施肥技术推广自始至终受到了各级的重视和支持,进一步推动了测土配方施肥由技术措施上升为政策措施,由部门行为上升为政府行为,引起了全社会的共识,国家开展的测土配方施肥补贴项目利国惠农，已深入人心。

（三）生态效益

测土配方施肥项目的实施，大大降低了昌邑市农田持续高量的氮、磷投入，农田土壤氮、磷养分盈余量大幅度下降，氮、磷养分流失到环境中的程度得到降低，减弱了对生态环境的影响，极大地减轻了农业面源污染问题，为昌邑市生态城市建设、减少碳排放、发展低碳经济发挥了不可替代的作用。由于测土配方施肥是基于环境友好下养分综合管理理念的体现，因此，测土配方施肥项目需不断向纵深发展，这将将有利于昌邑市土壤质量的提高，改善农产品品质，生态环境效益也会逐步显现出来。所以，测土配方施肥工作必将展现出更加广阔的推广、应用前景。

第十二章　主要农作物施肥技术

第一节　小麦施肥技术

一、小麦需肥量和需肥规律

小麦对氮、磷、钾的吸收量，随着品种特性、栽培技术、土壤、气候等而有所变化。产量要求越高，吸收养分的总量也随之增多。小麦在不同生育期，对养分的吸收数量和比例是不同的。小麦对氮的吸收有两个高峰：一是在出苗到拔节阶段，吸收氮占总氮量的40%左右；二是在拔节到孕穗开花阶段，吸收氮占总氮量的30%～40%，在开花以后仍有少量吸收。小麦对磷、钾的吸收，在分蘖期吸收量占总吸收量的30%左右，拔节以后吸收率急剧增长。磷的吸收以孕穗到成熟期吸收最多，占总吸收量的40%左右。钾的吸收以拔节到孕穗、开花期为最多，占总吸收量的60%左右，到开花时对钾的吸收已达最大量。因此，在小麦苗期，应有适量的氮素营养和一定的磷肥、钾肥，促使幼苗早分蘖、早发根，培育壮苗。拔节到开花是小麦一生吸收养分最多的时期，需要较多的氮、钾营养，以巩固分蘖成穗，促进壮秆、增粒。抽穗、扬花以后应保持足够的氮、磷营养，以防脱肥早衰，促进光合产物的转化和运输，促进麦粒灌浆饱满，增加粒重。

小麦高产对土壤肥力有很强的依赖性。小麦施肥应该注意以下几个方面：一是麦田氮肥用量不宜过大，也不能过小。如果前期氮肥过多，易造成前期生产过旺，后期倒伏减产。二是小麦对磷特别敏感。若三叶期缺磷，会导致次生根少，分蘖延迟或不分蘖。三叶期后缺磷，会延迟抽穗、开花和成熟，使穗粒数减少，千粒重下降。亩穗数、穗粒数、千粒重是小麦产量的三要素，三者同时下降，减产就会成定局。三是钾肥。钾肥决定小麦的抗逆性，比如抗旱性、抗寒性、抗倒伏的能力。当小麦缺钾时，小麦细胞液浓度下降，细胞液冰点升高，容易发生冻害。

昌邑市冬小麦一般在10月上中旬播种，生育期较长，从播种到成熟一般需要250～260天。在一般栽培条件下，每生产100kg小麦，需从土壤中吸收纯氮2.97kg左右，五氧化二磷0.98kg，氧化钾2.98kg，氮、磷、钾的比例约为3∶1∶3。

在分期施肥上，按小麦需肥特性，遵循“重施基肥、巧施追肥、补施微肥”的原则，合理调剂。

二、小麦的施肥量与施肥原则

按照农业部《测土配方施肥技术规范》，依据测土配方施肥的原理，针对测土结果，结合农民施肥经验，合理确定了小麦施肥量的理论计算方法。

经验模式法：

$$NT=0.025\times YM+CN$$

$$PT=0.015\times YM+(15-PS)\times 0.1+CP$$

式中：NT、PT为每亩氮、磷推荐量，YM为目标产量，PS为耕层土壤有效磷测定值，CN、CP为基础参数。高产田有机质低于12g/kg，中低产田有机质低于9g/kg，CN为4。

通过对大量的田间试验结果统计分析汇总，结合土壤养分测试与农户施肥调查，并根据养分资源综合管理理论，实施高产田控氮、调磷、增钾、适施硼锌；中低产田稳氮、增磷、针对性补施钾肥与微肥的施肥方针。即小麦氮肥实行总量控制、分期调控；磷肥、钾肥根据有效磷、速效钾丰缺指标，按照恒量监控技术，确定磷肥、钾肥用量；微量元素因缺补缺。昌邑市小麦施肥范围：每亩施纯氮10～15kg，五氧化二磷4～9kg，氧化钾5～8kg(见表12-1)。

表12-1　小麦推荐施肥量

目标产量 ($kg/667m^2$)	小麦推荐施肥量 ($kg/667m^2$)						
	N	P_2O_5			K_2O		
		土壤有效磷(mg/kg)			土壤速效钾(mg/kg)		
		<15	15～30	>30	<75	75～100	>100
400	10～12	6～7	5～6	1～2	5	3	0
500	12～14	8	7	3	6	5	3
600	14～15	9	8	4	8	7	5

三、小麦施肥时期及方法

(一)基肥

根据冬小麦的生育规律和营养特点，应施足基肥。在整地前，一般每亩平均施农家肥1000～1500kg或商品有机肥200～400kg，同时将40%～60%的氮肥、全部磷肥、50%～100%的钾肥基施，最好选用复合肥(配方肥)。微肥一般随基肥施用，建议配施锌肥1kg、硼肥0.5kg。施用时在耕地前均匀撒于地表，及时耕翻入土。

(二)追肥

追肥一般在起身至拔节期进行，以氮肥为主。氮肥追施量占总施量的40%～60%。小麦分蘖多，苗情好，长势旺盛，可适当晚施，并减少施用量。弱苗麦田追肥要提前至返青期，最好在返青和孕穗期追肥2次。磷肥、钾肥基施不足的，也要通过追肥补充，但追施磷肥、钾肥应尽量提前到返青期。追肥方法一般为用施肥耧隔行串施，深度为7～10cm。土壤水分不足时，追肥后要及时浇水，灌水定额在$40m^3$左右，不要大水漫灌。

（三）叶面施肥

小麦后期根系吸收能力差，土壤施肥不便，叶面追肥更直接有效，可一喷三防（防病、防虫、防干热风）。主要品种是尿素、磷酸二氢钾、微肥等，浓度为0.5%～2%。一般在早8点前、下午5点后或阴天进行喷施，遇到喷后降雨要重喷。

第二节 玉米施肥技术

一、玉米施肥量的确定

采用经验模式法：

$$NT=0.02\times YM+CN$$

$$PT=0.02\times(YM-400)+(15-PS)\times0.15+CP$$

式中：NT、PT为每亩氮、磷推荐量，YM为目标产量，PS为耕层土壤有效磷测定值，CN、CP为基础参数。

土壤有机质>12g/kg时，CN=2；土壤有机质为0.9～1.2g/kg时，CN=4；土壤有机质<0.9g/kg时，CN=5；YM>400kg/667m^{2}时，施用磷肥，YM<400kg/667m^{2}时，不施磷肥。

钾肥用量的确定：重点实施了“增钾、补锌”的配方施肥技术。土壤速效钾含量高于100mg/kg或每亩单产低于400kg时，不施钾肥；土壤速效钾含量为85～100mg/kg时，施K_2O 4kg；土壤速效钾含量为70～85mg/kg时，施K_2O 6kg；土壤速效钾含量低于70mg/kg时，施K_2O 8kg（见表12-2）。

表12-2 玉米推荐施肥量

目标产量(kg/667m^2)	小麦推荐施肥量(kg/667m^2)						
	N	土壤有效磷(mg/kg)			土壤速效钾(mg/kg)		
		<15	15～30	>30	<75	75～100	>100
500	12～14	3	2	0	5	3	0
600	14～16	5	3	1	6	5	3
700	16～18	6	4	2	8	7	5

二、玉米的需肥量和需肥规律

玉米正常生长发育需氮、磷、钾、铁、锌、铜、锰等多种元素。夏玉米是高产作物，需肥量大，每生产100kg籽粒需吸收N 2.5～2.7kg、P_2O_5 1.1～1.4kg、K_2O 3.2～3.8kg，三者比例为1∶0.36∶1.1。昌邑市经过试验得出的结果是每生产100kg籽粒需吸收N 2.82kg、P_2O_5 0.95kg、K_2O 2.45kg，三者的吸收比例为2.97∶1∶2.58。不同品种、产量水平及栽培方式有差异，一般玉米全生育期需要施N 10～16kg、P_2O_5 3～5kg、K_2O 5～8kg。玉米幼苗生长慢，吸收量不超过10%，拔节期到开花期生长加快，吸收氮素占总吸收量的45%，穗期吸收氮素占总吸收量的32%，之后养分吸收减慢。

三、施肥时期及方法

依据上述，夏玉米从拔节期到穗期是施肥的关键时期，对增加产量非常重要。

（一）基肥

在整地前，同时将30%左右的氮肥、全部磷肥、50%以上的钾肥基施，有条件的可配施农家肥1000～1500kg或商品有机肥200～400kg。可结合起垄一次施入播种沟内，使肥料施到10～15cm的耕层中。建议配施锌肥1kg。施用时最好顺犁沟条施，也可在耕地前均匀撒于地表，并及时耕翻入土。不便施基肥的地块可在苗期开沟串施或穴施，施用深度为7～10cm。

（二）种肥

玉米种肥一般以氮肥为主，数量不宜超过5kg，不能太多。近几年，昌邑市有的农民将大部分甚至全部肥料用作种肥，随玉米种子一起下地，这种施肥方法使种子、化肥难以隔离，很容易造成伤根烧苗。

（三）追肥

总量为总施氮量的60%左右及50%的钾肥。追肥一般分两次进行，可在拔节后10天和玉米抽雄前10～15天大喇叭口期两次追施，前轻后重，比例掌握在2∶3。一次性施肥的地块，可在大喇叭口初期一次追施。追肥方法一般可以条施，也可以穴施，施肥深度7～10cm，施后要及时覆土。土壤水分不足时，追肥后要及时浇水，但不要大水漫灌。

叶面喷肥是追肥的有效方式之一。叶面喷肥品种主要是尿素、磷酸二氢钾、微肥等，浓度掌握在1%～2%。

（四）缓控释肥料的施用

缓控释肥是一种根据作物不同生长阶段对营养需求而释放养分的新型肥料，具有控制肥料养分释放、肥效周期长等特征，可减轻农民劳动强度，提高肥料的利用率、降低生产成本和提高作物产量。据中科院南京土壤研究所的研究结果表明，每年我国有123.5万吨氮通过地表水径流到江河湖泊，49.4万吨氮进入地下水，299万吨氮进入大气。长江、黄河和珠江每年输出的溶解态无机氮达到97.5万吨，在这些氮素中90%来自农业，而氮肥占了50%，从而造成严重的农业面源污染、水体富营养化、土壤板结等现象，同时通过反硝化作用还向大气释放出一氧化二氮等温室气体，造成温室效应。因此，发展具有较高肥效利用率的缓控释肥料，减少速效化肥的施用量，可有效地保护生态环境。

近年来，昌邑市缓控释肥料施用量逐年增加，特别是在玉米上应用面积增长较快，但也出现了一些问题。一是烧苗问题，由于缓控释肥料一般养分含量高，有的只是对部分氮肥进行了缓控释放处理，且包被材料不一，如果肥料与种子隔离不好，会发生烧种、烧苗现象。二是出现脱肥问题，缓控释肥料在玉米上要作基肥或定苗后的提苗肥及早施用，以防因显效慢造成玉米前期脱肥。生育后期也要注意观察玉米长势长相，如果发生叶片发黄等脱肥现象时，要及时适量追施氮肥。

第四篇　专题报告

专题一　昌邑市秸秆还田专题调查报告

——大力推广秸秆还田，不断提高耕地土壤肥力

昌邑市是农业大市，辖 8 个镇(街道)，691 个行政村，58 万人口，地处山东半岛西北部，潍河与胶莱河纵贯南北，济青高速公路、潍莱高速公路横穿东西。全市可耕地面积为 73675.13hm^2，地势南高北洼，地形以平原为主，主要粮食作物是小麦、玉米，其他是红薯、大豆、杂粮。小麦、玉米常年种植面积分别为 3.33×10^4hm^2、3.67×10^4hm^2，每公顷产量均在 6750kg 以上。年产作物秸秆总量约为 50 万吨。2002 年，秸秆还田利用率仅为 29.3%，大部分秸秆被群众堆放在田间地头、路边沟旁、房前屋后，任其干枯或直接放火烧掉，造成资源浪费、环境污染，烧毁绿化树木，引发火灾。农民焚烧秸秆产生的烟雾时常影响高速公路的行车安全，这也是各级政府部门关注的焦点问题。为此，解决秸秆的利用问题对环境保护、生态安全、社会影响等多方面具有重要的意义。

以前，有机质的主要来源是土杂肥、植物的枯枝落叶和根系以及少量的动物残体，但在当前畜牧养殖已成集约化小区式模式，农民很少养殖牲畜，造成土杂肥(圈肥)紧缺。现在，全市菜田多用鸡鸭粪，一般粮田很少用有机肥，而作物秸秆含有丰富的有机质，秸秆还田是改良土壤、提高土壤质量、减少环境生态问题的重要措施。昌邑市近年来大力推广发展秸秆还田技术，取得了显著的成效。为此，我们对秸秆还田改善土壤肥力方面作了专题研究，以期继续大力推广秸秆还田技术，不断提升土壤有机质的含量，提高土壤肥力，适应当前农业生产不断提高的要求。

一、耕地土壤有机质及秸秆还田现状

(一)土壤有机质含量的现状

土壤有机质是耕层土壤的重要组成部分，是土壤养分的重要来源。土壤有机质的含量受气候、地理位置和耕作模式等多种因素影响。农田有机质主要来源于动植物体的分解和外源有机肥的施入，在目前耕作模式下，秸秆还田是影响耕层土壤有机质含量的重要因素。

2008～2010年，昌邑市累计取土样5489个，其中大田作物土样4700个。根据土壤耕层养分化验数据，全市耕地土壤有机质含量变化范围为6.2～19.9g/kg，平均值为13.1g/kg，属中等水平。比1981年第二次土壤普查时的全市平均含量9.2g/kg增加了3.9g/kg，在这近三十年的时间里，昌邑市土壤有机质含量有了明显的提高，这是长年坚持不懈地推广秸秆还田和测土配方施肥技术的结果。土壤物理性状有了较大改善，有机质含量多数为10～15mg/kg，占总土地面积的82.71%(见表1)。

表1　　耕层土壤有机质含量分级及面积

级　别	分级标准(mg/kg)	等级面积(hm^2)	占土地总面积比例(%)
1	＞20	0	0
2	15～20	8169.9	5.02
3	12～15	78183.65	48.04
4	10～12	56424.38	34.67
5	8～10	17479.02	10.74
6	6～8	2490.03	1.53
7	＜6	0	0

(二)秸秆还田现状

自1996年以来，昌邑市开始小麦高留茬、玉米秸秆机械化还田示范，至2002年，小麦、玉米秸秆还田面积分别占种植面积的80%、20%左右。自2002年开始，昌邑市大力推广小麦玉米秸秆还田技术，并且配套农机具，全市秸秆还田率不断上升，2010年小麦、玉米秸秆还田实施面积分别占种植面积的100%、85%(见表2)。

表2　　近年来秸秆还田情况统计

年　份	秸秆总量(万吨)		还田量(万吨)		还田面积占总面积(%)		总还田率(%)
	小麦	玉米	小麦	玉米	小麦	玉米	
2002	18.8	25.3	8.6	4	78.9	20.5	28.6
2004	22.1	26.4	11.2	8.3	85.4	41.5	40.2
2006	25.5	28.7	13.5	14.6	93.7	65.6	51.5
2008	23.6	27.9	13.8	17.3	100	81.8	60.4
2010	23.2	27.1	13.8	18.4	100	85	64

昌邑市小麦和玉米每年的秸秆总量大约为50万吨，主要有秸秆直接还田、秸秆养畜过腹还田、秸秆堆腐还田和能源转化利用等方式(见表3)。秸秆直接还田是利用联合收割机、秸秆还田机将作物秸秆全部粉碎，然后用拖拉机深耕后镇压。2010年，全市小麦秸秆直接还田面积为$3.43\times10^4hm^2$，玉米秸秆直接还田面积$3.2\times10^4hm^2$。秸秆养畜过腹还田是指科学地利用秸秆资源喂牛、羊等食草家畜，麦秸、花生秧可作为牛、马、羊等牲畜

的饲料，玉米秸秆可青储喂牛。2010年，全市大牲畜存栏量为0.99万头，年消耗秸秆0.8万吨，过腹还田0.73万吨。秸秆堆腐还田是应用菌剂、堆腐剂、酵素菌剂等堆腐剩余秸秆还田，使传统的、粗放的有机肥积造方式向先进的、集约的、生物和化学技术方向转变，为秸秆还田从技术上找到一条有效途径，全市堆腐还田量及面积较小。能源转化利用主要是建造生态沼气池，昌邑市从2006年开始实施全国“农村沼气建设项目”和山东省“农村户用沼气池建设项目”。通过项目实施，全市的沼气池数量有了较快的增长，目前已建沼气池5800多座，其中大型沼气池2座，主要原料是人畜粪便和农作物秸秆。2010年，全市有0.9万余吨秸秆用于沼气池投料，产生的沼渣作为还田有机肥。

表3　　2010年小麦、玉米秸秆利用方式统计

利用方式	秸秆直接还田	秸秆养畜过腹还田	秸秆堆腐还田	能源转化
利用量	30.5万吨	0.7万吨	0.1万吨	0.9万吨
利用亩数	99.4万亩	0.6万亩	0.1万亩	0.8万亩

二、秸秆还田定位试验结果分析

2002年以来，在昌邑市都昌街道张家村6个农户进行了秸秆还田定位试验，这些试验户采用是小麦、玉米一年两熟的种植方式，同一地块采用小麦高留茬加玉米秸秆机械还田两种还田方式。对连续10年秸秆还田定位试验结果进行分析，以期为全市秸秆还田技术推广提供技术支撑。

（一）对土壤耕层有机质的影响

秸秆还田定位研究发现，在连续秸秆还田的地块，2011年土壤有机质含量平均为13.25g/kg，比2002年增加土壤有机质2.82g/kg，平均年增土壤有机质0.31g/kg，表明连续采用秸秆还田可有效增加土壤中的有机质含量（见表4）。

表4　　不同年度耕层土壤理化性状

年　份	2002	2003	2004	2005	2006	2007	2008	2009	2010	2011
有机质（g/kg）	10.43	10.64	10.86	11.18	11.49	11.77	12.11	12.41	12.83	13.25
碱解氮（mg/kg）	76	75	78	82	84	87	85	89	88	89
有效磷（mg/kg）	26.8	27.6	29.3	30.2	30.8	32.5	33.2	33.9	36.2	36.7
速效钾（mg/kg）	129	130	132	135	138	140	143	145	148	149
容重（g/cm^3）	1.44	1.43	1.43	1.4	1.39	1.37	1.34	1.33	1.32	1.31
孔隙度（%）	48.8	48.8	48.9	49.1	49.2	49.4	49.5	49.7	49.8	49.9

(二)对土壤耕层速效氮、磷、钾养分的影响

土壤中碱解氮有逐年提高的趋势,土壤碱解氮提高的原因主要是氮肥施用量的增加,尤其是尿素、碳酸氢铵、磷酸二铵和复合肥等易溶肥料的施用,加快了土壤氮素的积累,另一个重要的因素就是秸秆还田的连续实施,增加了土壤中有机质的含量,从而增加了土壤中氮素的积累和分解。2011 年土壤碱解氮含量平均为 89mg/kg,比 2002 年增加 13mg/kg,碱解氮含量平均年增加 1.4mg/kg,表明连续采用秸秆还田可有效增加土壤中的碱解氮的含量。

土壤中有效磷含量大幅度增加,除施肥因素外,还与秸秆还田的作用有很大的相关性。试验证明,秸秆还田能有效增加土壤中的有效磷含量,对于促进磷的矿化也有一定的作用。2011 年土壤有效磷含量平均为 36.7mg/kg,比 2002 年增加 9.9mg/kg,有效磷含量平均年增加 1.1mg/kg,表明连续采用秸秆还田可有效增加土壤中的有效磷的含量。

土壤速效钾含量水平大幅提高。随着连续的秸秆还田,土壤中钾含量逐年增加。2011 年土壤速效钾含量平均为 149mg/kg,比 2002 年增加 20mg/kg,速效钾含量平均年增加 2.2mg/kg,表明连续采用秸秆还田可有效增加土壤中的速效钾的含量。

(三)对耕层土壤容重的影响

在连续秸秆还田的地块,土壤容重呈现缓慢的降低趋势。2011 年土壤容重平均为 1.31g/cm^3,比 2002 年降低 0.13g/cm^3,土壤容重年降低 0.014g/cm^3,容重的降低可以有效地提高土壤蓄水、保墒的能力。

(四)对耕层土壤孔隙度的影响

土壤总孔隙度是指土壤在自然状态下土壤中的孔隙占土壤总体积的百分数。土壤孔隙多少表明土壤水分和空气的最大容量。在土质相同的条件下,孔隙多,土壤疏松,孔隙少,土壤坚实,有机质丰富的土壤疏松多孔。所以,土壤孔隙的数量和大小在农业生产中是极为重要的。从定点的秸秆还田数据可以看出,自 2002 年以来,土壤孔隙度变化较为缓慢,呈逐年上升的趋势,2011 年土壤总孔隙度平均为 49.9%,比 2002 年增加了 1.1%,土壤总孔隙度年增加 0.12%,表明连续的秸秆还田对于土壤通气性的改善有一定的作用。

试验数据说明,连续多年的小麦高留茬加玉米秸秆还田,不仅能提高土壤养分含量,同时改善土壤物理性状。

三、秸秆还田对提高土壤肥力的作用

综合分析昌邑市秸秆还田工作情况,通过各种形式的秸秆还田,土壤养分、土壤肥力均有了较大提高。

(一)提高土壤有机质含量,改善土壤理化性状

土壤有机质是土壤肥力的重要指标。秸秆还田能促进土壤有机质更新,提高土壤有机质含量。大量试验表明,在现有耕作制度和有机肥施用水平下,每亩耕地需秸秆还田 150kg 以上,才能使土壤有机质保持平衡并略有提高。秸秆还田后还能改善土壤物理性状,降低土壤容重,增加孔隙度,从而疏松土壤,提高土壤保水、保肥能力和缓冲性能。据测定,连续秸秆还田的地块,平均年增 0.31g/kg 的土壤有机质,氮、磷、钾分别年增加

1.4mg/kg、1.1mg/kg 和 2.2mg/kg。

（二）维持土壤养分平衡，提高肥料利用率

秸秆还田还为土壤微生物活动提供了丰富的碳源，促进微生物生长、繁殖，提高土壤的生物活性。一方面促进了土壤中难溶性磷和微量元素的转化，固定和保存土壤氮素，减少氮的损失，提高了肥料利用率。另一方面秸秆还田给土壤提供了氮、磷、钾、硅及多种微量元素养分，释放的微量元素占作物吸收总量的 60%，不仅增加土壤养分，还提高了养分有效性。据测算，100kg 小麦秸秆含氮 0.5kg 左右、磷 0.1～0.2kg、钾 1～3kg，相当于 15－15－15 含量的高浓度复合肥 10kg 的含钾量、3kg 含氮量、1kg 的含磷量。

（三）增强土壤保水、保肥性能

连续的秸秆还田增加了土壤的孔隙度，土壤透气、保水性增强，能在雨季积蓄更多的雨水，保持耕层的储水量。据测定，秸秆还田的地块，0～20cm 的土层内含水量可提高 16.8%～46.5%。同时在秸秆覆盖地面，减少了土壤水分的蒸发，覆盖秸秆隔离了阳光对土壤的直射，有效地调节了土体温度，改善了土壤的微环境，有利于植株生长。

（四）提高粮食产量

6 户定位试验产量结果表明，实行秸秆还田，玉米平均亩增产 37.3kg，增幅为 8.1%，小麦平均亩增产 31.5kg，增幅为 6.8%（见表 5）。

表 5　　不同年度小麦、玉米平均产量结果

	年　度	2002	2003	2004	2005	2006	2007	2008	2009	2010	2011
小麦	还田区（$kg/667m^2$）		425.5	453.8	487.5	498.8	497.6	508.7	513.9	521.8	525.6
	对照区（$kg/667m^2$）		402.4	422.6	445.9	455.7	472.7	478.8	486.6	489.2	495.7
	增产（$kg/667m^2$）		23.1	31.2	41.6	43.1	24.9	29.9	27.3	32.6	29.9
	增幅（%）		5.7	7.4	9.1	9.5	5.3	6.1	5.6	6.7	6
玉米	还田区（$kg/667m^2$）	405.3	427.2	447.7	469.8	493.6	510.6	523.2	524.7	547.2	553.7
	对照区（$kg/667m^2$）	389.8	392.5	410.8	429.7	458.3	470.2	476.9	488.3	498.6	515.3
	增产（$kg/667m^2$）	15.5	34.7	36.9	40.1	35.3	40.4	46.3	36.4	48.6	38.4
	增幅（%）	4	8.8	9	9.3	7.7	8.6	9.7	7.5	9.7	7.5

四、秸秆还田中存在的问题

昌邑市作物秸秆还田工作就技术方面存在几个需要注意解决的问题。

(一)碳氮比失调,影响作物生长

秸秆本身碳氮比为(65～85)∶1,而适宜微生物活动的碳氮比为25∶1,秸秆还田后土壤中氮素不足,微生物与作物争夺氮素,使秸秆分解缓慢,麦苗因缺氮而黄化、苗弱,生长不良。

(二)土壤太疏松,影响种子发芽

秸秆翻压还田后,使土壤变得过松,孔隙大小比例不均,大孔隙过多,导致跑风,土壤与种子不能紧密接触,影响种子发芽生长,使小麦扎根不牢,甚至出现吊根,影响播种和苗子扎根。

(三)直接还田,加重土传性病害

病原体及虫口基数较大部分田块由于前茬作物病虫害发生较重,这些带病的秸秆直接还田后,秸秆中的虫卵、带菌体等一些病虫害,在秸秆直接粉碎过程中无法杀死,还田后留在土壤里,病虫害直接发生或者越冬来年发生,造成下茬作物病虫害发生加重。

(四)农艺和农机具不完全配套,农接受程度差

在推广过程,由于农艺技术和农业机械不完全配套,致使还田效果受影响,因此,部分农民还不能完全接受秸秆还田的耕作方式。

五、秸秆还田推广技术及推广措施

(一)秸秆还田推广技术

总结昌邑市近年来秸秆还田工作,适宜于当地秸秆还田的技术主要有秸秆直接还田、秸秆养畜过腹还田、秸秆堆腐还田和能源转化利用还田几种。

1. 秸秆直接还田:在作物收获后,将作物秸秆在下茬作物播种或移栽前覆盖地面或翻入土中的还田方式,包括小麦高留茬、小麦秸秆覆盖还田、玉米秸秆还田几种形式。

(1)小麦高留茬:小麦收获时,利用联合收割机将麦茬高留至30cm左右,利用夏季高温多雨让麦茬在玉米田自然腐烂,待玉米收获后将腐烂的麦茬翻入土壤作有机肥。

(2)小麦秸秆覆盖还田:小麦收获时,利用联合收割机将秸秆粉碎后直接覆盖于玉米行间。

(3)玉米秸秆还田:在玉米收获时,利用联合收割机、秸秆还田机将玉米秸秆全部粉碎至5～10cm,然后用拖拉机深耕25cm后镇压。

2. 秸秆养畜过腹还田。用秸秆饲喂牛、马、猪、羊等牲畜后,以畜粪尿施入土壤。

3. 堆沤还田:有病的植物秸秆带有病菌,直接还田时会传染病害,可采取高温堆制,以杀灭病菌,再还田。作物秸秆要用粉碎机粉碎或用铡草机切碎,一般长度以1～3cm为宜,粉碎后的秸秆湿透水,秸秆的含水量在70%左右,然后混入适量的已腐熟的有机肥,拌均匀后堆成堆,上面用泥浆或塑料布盖严密封即可。过15天左右,堆沤过程即可结束。秸秆的腐熟标志为秸秆变成褐色或黑褐色,湿时用手握之柔软有弹性,干时很脆、容易破碎。腐熟堆肥料可直接施入田块。

4. 能源转化利用还田：作物秸秆通过沼气发酵，以沼液、沼渣等形式施于土壤，达到还田的目的。

（二）秸秆还田的技术要点

1. 要尽量早还田。因为还田秸秆腐解时间长、养分释放慢，所以当季作物无法吸收利用。目前，昌邑市推广种植的玉米品种多为中熟品种生育期较长，每年 9 月下旬至 10 月上旬才收获，小麦播种时秸秆基本未腐烂，部分麦苗扎根受秸秆的影响，出现黄苗死苗现象，所以要做到玉米收获和秸秆还田同时进行，并尽量拉长与小麦播种的间隔期，玉米收获时要把穗苞叶一同收获以利于秸秆粉碎。

2. 还田量要适宜。高肥水田块可适当高些，低肥水田块适当低些，一般在 400～500kg/667m^2，最高不超过 700kg/667m^2，因为秸秆在分解过程中会产生大量的有机酸，还田量过大，会抑制下茬作物根系的生长。还田后，及时浇水。充足的水分是秸秆腐熟分解的保证，一般秸秆腐熟适宜的土壤湿度为 60%～70%，墒情不充足时应及时浇水。下茬作物小麦在还田后及时播种的，可浇蒙头水，浇后及时破除板结，不仅利于秸秆腐烂分解，而且可保证小麦一播全苗。

3. 还田秸秆要碎、要均匀。秸秆粉碎的长度应小于 10cm，最好小于 6cm，并且要撒匀。对还田的地块一定要用旋耕机作业一遍，使秸秆和土壤充分混合拌匀。此外，还要用铧式犁将秸秆连同化肥、农家肥翻入 10cm 以下的土壤内以利播种。如果不匀，则厚处很难耕翻入土，此处土壤过于疏松，大孔隙多，小麦种子不能与土壤紧密接触，影响发芽生长，扎根不牢，甚至出现“吊根”现象。

4. 添加氮素、调节碳氮比。一般禾本科作物秸秆含纤维素较高，达 30%～40%，还田后土壤中碳素物质会陡增，一般要增加 1 倍左右。因为微生物的增长是以碳素为能源、以氮素为营养的，而有机物对微生物的分解适宜的碳氮比为 25∶1，多数秸秆的碳氮比高达 75∶1，这样秸秆腐解时由于碳多氮少失衡，微生物就必须从土壤中吸取氮素以补不足，也就造成了与作物共同争氮的现象，因而，秸秆还田时增施氮肥就显得尤为重要，它可以起到加速秸秆快速腐解及保证作物苗期生长旺盛的双重功效。

5. 及早防治病虫草害。秸秆还田过程中病虫草害会加重，在小麦播种出苗后、玉米出苗后要及时防治。

（三）秸秆还田的推广措施

针对秸秆还田中存在的问题，结合秸秆还田试验成果，昌邑市秸秆还田技术推广工作应加强以下四个方面的工作。

1. 加大秸秆还田技术的宣传和推广力度。农作物秸秆还田后可有效改善土壤的理化性状，增加土壤有机质和其他有利于农作物生产的养分，能培肥地力，是促进农业增产的有效途径。据试验，秸秆还田 3～5 年，可提高土壤有机质 0.9～1.6g/kg，孔隙度增加 0.36%～0.6%，土壤中的微量元素也有增加的趋势，同时还可增加土壤其他理化性状，提高有效作物产量和品种。同时算好经济效益帐，秸秆还田可减少肥料和劳力投入，增加产量。通过广泛宣传，让广大农民群众充分认识秸秆还田技术的优越性，使农民真正从心里接受该技术，运用该技术。同时通过高产示范、现场观摩、技术培养等手段推广先进的秸秆还田技术，简化操作规程，使农民易接受、易使用。

2. 适量秸秆还田，调节碳氮比。由于秸秆还田后土壤微生物分解秸秆要消耗一定量的氮素，为避免出现与作物幼苗争夺养分的矛盾，所以，一般每亩秸秆粉碎翻压还田300～500kg为宜，还田量过大会影响秸秆在土壤中的分解速度及作物产量。因此，在秸秆直接还田时，一般还应适当增施一些氮肥，调节碳氮比，以解决作物生长与秸秆腐解争氮的问题。

3. 加强农艺配套技术的研究。由于秸秆还田会引起作物出苗率差及病虫害严重的问题，可通过一系列的技术措施来进行改善。一般在播种后要适时灌水，或用石磙碾压，使土壤与种子接触紧密，能够正常发芽。在播种前后及田间管理时要特别注意病虫草害的防治。为此，需要继续对秸秆还田的技术规程进行研究。根据全市的实际情况，提出较为完善、易于使用的秸秆还田配套管理技术，减少不利因素的影响。

4. 强化农艺农机配套技术研究。随着农村劳动力向城市的流动，农事操作需要更高的机械化程度，而秸秆还田推广很大的障碍就是农艺和农机具不配套问题，这需要全市的农机部门与农技部门通力协作，解决生产上秸秆还田时播种质量差的问题，以加大秸秆还田推广力度。

专题二　昌邑市生姜产地适宜性专题研究

昌邑市位于山东省最长的河流潍河之畔，这里属于黄河冲积平原，土壤肥沃，拥有悠久的生姜种植历史，生姜是昌邑市著名的地方特产。姜，学名亦称“生姜”，属姜科姜属，外皮金黄，肉质鲜嫩，粗纤维少，辛辣适中，被誉为“金昌大姜”、“胖娃娃姜”。近年来，由于种姜经济效益可观，种植面积逐年增加。为保护这一珍贵的地方资源，在耕地地力评价基础上，对全市生姜产地的 7308.47hm^2 耕地进行了适宜性评价调查，为以后生姜产业的发展规划提供参考。

一、昌邑市生姜的种植区域及自然条件

（一）昌邑市生姜的基本概况

昌邑市生姜以历史久远、种植面积大、产量高、质量上乘而远近闻名。生姜为多年生宿根草本植物，做一年生栽培。叶似箭竹，两两相对，苗青根黄。春分取母姜种植，霜降前收获。明代之初引入昌邑市伍塔村，至今已有 500 多年的栽培历史。生产中生姜按用途和收获季节不同而有嫩姜和老姜之分。嫩姜一般含水多，纤维少，辛辣味淡薄，除作调味品外，尚可炒食，作姜糖等；老姜水分少，辛辣味浓，主要用作调味。生姜虽其貌不扬，但却以去腥除膻本领、辛辣芳香气味和温中解表功效而深得人们喜爱。其所含挥发油、姜辣素、淀粉，纤维素及挥发油中所含的姜油酮、姜醇、姜酚等均是调味和医药的有效成分。

20 世纪 90 年代，昌邑市生姜种植面积迅速扩大，主要集中在都昌街道、奎聚街道、围子镇一带。2011 年，种植面积达到 7308.47hm^2，占蔬菜种植总面积的 64.4%，平均产量为 64035kg/hm^2。2011 年各镇（街道）生姜种植面积如表 1 所示。

表 1　　昌邑市 2011 年生姜种植面积统计表

镇（街道）	生姜种植面积（hm^2）	占生姜总面积比例（%）	占本镇耕地面积比例（%）
围子镇	3923.13	53.7	39.6
都昌街道	1274.87	17.4	10.7
饮马镇	767	10.5	7.7
北孟镇	566.67	7.8	4.4
卜庄镇	477.73	6.5	3.2
奎聚	299.07	4.1	11.2
合计	7308.47	100	

(二)气候条件

昌邑市全年日照时数平均为2608h,日照率为59%。日平均气温稳定通过0℃期间的日照时数为2098.5h,占全年的80.46%;日平均气温稳定通过20℃期间的实际日照时数为818.1h,占全年的31.37%。一年中实际日照时数平均以6月最多,为276.5h,日照率为65%。

昌邑市属暖温带大陆性季风气候区,四季分明,过渡平缓。春季干燥,风大易旱;夏季湿热多雨,间有伏旱;秋季温和凉爽,时有阴雨;冬季干冷,雨雪稀少。全年平均气温为12.3℃,年最高气温为40.4℃,最低气温为-19℃。地温随气温的变化而变化,其变化趋势与气温基本一致,且与降水量变化也呈一致性,水热同季,对生姜生长十分有利。

(三)立地条件

1. 地形地貌。生姜产地主要地貌类型有微斜平地、河滩高地、缓平坡地等。土壤类型主要是潮土,少部分褐土、风沙土。

2. 土壤质地。生姜产地耕地土壤主要有轻壤土、中壤土,少部分为砂壤土、紧砂土。轻壤土、中壤土生姜产地各镇(街道)均有分布;砂壤土主要分布于饮马镇的薛庄,都昌街道的马埠、王耨一带,紧砂土主要分布于围子镇的王珂、南金村一带。

3. 地下水。生姜产地区域浅层地下水一般在2~30m以内,深层地下水一般在35m以下。潍河流域土质松软,水文条件优越,便于灌溉,有利于生姜生长。

二、生姜产地土壤样品的采集与分析

(一)样品布点

按照充分考虑昌邑市生姜在各镇(街道)种植的区域、面积,以种植地块为取样单元,保证采样点具有典型性和代表性,按地图勾绘出全市生姜种植区采样点,形成采样单元以及工作草图,并在图上标注采样编号。

(二)土壤样品的采集

按照随机、等量和多点混合的原则进行采样。采用"S"法均匀随机采取15个采样点,土样充分混合后,四分法留取1kg。采用GPS定位,记录经纬度,精确到0.1″。采集的样品放入统一的样品袋,用铅笔写好标签,内外各一张。标签主要内容为:样品野外编号、采样深度、采样地点、采样时间、采样人等。土样采集在2010年10月下旬生姜收获后,累计采集土样100个。

(三)农户调查

填写调查表格,分别有基本情况调查表和农户调查表两张表格,调查内容主要有:采样地点、土种类型、地形地貌、土壤性状、农田设施、生产性能、施肥与喷药情况、管理措施、种植制度、产量水平等。

(四)土壤样品的化验方法

土壤样品的测定方法严格按照《测土配方施肥技术规范》,各个元素的测定方法如表2所示。

表 2　样品测定项目、方法一览表

分析项目	测定方法
有机质	重铬酸钾—硫酸溶液—油浴法
全氮	半微量凯氏法
碱解氮	碱解扩散吸收法
有效磷	碳酸氢钠提取—钼锑抗比色法
速效钾	乙酸铵浸提火焰光度计
有效铜	DTPA 提取—原子吸收光谱法
有效锌	DTPA 提取—原子吸收光谱法
有效铁	DTPA 提取—原子吸收光谱法
有效锰	DTPA 提取—原子吸收光谱法
水溶硼	甲亚胺—H 比色法
有效钼	草酸—草酸铵提取—极谱法
有效硫	氯化钙提取，硫酸钡比浊法
pH	土液比 1∶2.5，玻璃电极法
有效硅	柠檬酸浸提—硅钼蓝比色法
土壤质地	国际制，手指法
土壤容重	环刀法

三、产地土壤理化性状

(一)土壤 pH、有机质及大量元素含量分级及面积

将 100 个土壤样品的 pH、有机质、有效磷、速效钾、全氮、碱解氮含量统计。各元素含量分级及面积分布如表 3 所示。

表 3　昌邑市生姜产地 pH、有机质及大量元素面积分布

项　目		土壤 pH、有机质及大量元素含量面积分布				
pH	范围	4.5～5.5	5.5～6.5	6.5～7.5	7.5～8.5	
	面积(hm^2)		219.25	5919.86	1169.36	
	比例(%)		3	81	16	
有机质	范围(g/kg)	15～20	12～15	10～12	8～10	6～8
	面积(hm^2)	438.51	3215.73	1315.52	1315.52	1023.19
	比例(%)	6	44	18	18	14

续表

项 目		土壤pH、有机质及大量元素含量面积分布						
全氮	范围(g/kg)	1.2～1.5	1～1.2	0.75～1	0.5～0.75	0.3～0.5		
	面积(hm^2)	548.14	1461.69	2740.68	2375.25	182.71		
	比例(%)	7.5	20	37.5	32.5	2.5		
碱解氮	范围(mg/kg)	120～150	90～120	75～90	60～75	45～60	<45	
	面积(hm^2)	449.47	1686.79	2698.29	1686.79	787.12	0	
	比例(%)	6.15	23.08	36.92	23.08	10.77	0	
有效磷	范围(g/kg)	80～120	50～80	30～50	20～30	15～20	10～15	5～10
	面积(hm^2)	657.76	3800.40	1534.78	438.51	292.34	438.51	146.17
	比例(%)	9	52	21	6	4	6	2
速效钾	范围(mg/kg)	>300	200～300	150～200	120～150	100～120	75～100	50～75
	面积(hm^2)	584.68	1169.36	2411.8	1315.52	730.85	1096.27	0
	比例(%)	8	16	33	18	10	15	0

经全市生姜产地100个土壤样品化验分析可知，耕层土壤pH众数为7.1，最大值为8.2，最小值为6.2，说明昌邑市生姜的生长环境多是呈中性反应的土壤。

有机质是土壤的重要组成部分，具有改善土壤理化性状，影响和制约土壤结构形成及通气性、渗透性、缓冲性、交换性能和保水、保肥性能，是土壤肥力的重要指标。有机质的积累与矿化是土壤与生态环境之间物质和能量循环的一个重要环节。生姜产地有机质平均含量为11.2g/kg，变幅为6.1～19.1g/kg，低于全市耕地平均水平(12.3g/kg)。

生姜产地全氮平均含量为0.85g/kg，变幅为0.3～1.34g/kg，低于全市耕地平均水平(0.89g/kg)。

碱解氮是被作物直接吸收的无机态氮，其含量水平决定供氮强度。生姜产地土壤碱解氮平均含量为85mg/kg，变幅为48～137mg/kg，略低于全市耕地平均水平(86mg/kg)。

有效磷含量高低是衡量土壤肥力水平的重要指标。生姜产地土壤有效磷含量水平较高，平均为53.8mg/kg，变幅为8.1～154.4mg/kg，明显高于全市平均耕地水平(34.4mg/kg)。

速效钾含量平均为172mg/kg，变幅为81～352mg/kg，明显高于全市耕地平均水平(156mg/kg)。

(二)生姜产地土壤中微量元素含量分级及面积

本次调查主要分析了硫、硅、锌、硼、锰、铁、铜、钼等8种中微量元素，共化验样品80个。各养分含量及面积分布如表4所示。

表 4　　昌邑市生姜产地土壤中微量元素含量及面积

项　目		土壤中微量元素含量分布						
有效硫	范围(mg/kg)	>100	75～100	60～75	45～60	30～45	15～30	<15
	面积(hm^2)	1075.08	429.74	859.48	859.48	2794.76	429.74	859.48
	比例(%)	14.71	5.88	11.76	11.76	38.24	5.88	11.76
有效硅	范围(mg/kg)	>300	200～300	150～200	100～150	50～100		
	面积(hm^2)	644.61	2794.76	3009.63	859.48	0		
	比例(%)	8.82	38.24	41.18	11.76	0		
有效硼	范围(mg/kg)	1～2	0.5～1	0.2～0.5	<0.2			
	面积(hm^2)	347.88	4872.56	2088.03	0			
	比例(%)	4.76	66.67	28.57	0			
有效锰	范围(mg/kg)	>30	15～30	5～15				
	面积(hm^2)	374.92	2623.74	4309.8				
	比例(%)	5.13	35.9	58.97				
有效钼	范围(mg/kg)	0.2～0.3	0.15～0.2	0.1～0.15	<0.1			
	面积(hm^2)	214.87	1289.94	2149.42	3654.24			
	比例(%)	2.94	17.65	29.41	50			
有效铜	范围(mg/kg)	>1.8	1～1.8	0.2～1				
	面积(hm^2)	1873.89	3747.78	1934.55				
	比例(%)	25.64	51.28	26.47				
有效铁	范围(mg/kg)	>20	10～20	4.5～10	2.5～4.5			
	面积(hm^2)	2248.82	2623.74	1498.97	936.95			
	比例(%)	30.77	35.9	20.51	12.82			
有效锌	范围(mg/kg)	>3	1～3	0.5～1	0.3～0.5	<0.3		
	面积(hm^2)	0	2317.52	3921.73	891.63	178.33		
	比例(%)	0	31.71	53.66	12.2	2.44		

生姜产地有效硫平均含量为 55.2mg/kg,变幅为 13.6～155.6mg/kg,高于全市耕地平均水平(33mg/kg)。

有效硅是对植物生长的有益元素,能够增强植株抗逆性。生姜产地有效硅平均含量为 203.97mg/kg,变幅为 117.17～368.43mg/kg,低于全市耕地平均水平(243.95mg/kg)。

生姜产地锌肥投入量较大,有效锌含量较高,平均为 0.91mg/kg ,高于全市耕地平均水平(0.66mg/kg)。

硼是植物生长必需的营养元素,缺硼会影响植株正常的生理代谢活动。生姜产地有效硼平均含量为0.64mg/kg,高于全市耕地平均水平(0.61mg/kg)。

生姜产地有效锰含量平均为15.18mg/kg,含量比较丰富,高于全市耕地平均水平(14.78mg/kg)。

生姜产地有效钼含量平均为0.1mg/kg,含量水平偏低,属于缺钼地区,高于全市耕地平均水平(0.09mg/kg)。

生姜产地有效铜含量平均为1.48g/kg,含量比较丰富,低于全市耕地平均水平(1.51mg/kg)。

生姜产地有效铁含量平均为18.64mg/kg,含量较丰富,高于全市耕地平均水平(14.51mg/kg)。

(三)生姜产地土壤主要物理性状

物理性状直接影响土壤的水、肥、气、热,是决定耕地地力的重要因素。它主要包括土壤质地、土层厚度、剖面构型、土壤容重、总孔隙度、田间持水量等方面。本次调查分别测定了土壤质地、土壤容重。

1. 土壤质地。土壤质地是土壤的主要物理性状,实践证明,土壤质地是影响土壤肥力高低、耕性好坏、生产性能优劣的基本因素之一。生姜产地主要有轻壤土、中壤土、砂壤土、紧砂土4种。本次共调查土壤质地100个,不同质地土壤面积如表5所示。

表5 昌邑市生姜产地不同质地类型面积

质地类型	轻壤土	中壤土	砂壤土	紧砂土	合计
面积(hm2)	4304.69	2821.07	168.09	14.62	7308.47
比例(%)	58.9	38.6	2.3	0.2	100

轻壤土不黏不砂,适耕期长,耕性良好,通透性和保水、保肥能力适中,供肥性好,较抗旱涝,土壤中水、肥、气 热状况比较协调,养分含量中等,中壤土其物理性状及其特点与轻壤土类似,但耕性比轻壤土稍差,生姜产地绝大部分土壤是轻壤土和中壤土。砂壤土的特点接近紧砂土,但保水、保肥性能稍好。主要分布于饮马镇的薛庄,都昌街道的马埠、王耨一带。紧砂土疏松,易耕作,但漏水漏肥严重,养分含量低,主要分布于围子镇的王珂、南金一带的河滩高地。

2. 土壤容重。土壤容重是土壤松紧程度和耕性好坏的标志之一。据100个样点测定,生姜产地土壤容重平均为1.32g/cm^3,变幅为1.23~1.41g/cm^3。容重与质地有密切关系,耕层砂壤土平均容重为1.30g/cm^3,轻壤土为1.31g/cm^3,中壤土为1.33g/cm^3,紧砂土为1.29g/cm^3。

四、生姜适宜性评价

获取的评价资料可以分为定量和定性资料两大部分,为了采用定量化的评价方法和自动化的评价手段,减少人为因素的影响,需要对其中的定性因素进行定量化处理,根据因素的级别状况赋予其相应的分值或数值。定量资料参照耕地地力评价标准。

（一）定性因素的量化处理

1. 土壤表层质地：考虑不同质地类型的土壤肥力特征以及与生姜品质的关系，赋予不同质地类别以相应的分值。不同土壤质地量化值如表 6 所示。

表 6　土壤表层质地的量化处理

质地类别	轻壤	中壤	砂壤	紧砂土
分值	100	95	75	55

2. 土体构型：首先以土层质地类别和其在土体中的部位对各类土体构型进行归纳，根据不同的土体构型对生姜生长发育的影响，赋予不同土体构型以相应的分值（见表 7）。

表 7　土体构型的量化处理

土体构型	中壤均质	中壤黏腰	轻壤均质	轻壤黏腰	中壤黏心	中壤砂腰	中壤黑心	砂壤均质	砂壤砂心	紧砂均质
分值	100	95	95	90	85	85	80	60	50	50

3. 地貌类型：根据不同的地貌类型对地力及生姜生长的影响，赋予其相应的分值（见表 8）。

表 8　地貌类型的量化处理

地貌类型	微斜平地	河滩高地	缓平坡地	缓岗	陵间坡地
分值	100	97	95	93	91

4. 障碍状况：考虑影响昌邑市耕地地力的主要障碍状况，将其障碍状况归纳为不同的类型，并根据其对地力的影响程度进行量化处理（见表 9）。

表 9　障碍状况的量化处理

障碍状况	无障碍	浅黏	夹砂或砂姜	砾质	石渣土
分值	100	90	80	60	40

（二）基础数据库的建立

将采样点基本情况信息、土壤理化性状化验分析数据等信息以调查点为基本数据库记录，进行属性数据库的建立，作为后续评价工作的基础。

（三）参评因素的选取及其权重确定

确定了由青岛农业大学环境与资源学院的学者、专家及昌邑市土肥站业务人员组成的专家组，首先对指标进行分类，在此基础上进行指标的选取，并最终讨论确定地下水矿化度、地形地貌、灌溉保证率、耕层质地、土体构型、障碍层状况、有机质、大量元素（速效钾、有效磷）、微量元素（有效锌）10 项因素作为生姜产地适宜性评价的参评指标。各因子权重如表 10 所示。

表 10 各因子的权重

参评因素	权重	参评因素	权重
矿化度	0.164	障碍层	0.0411
地形地貌	0.1458	有机质	0.0796
灌溉保证率	0.202	有效磷	0.0643
质地	0.0762	速效钾	0.0868
土体构型	0.108	有效锌	0.0322

(四)等级的确定

1. 参评因素隶属函数的建立。用 DELPHI 法根据一组分布均匀的实测值评估出对应的一组隶属度,然后在计算机中绘制这两组数值的散点图,再根据散点图进行曲线模拟,寻求参评因素实际值与隶属度关系方程从而建立起隶属函数。各参评因素的分级及其相应的专家赋值和隶属度,如表 11 所示。

表 11 参评因素的分级及其分值

参评因素	分级及分值										
地形地貌	量值	微斜平地	河滩高地	缓平坡地	缓岗	陵间坡地					
	分值	100	97	95	93	90					
	隶属度	1.00	0.97	0.95	0.93	0.90					
有机质	量值	20	18	16	14	12	10	8	6		
	分值	100	98	95	90	84	78	65	50		
	隶属度	1.00	0.98	0.95	0.90	0.84	0.78	0.65	0.50		
有效磷	量值	300	200	110	80	60	40	30	20	15	5
	分值	80	90	100	98	96	92	90	85	80	40
	隶属度	0.80	0.90	1.00	0.98	0.96	0.92	0.90	0.85	0.80	0.40
有效磷	量值	400	320	240	160	120	100	80	60		
	分值	100	98	93	85	82	78	70	50		
	隶属度	1.00	0.98	0.93	0.85	0.82	0.78	0.70	0.50		
有效锌	量值	2.0	1.5	1.2	1.0	0.8	0.5	0.3			
	分值	100	92	87	85	80	70	55			
	隶属度	1.00	0.92	0.87	0.85	0.80	0.70	0.55			

续表

参评因素		分级及分值									
灌溉保证率	量值	100	80	60	50	30	10	0			
	分值	100	90	80	65	40	10	0			
	隶属度	1.00	0.90	0.80	0.65	0.40	0.10	0.00			
矿化度	量值	<0.5	0.5～2	2～5	>5						
	分值	100	90	65	40						
	隶属度	1.00	0.90	0.65	0.40						
质地	量值	轻壤	中壤	砂壤	紧砂土						
	分值	100	95	75	55						
	隶属度	1.00	0.95	0.95	0.75						
障碍层状况	量值	其他	浅黏	夹砂砂姜	砾质	石渣土					
	分值	100	90	80	60	40					
	隶属度	1.00	0.90	0.80	0.60	0.40					
剖面构型	量值	中壤均质	中壤黏腰	轻壤均质	轻壤黏腰	中壤黏心	中壤砂腰	中壤黑心	砂壤均质	砂壤砂心	紧砂均质
	分值	100	95	95	90	85	85	80	60	50	50
	隶属度	1	0.95	0.95	0.9	0.85	0.85	0.80	0.60	0.50	0.50

通过模拟共得到正直线型、戒上型、戒下型 3 种类型的隶属函数，其中有效磷属于以上两种或两种以上的复合型隶属函数，地貌类型、质地等描述性的因素属于直线型隶属函数，然后根据隶属函数计算各参评因素的单因素评价评语。

各参评因素类型及其隶属函数如表 12 所示。

表 12　参评因素类型及其隶属函数

函数类型	参评因素	隶属函数	A	C	U_t
戒上型	有机质(%)	$y=1/[1+A(x-C)^2]$	0.543	1.822	0.35
戒上型	速效钾(mg/kg)	$y=1/[1+A(x-C)^2]$	0.0000076	327.836	15
戒上型　<110 戒下型　>110	有效磷(mg/kg)	$y=1/[1+A(x-C)^2]$	0.0000992 0.000000742	80.159 111.967	3 450

续表

函数类型	参评因素	隶属函数	A	C	U_t
戒上型	有效锌 (mg/kg)	$y=1/[1+A(x-C)^2]$	0.245	1.924	0.1
正直线型	地貌类型 (分值)	$y=Ax$	0.01	100	0
正直线型	剖面构型 (分值)	$y=Ax$	0.01	100	0
正直线型	障碍层状况 (分值)	$y=Ax$	0.01	100	0
正直线型	耕层质地 (分值)	$y=Ax$	0.01	100	0
正直线型	灌溉保证率 (分值)	$y=Ax$	0.01	100	0
正直线型	矿化度 (分值)	$y=Ax$	0.01	100	0

2.确定最佳的耕地适宜性等级数目。计算生姜适宜性综合指数之后，在耕地资源管理系统中我们选择累积曲线分级法进行评价，根据曲线斜率的突变点(拐点)来确定等级的数目和划分综合指数的临界点，将昌邑市生姜产地划分为四级：一等地、二等地、三等地、四等地，即高度适宜、适宜、勉强适宜和不适宜(见表 13)。

表 13　昌邑市生姜适宜性等级综合指数

综合指数	>0.877	0.805～0.877	0.758～0.805	<0.758
适宜性等级	一等地	二等地	三等地	四等地

昌邑市生姜种植总面积为 7308.47hm^2，按照生姜种植的适宜性进行如下分级，其中一级地面积为 1355.72hm^2，占生姜种植区总面积的 18.55%；二级地面积最大，为 4409.21hm^2，占总面积的 60.33%；三级地面积为 1039.26hm^2，占总面积的 14.22%；四级地面积为 504.28hm^2，占总面积的 6.9%(见表 14)。各等级分布如附图 1 所示。

表 14　昌邑市生姜产地耕地适宜性等级面积统计

等　级	一级地	二级地	三级地	四级地	合计
面积(hm^2)	1355.72	4409.21	1039.26	504.28	7308.47
百分比(%)	18.55	60.33	14.22	6.9	100

五、昌邑市生姜产地耕地适宜性等级分述

(一)一级地

1. 面积与分布。一级地综合评价指数高于 0.877,面积为 1355.72hm^2,占生姜种植区总面积的 18.55%,为最适宜种植生姜的区域,主要分布在围子镇沿下小路两侧微斜平地地区。

2. 主要属性分析。一级地土壤类型是河潮土,微地貌类型为微斜平地,土壤表层质地以轻壤为主,部分为中壤;土体构型以轻壤均质为主,部分为中壤均质和中壤厚砂腰;土层深厚,土壤容重为 1.31g/cm^3,土质疏松,透气性良好,土壤中性。灌排条件好,灌溉保证率较高。土壤全氮、碱解氮、有效磷、速效钾含量较丰富,有效锌达到丰富水平,有机质、有效硼含量中等。一级地养分含量如表 15 所示。

表 15 一级地主要土壤养分含量及水平

项　目	平均值	范围值	含量水平
有机质(g/kg)	12.6	9.2～19.1	中等
全氮(g/kg)	1.12	0.48～1.34	较丰富
碱解氮(mg/kg)	96	72～137	较丰富
有效磷(mg/kg)	55.1	15.3～154.4	较丰富
速效钾(mg/kg)	203	81～352	较丰富
有效锌(mg/kg)	1.24	0.84～1.86	丰富
有效硼(mg/kg)	0.86	0.28～1.17	中等
pH	6.8	6.2～7.8	中性

3. 存在问题和利用方向。一级地土层厚,排灌性好,易于耕作,养分含量高,保肥、保水性好,各项评价指标均属良好型,是全市生姜相对集中的区域,生姜产量一般在 90000kg/hm^{2}以上。存在的问题:一是农民化肥投入量大,氮、磷、钾配比和用量不合理,给农田带来一定的污染,而且影响了耕地质量和生姜品质;二是生姜连作现象普遍,病虫害严重。一级地利用方向:一是发展高产、优质、高效农业,发展无公害生姜生产基地,大力推广水肥一体化技术,提高水肥利用率,防止面源污染;二是适当换茬,可有效地减轻生姜病虫危害;三是增施有机肥,提高土壤有机质含量。

(二)二级地

1. 面积与分布。二级地综合评价指数为 0.805～0.877,面积为 4409.21hm^2,占生姜种植区总面积的 60.33%,为生姜适宜种植区,主要分布在围子镇、卜庄镇、都昌街道、奎聚街道 3 个镇(街道)区域内潍河两岸的微斜平地和河滩高地。

2. 主要属性分析。二级地土壤类型以河潮土为主,兼有少量褐土化潮土。土壤表层质地为轻壤为主,部分为中壤。土体构型以轻壤均质为主,部分地区为中壤均质、中壤黏心、轻壤黏腰。微地貌类型以微斜平地为主,兼有少量河滩高地。土层深厚,土壤理化性状良好,

灌溉保证率较高。土壤中性,容重为1.31g/cm³,适宜种植生姜。养分含量比较理想,其中全氮、有效磷含量较丰富,速效钾、有效锌含量丰富,其余各养分含量达中等水平(见表16)。

表16　二级地主要土壤养分含量及水平

项　目	平均值	范围值	含量水平
有机质(g/kg)	11.9	6.7～18.1	中等
全氮(g/kg)	0.96	0.3～1.33	较丰富
碱解氮(mg/kg)	88	48～134	中等
有效磷(mg/kg)	54.7	9.12～148.33	较丰富
速效钾(mg/kg)	188	89～347	丰富
有效锌(mg/kg)	1.11	0.58～1.82	丰富
有效硼(mg/kg)	0.78	0.26～1.01	中等
pH	7.2	6.3～8.1	中性

3.存在问题和利用方向。二级地地势平坦,土壤物理性状良好,存在问题除土壤肥力比一级地差以外,其他存在问题与一级地类似。二级地是全市生姜面积最大的区域,生姜产量一般为60000～90000kg/hm²,利用方向就是增施有机肥,实行配方施肥和秸秆还田;合理轮作,减轻病虫危害。

(三)三级地

1. 面积与分布。三级地综合评价指数为0.758～0.805,面积为1039.26hm²,占生姜种植区总面积的14.22%,三级地勉强适宜种植生姜,全市生姜种植区域均有分布,主要分布在都昌街道褚庄及马埠一带的缓岗、饮马镇顾仙村一带的缓平坡地。

2. 主要属性分析。三级地土壤类型主要为河潮土及少量风沙土。耕层质地以轻壤为主,伴有少量的砂壤。土体构型以轻壤均质为主,少部分地区为砂壤均质、砂壤厚砂心。微地貌类型主要为缓平坡地,兼有部分缓岗。土壤理化性状较好,农田基础设施良好,灌排能力一般,灌溉保证率偏低。三级地养分含量如表17所示。

表17　三级地主要土壤养分含量及水平

项　目	平均值	范围值	含量水平
有机质(g/kg)	10.8	6.1～17.4	中等偏下
全氮(g/kg)	0.84	0.3～1.34	中等
碱解氮(mg/kg)	78	48～136	中等偏下
有效磷(mg/kg)	53.7	8.1～145.12	较丰富
速效钾(mg/kg)	169	81～342	丰富
有效锌(mg/kg)	0.82	0.25～1.73	中等
有效硼(mg/kg)	0.63	0.29～1.01	中等
pH	7.4	6.2～8.1	中性

3.存在问题和利用方向。三级地表层质地适中，耕性良好，土壤养分含量多属于中等水平。生姜产量一般为45000～60000kg/hm^2，主要存在的问题：一是少部分耕地土壤质地为砂壤，容易造成养分的流失；二是少部分耕地灌溉保证率偏低，干旱年份灌溉无保证；三是耕层土壤养分含量低于一级二级地，且存在不平衡现象。三级地应加深耕层，增施有机肥，提高土壤的物理化学性能。完善排水设施，提高灌溉保证率；增施或补施微肥，进一步提高耕地地力，三级地不提倡种植生姜，适宜改种小麦、玉米等作物。

（四）四级地

1. 面积与分布。四级地综合评价指数低于0.758，面积为504.28hm^2，占生姜种植区总面积的6.9 %，四级地不适宜种植生姜，主要分布在北孟镇池子村及望仙庄村一带的陵间坡地，少量在围子镇王珂一带的河滩高地。

2. 主要属性分析。四级地土壤类型主要为潮褐土和淋溶褐土；土壤表层质地以轻壤为主，中壤次之，少量为紧砂土；土体构型以均壤质为主，少量为紧砂均质。微地貌类型以陵间坡地为主，少量为河滩高地。灌溉保证率较低，土壤微碱性，养分含量偏低且不均衡。四级地土壤养分含量如表18所示。

表18　四级地主要土壤养分含量及水平

项　目	平均值	范围值	含量水平
有机质(g/kg)	9.5	6.1～16.7	中等偏下
全氮(g/kg)	0.48	0.3～1.28	缺乏
碱解氮(mg/kg)	78	48～133	中等偏下
有效磷(mg/kg)	51.7	8.1～76.4	较丰富
速效钾(mg/kg)	128	81～350	中等
有效锌(mg/kg)	0.47	0.28～1.69	缺乏
有效硼(mg/kg)	0.29	0.25～0.91	缺乏
pH	7.5	6.8～8.2	微碱性

3.改良利用。四级地土壤物理条件差，养分含量总体水平较低，土壤保水、保肥能力差，相当大面积的耕地缺氮、磷、钾。农田的灌溉水平不高，难以满足生姜生长的需要，生姜产量一般在45000kg/hm^2以下，不适宜种植生姜。宜改种小麦、玉米、棉花、大豆等作物。

六、昌邑市生姜生产存在的问题及发展规划

（一）存在的主要问题

1.昌邑市生姜经过多年的发展，形成了从品种、催芽、移栽、肥水管理、温湿度控制、病虫害防治、生姜收获等一系列生产技术规程。但由于昌邑市生姜以户为单位进行分散生产，姜农的素质和思想观念参差不齐，技术操作不到位的问题较为突出，有些姜农为了方便，完全凭经验进行栽培和储存，另外，市内生姜种植区域过大，三级、四级地块也盲目种

植，导致生姜质量、产量参差不齐，降低了生姜的商品性。

2.保护地栽培，连作障碍日趋严重。连续多年的生姜种植，连作障碍问题日益显现，某些地块根结线虫病发生严重，产量、品质均会降低。有些姜农冒险使用禁用农药，除实行轮作外，连作障碍没有有效地得到解决。

3.生姜缺乏国际竞争力、姜农品牌意识不足。昌邑市生姜经过多年的发展，种姜技术也不断提高，前些年，全市生姜产量仅为 45000kg/hm^{2}左右，逐步提高到 75000kg/hm^{2}左右。近几年由于推广了新品种和地膜覆盖、大拱棚、小拱棚种植技术，生姜产量高达 90000kg/hm^{2}以上，大棚姜产量甚至达到了 112500kg/hm^2。随着生姜产量的提高，国内市场的饱和，乱施和滥施农药、化肥的现象使生姜难以走向国际市场。

（二）发展规划

1. 探索、推广绿色产品的生产。随着中国加入世界贸易组织后国内外市场的统一与规范，消费者对农产品质量与安全的要求越来越高，因此，大力推行无公害生姜生产将是提高竞争力的必然要求和生产重点。栽培中增施有机肥，减少化肥施用量，提高生姜质量。对每个大棚进行测土，推广测土配方施肥、精准施肥等先进技术。加快连作障碍问题的研究。

在探索减少化肥用量，增施有机肥，使用低毒、低残留农药的基础上，加大对生姜农户无公害农产品生产技术的培训和指导，杜绝使用无公害农产品生产过程中禁用的农药。同时，积极示范推广绿色生姜产品的生产，扩大应用面积，生产出 A 级绿色食品供应市场。

2. 普及规范栽培技术，进行标准化生产，提高生姜的商品质量。在优质生姜的栽培过程中，要经常对姜农进行培训和现场指导，使其树立标准化思想，提高技术的到位率和实施质量，在施肥、灌溉、病虫害防治、收获等环节，采取科学的模式化管理，使农业生产工厂化，从而生产出外观相同、个头大小一致，配备包装的商品进入市场。只有建立起严格的、科学合理的质量标准，才能真正实现农产品的优质优价，也才能促进农产品质量的提高，从而使昌邑市生姜走向更广阔的市场，走向持续稳定和健康发展之路。

3. 建立优质生姜生产基地和批发市场。政府应加大经费和科技的投入，在昌邑市建立优质生姜生产示范基地，合理规划生姜种植区域，发展种植规模兼顾生态环境。通过示范基地建设，充分发挥示范基地的辐射和带动作用，促进生姜新技术的推广应用，以此来带动和辐射全市的生姜生产。此外，建设生姜批发市场以吸引姜商，拓宽物流渠道，以免产品滞销而使姜农的经济利益受到损失，保护姜农的利益和生产积极性，增加农民收入。

4. 大力发展农民合作经济组织。生姜设施栽培与蔬菜行业一样，随着栽培面积的增加，供大于求，结构性过剩的产销状况在所难免。寻求市场和通过加工包装等提升产品附加值的方式势在必行。因此，构建具有保证提供优良品种，及时到位的技术服务，代表农民协商价格，签订合同，协助公司收购、检验产品的合作经济组织是生姜生产健康发展的必由之路。

主要参考文献

[1]山东省土壤肥料工作站.山东土壤.北京:中国农业出版社,1994

[2]山东省土壤肥料工作站.山东土种志.北京:农业出版社,1993

[3]潍坊市土壤肥料工作站:潍坊市土壤(内部资料),1987

[4]高祥照,马常宝,杜森.测土配方施肥技术.北京:中国农业出版社,2005

[5]昌邑县第二次土壤普查办公室.昌邑县土壤志(内部资料),1981

[6]昌邑市统计局.昌邑市统计年鉴(内部资料),1999～2009

[7]昌邑市国土资源局.农村土地利用现状二级分类面积汇总表(内部资料),2009

[8]昌邑市水利局.山东省昌邑市小型农田水利重点县建设工程(内部资料),2009

[9]昌邑市气象局.历年气象资料(内部资料),2009

[10]岳玉德,李涛.青州耕地.济南:山东大学出版社,2004

[11]昌邑市农业局.昌邑农业志(内部资料),1986～2005

[12]昌邑市国土资源局.土地利用现状(内部资料),2009

附　图

昌邑市土地利用现状图

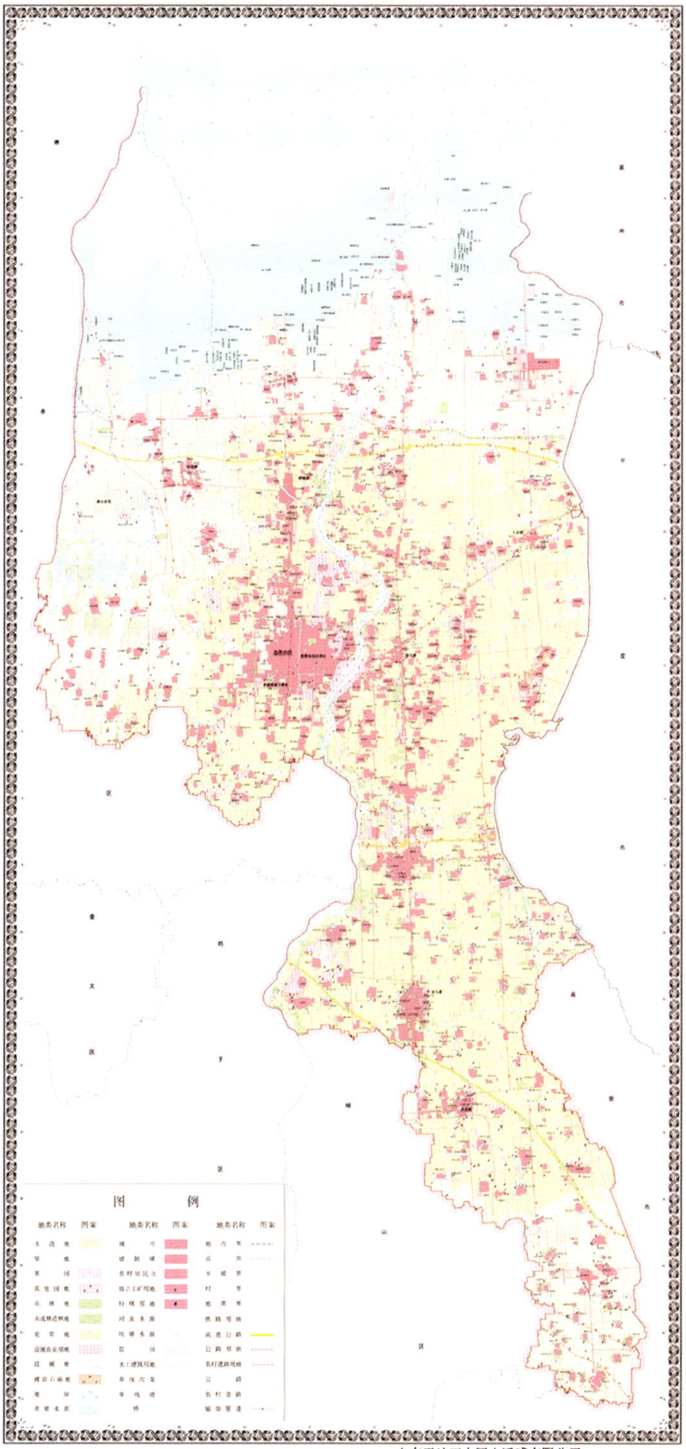

1954年北京坐标系　1956年黄河高程系　　比例尺:1:450000　　山东天地亚太国土遥感有限公司
山东农业大学资源与环境学院　二〇一一年十月

昌邑市土壤图

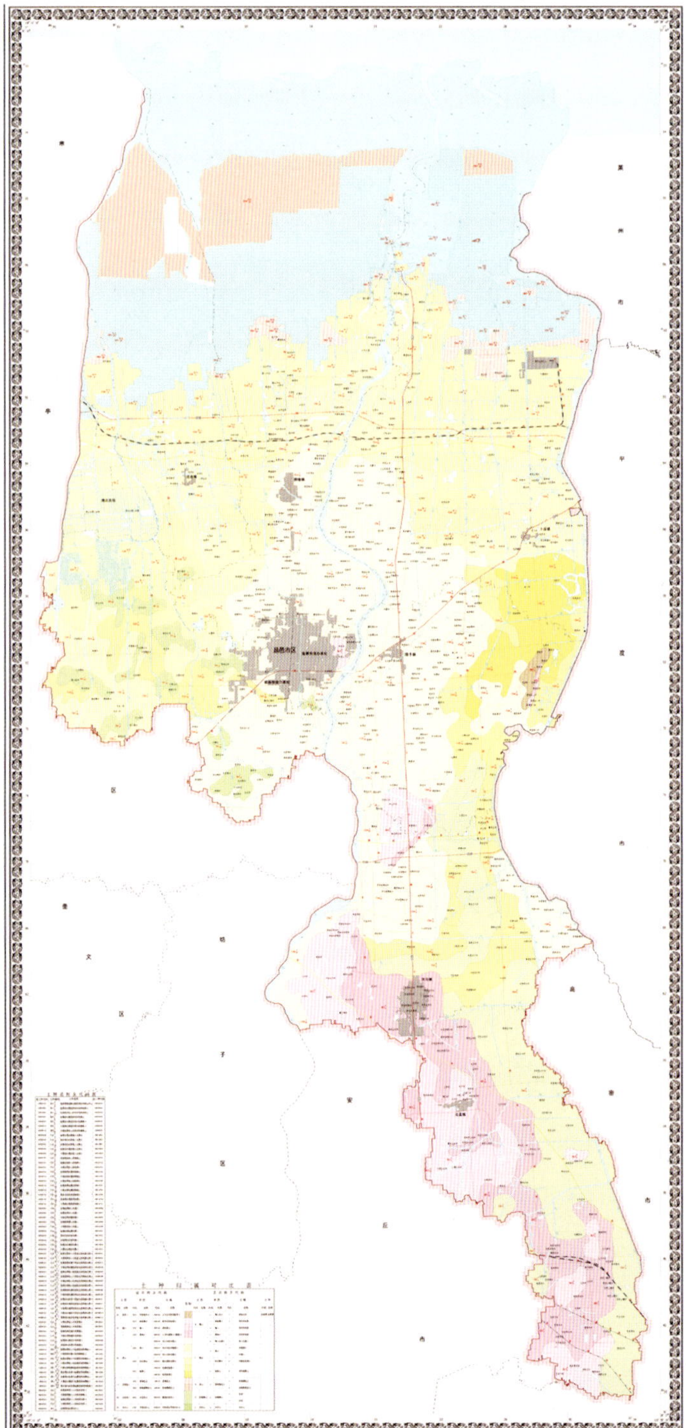

1954年北京坐标系 1956年黄河高程系 比例尺:1:450000 山东天地亚太国土遥感有限公司 山东农业大学资源与环境学院 二〇一一年十月

昌邑市地貌图

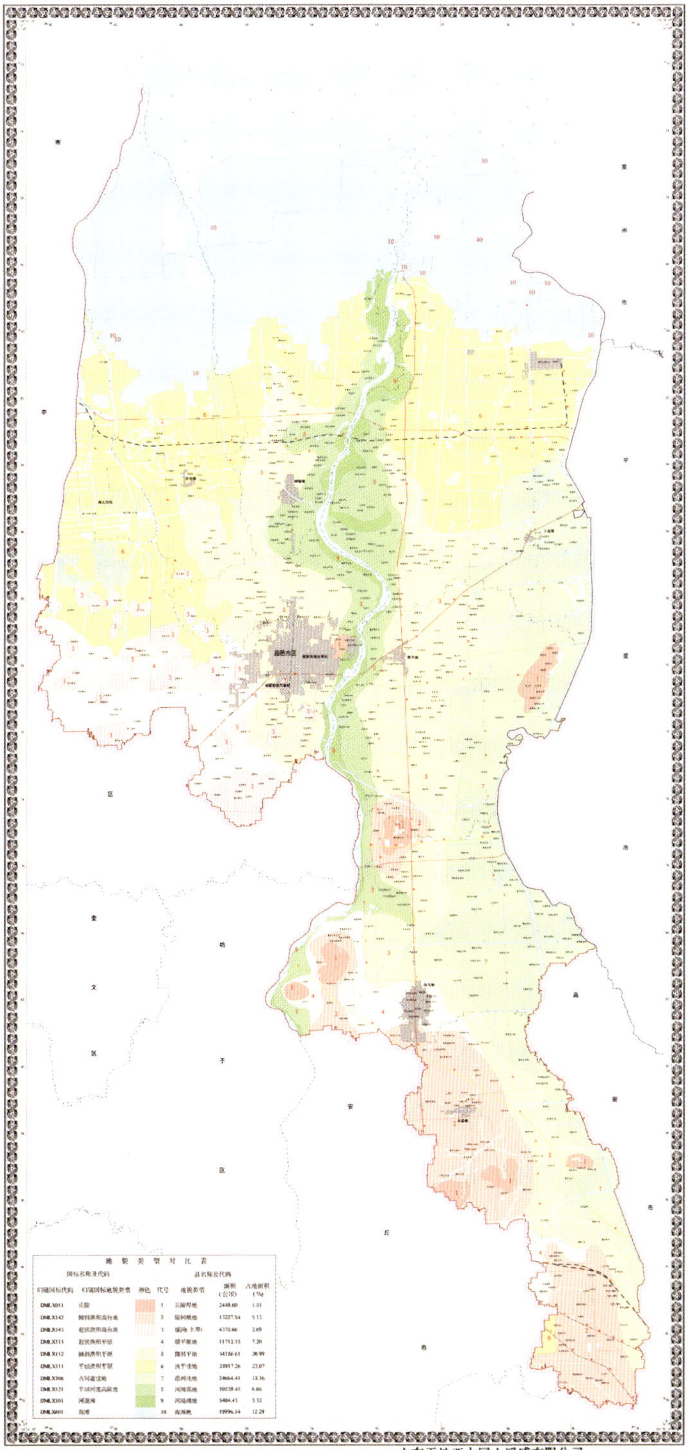

1954年北京坐标系 1956年黄河高程系　　比例尺:1:450000　　山东天地亚太国土遥感有限公司 山东农业大学资源与环境学院　二〇一一年十月

昌邑市耕地地力调查点点位图

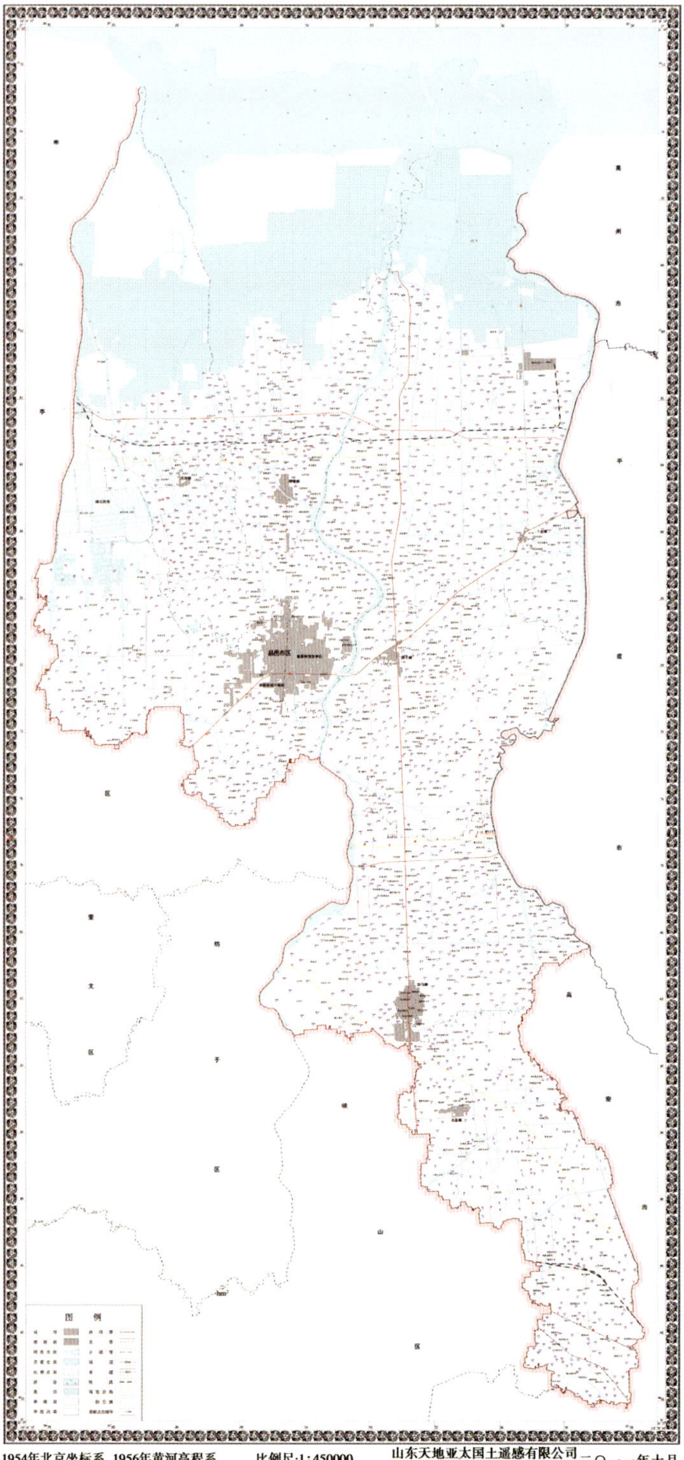

1954年北京坐标系 1956年黄河高程系 比例尺:1∶450000 山东天地亚太国土遥感有限公司 山东农业大学资源与环境学院 二〇一一年十月

昌邑市灌溉分区图

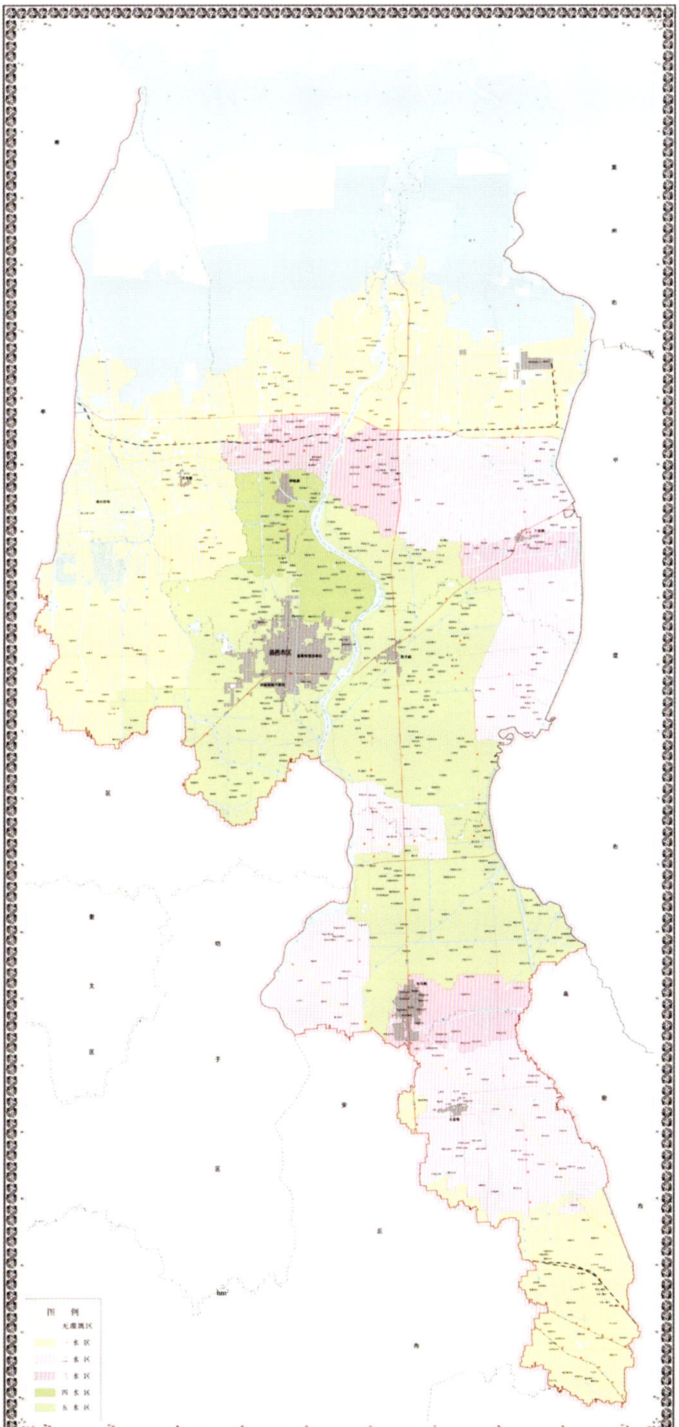

1954年北京坐标系 1956年黄河高程系 比例尺:1:450000 山东天地亚太国土遥感有限公司 山东农业大学资源与环境学院 二〇一一年十月

昌邑市潜水矿化度分布图

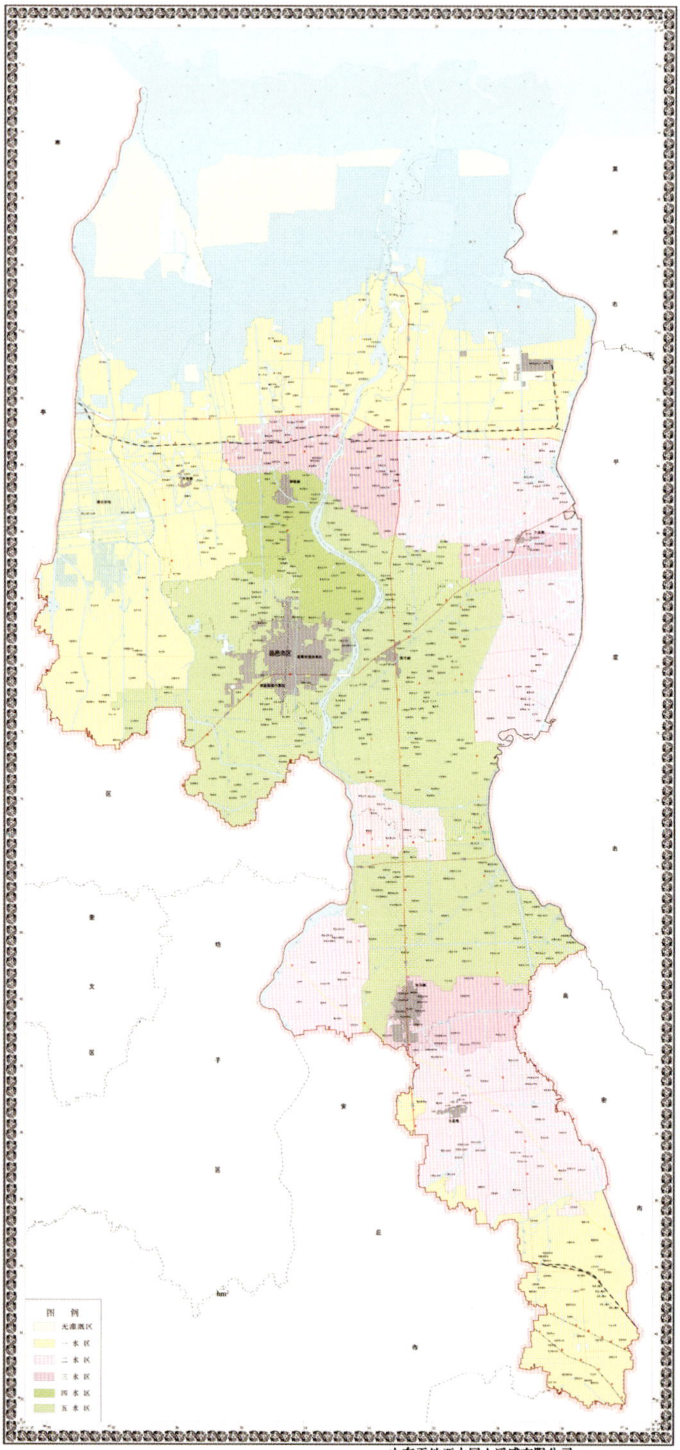

1954年北京坐标系 1956年黄河高程系 比例尺:1:450000 山东天地亚太国土遥感有限公司 山东农业大学资源与环境学院 二○一一年十月

昌邑市耕地地力评价等级图

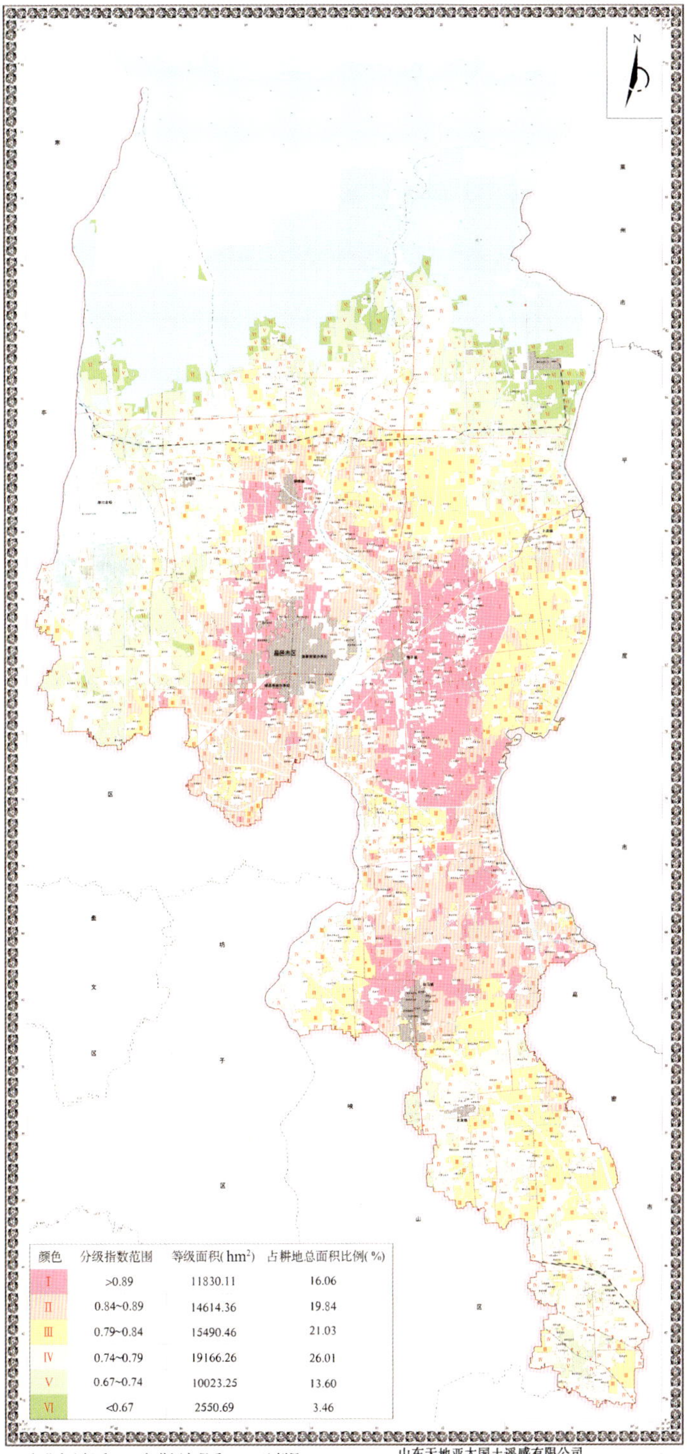

颜色	分级指数范围	等级面积(hm^2)	占耕地总面积比例(%)
Ⅰ	>0.89	11830.11	16.06
Ⅱ	0.84~0.89	14614.36	19.84
Ⅲ	0.79~0.84	15490.46	21.03
Ⅳ	0.74~0.79	19166.26	26.01
Ⅴ	0.67~0.74	10023.25	13.60
Ⅵ	<0.67	2550.69	3.46

1954年北京坐标系 1956年黄河高程系　比例尺:1∶450000　山东天地亚太国土遥感有限公司 山东农业大学资源与环境学院　二〇一一年十月

昌邑市土壤pH分布图

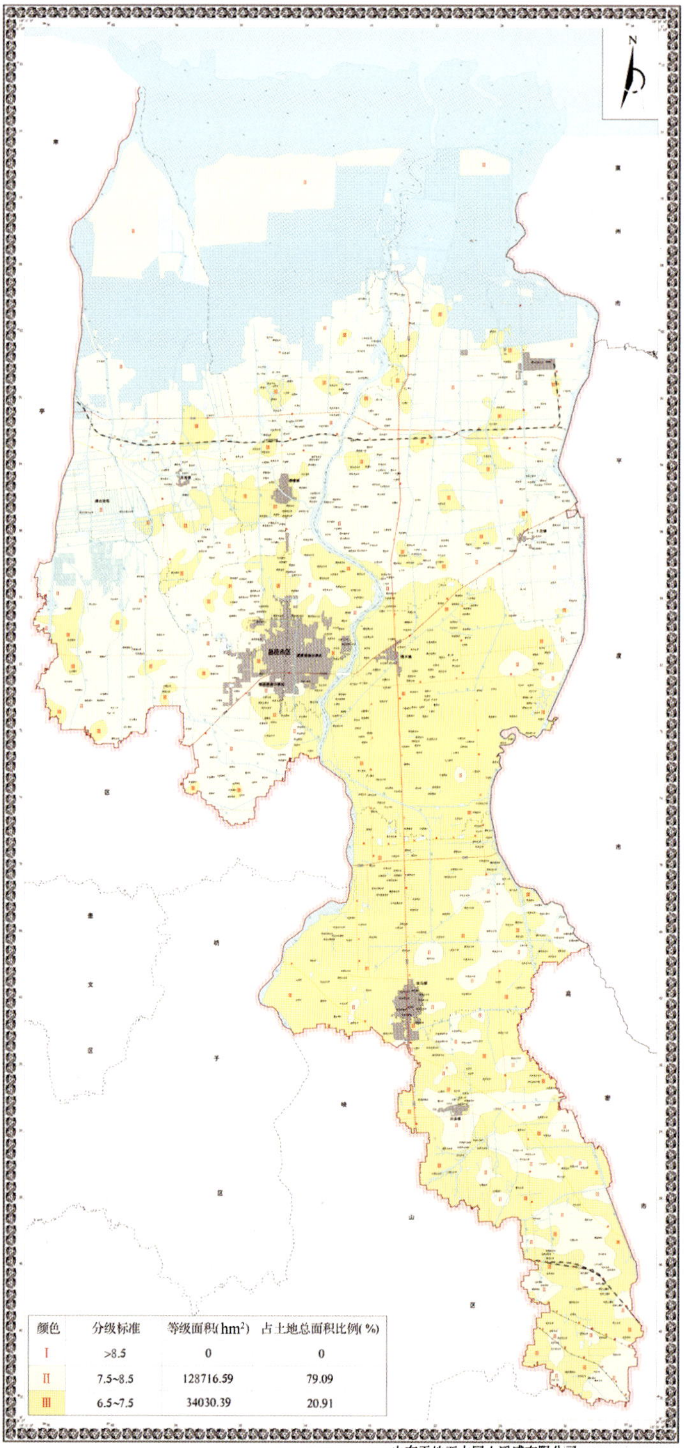

颜色	分级标准	等级面积(hm^2)	占土地总面积比例(%)
Ⅰ	>8.5	0	0
Ⅱ	7.5~8.5	128716.59	79.09
Ⅲ	6.5~7.5	34030.39	20.91

1954年北京坐标系 1956年黄河高程系 比例尺:1∶450000 山东天地亚太国土遥感有限公司 山东农业大学资源与环境学院 二〇一一年十月

昌邑市土壤有机质含量分布图

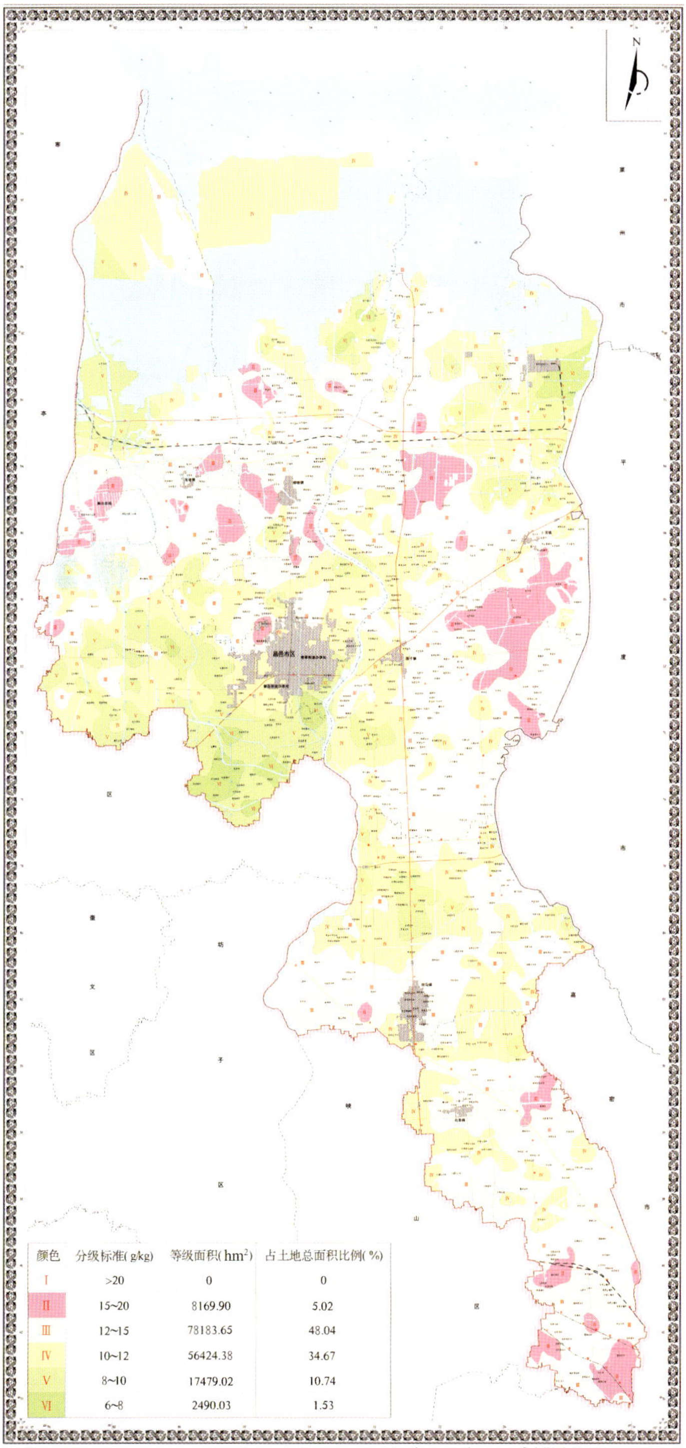

颜色	分级标准(g/kg)	等级面积(hm^2)	占土地总面积比例(%)
Ⅰ	>20	0	0
Ⅱ	15~20	8169.90	5.02
Ⅲ	12~15	78183.65	48.04
Ⅳ	10~12	56424.38	34.67
Ⅴ	8~10	17479.02	10.74
Ⅵ	6~8	2490.03	1.53

1954年北京坐标系 1956年黄河高程系 比例尺:1∶450000

山东天地亚太国土遥感有限公司
山东农业大学资源与环境学院 二○一一年十月

昌邑市土壤全氮含量分布图

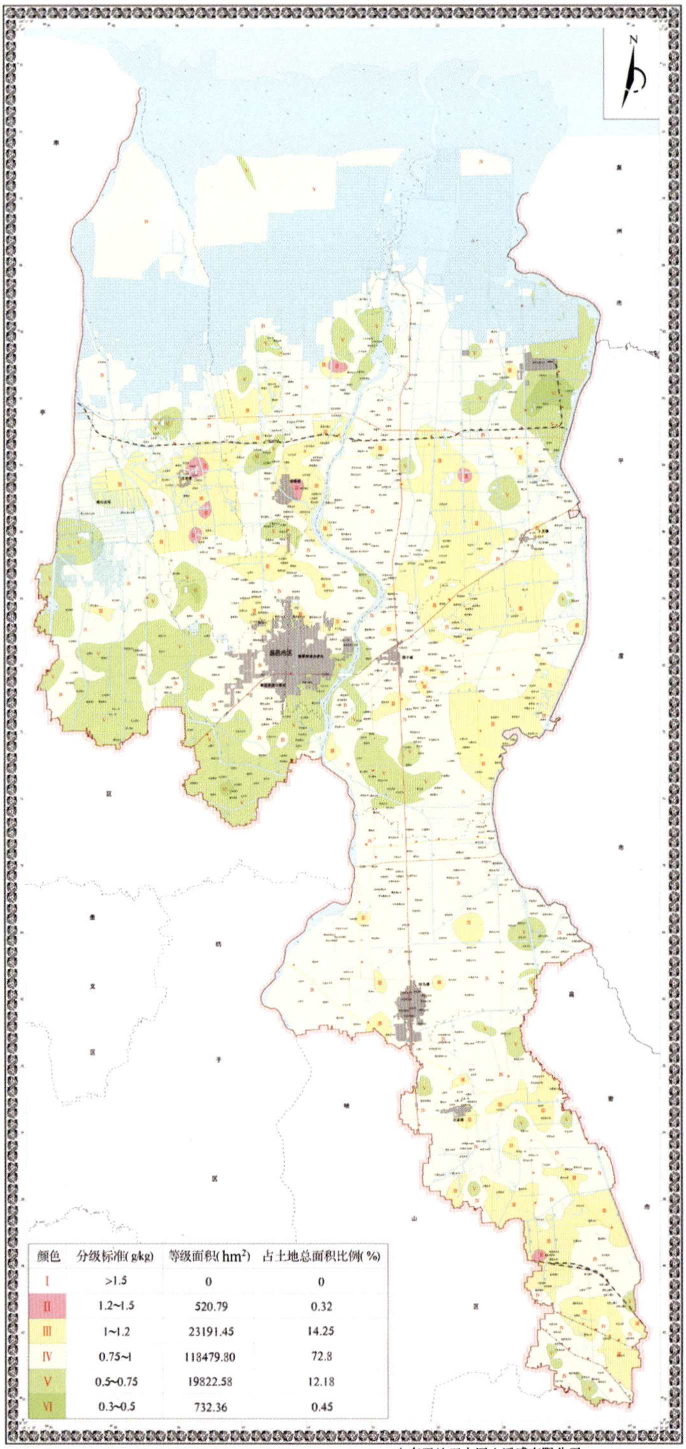

颜色	分级标准(g/kg)	等级面积(hm^2)	占土地总面积比例(%)
Ⅰ	>1.5	0	0
Ⅱ	1.2~1.5	520.79	0.32
Ⅲ	1~1.2	23191.45	14.25
Ⅳ	0.75~1	118479.80	72.8
Ⅴ	0.5~0.75	19822.58	12.18
Ⅵ	0.3~0.5	732.36	0.45

1954年北京坐标系 1956年黄河高程系 比例尺:1:450000 山东天地亚太国土遥感有限公司 山东农业大学资源与环境学院 二〇一一年十月

昌邑市土壤碱解氮含量分布图

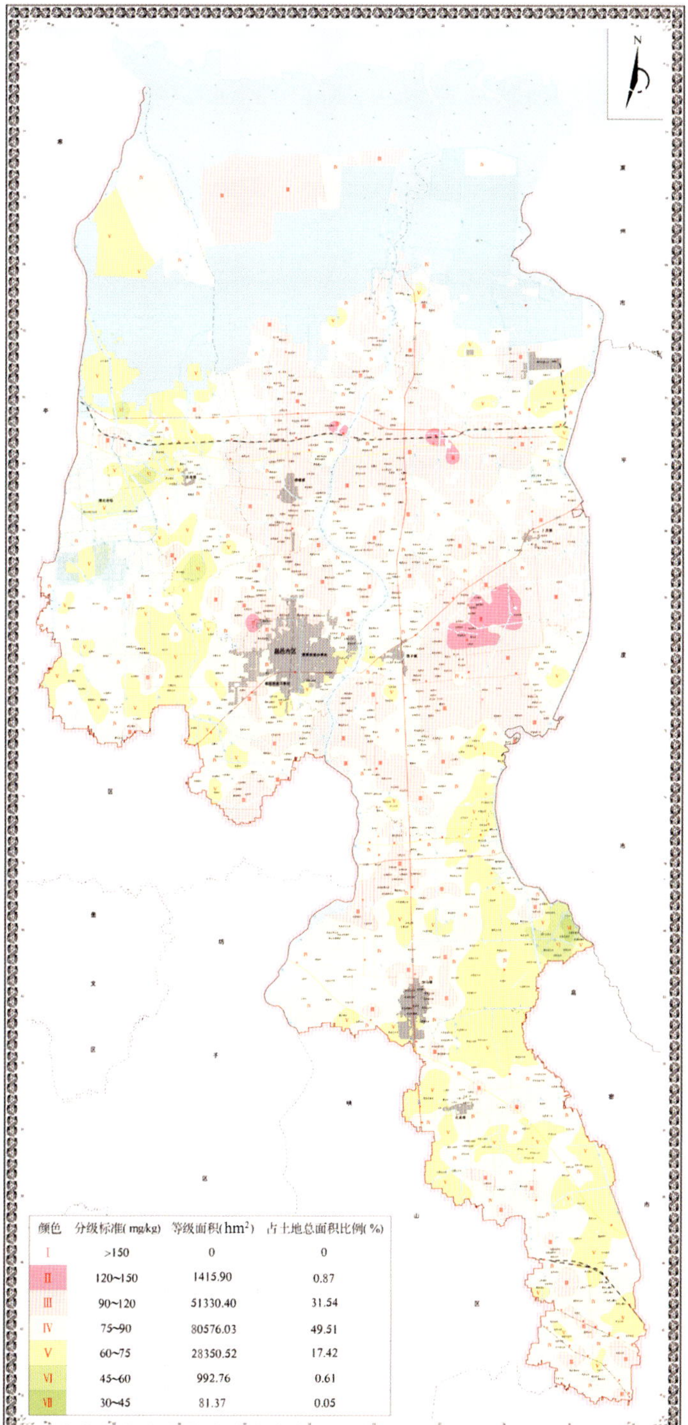

颜色	分级标准(mg/kg)	等级面积(hm^2)	占土地总面积比例(%)
Ⅰ	>150	0	0
Ⅱ	120~150	1415.90	0.87
Ⅲ	90~120	51330.40	31.54
Ⅳ	75~90	80576.03	49.51
Ⅴ	60~75	28350.52	17.42
Ⅵ	45~60	992.76	0.61
Ⅶ	30~45	81.37	0.05

1954年北京坐标系 1956年黄河高程系 比例尺:1∶450000

山东天地亚太国土遥感有限公司
山东农业大学资源与环境学院 二〇一一年十月

昌邑市土壤有效磷含量分布图

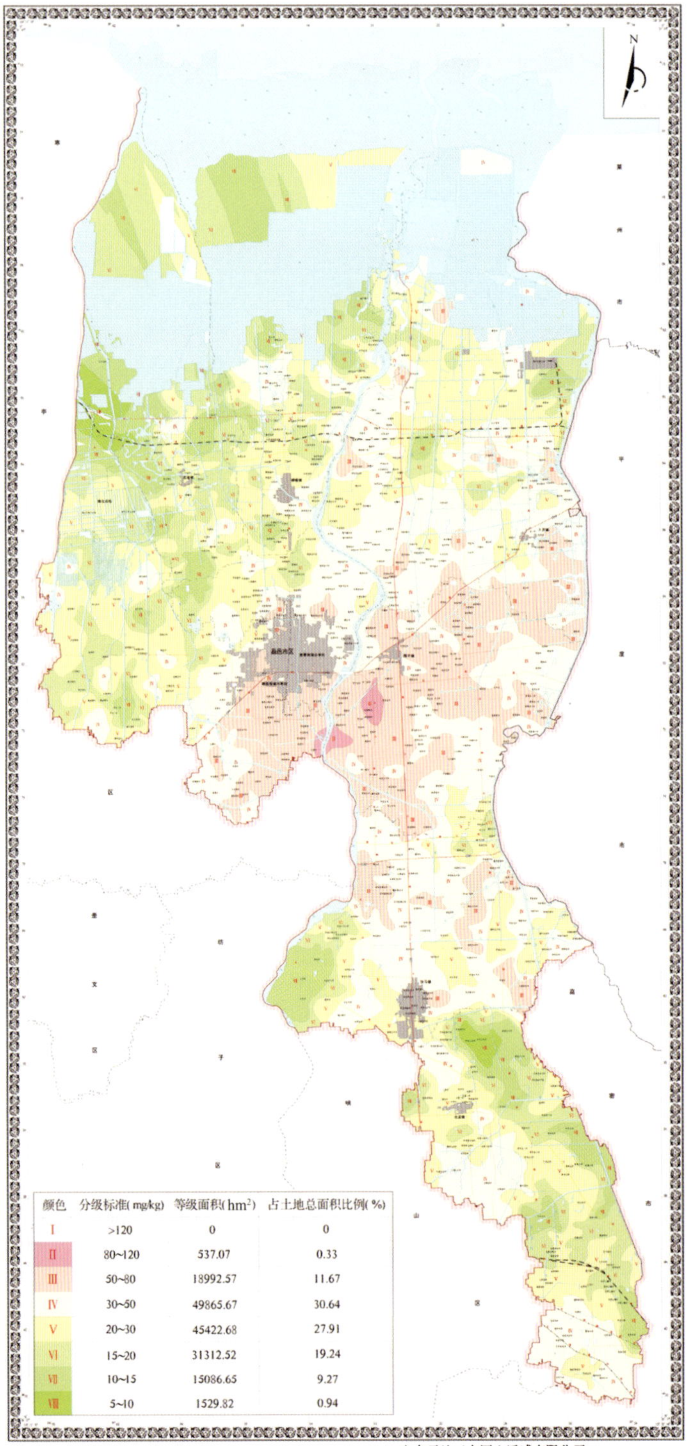

颜色	分级标准(mg/kg)	等级面积(hm²)	占土地总面积比例(%)
Ⅰ	>120	0	0
Ⅱ	80~120	537.07	0.33
Ⅲ	50~80	18992.57	11.67
Ⅳ	30~50	49865.67	30.64
Ⅴ	20~30	45422.68	27.91
Ⅵ	15~20	31312.52	19.24
Ⅶ	10~15	15086.65	9.27
Ⅷ	5~10	1529.82	0.94

1954年北京坐标系 1956年黄河高程系 比例尺:1∶450000 山东天地亚太国土遥感有限公司 山东农业大学资源与环境学院 二〇一一年十月

昌邑市土壤速效钾含量分布图

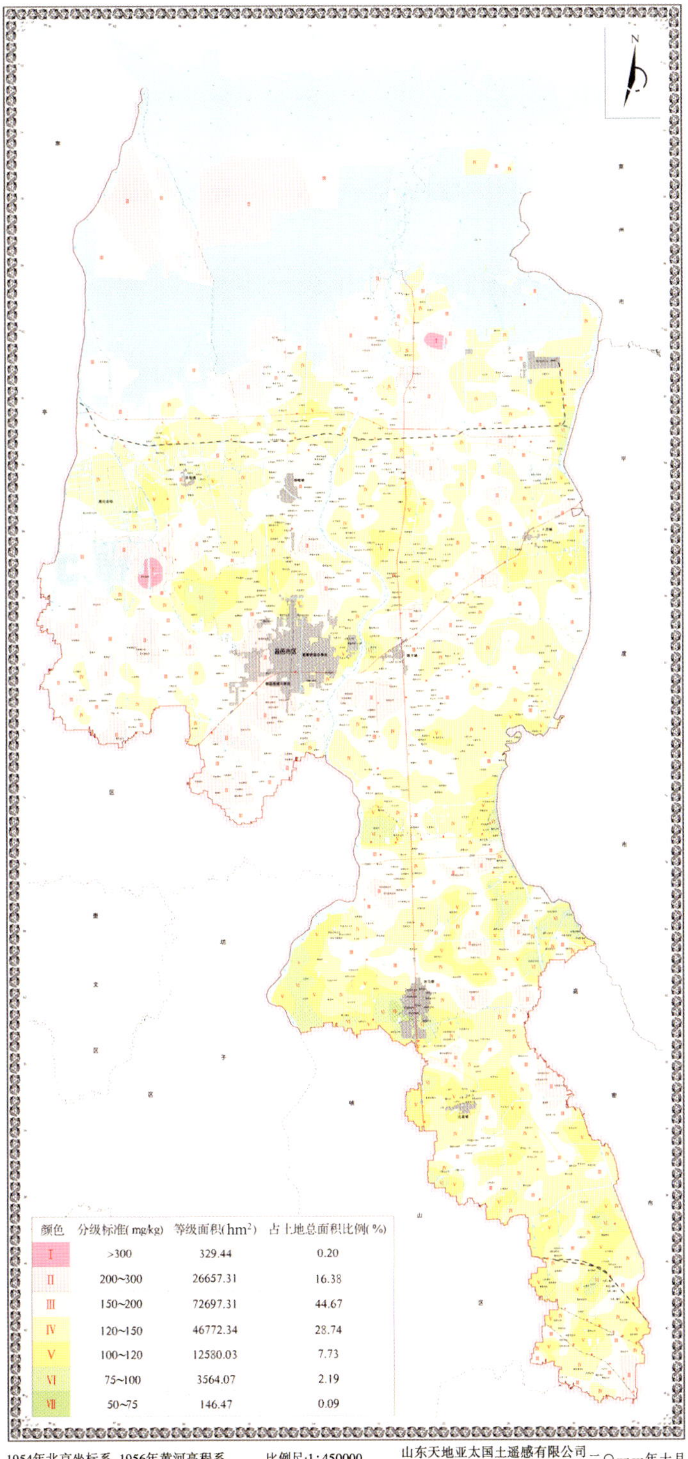

颜色	分级标准(mg/kg)	等级面积(hm^2)	占土地总面积比例(%)
Ⅰ	>300	329.44	0.20
Ⅱ	200~300	26657.31	16.38
Ⅲ	150~200	72697.31	44.67
Ⅳ	120~150	46772.34	28.74
Ⅴ	100~120	12580.03	7.73
Ⅵ	75~100	3564.07	2.19
Ⅶ	50~75	146.47	0.09

1954年北京坐标系 1956年黄河高程系 比例尺:1:450000 山东天地亚太国土遥感有限公司 山东农业大学资源与环境学院 二〇一一年十月

昌邑市土壤缓效钾含量分布图

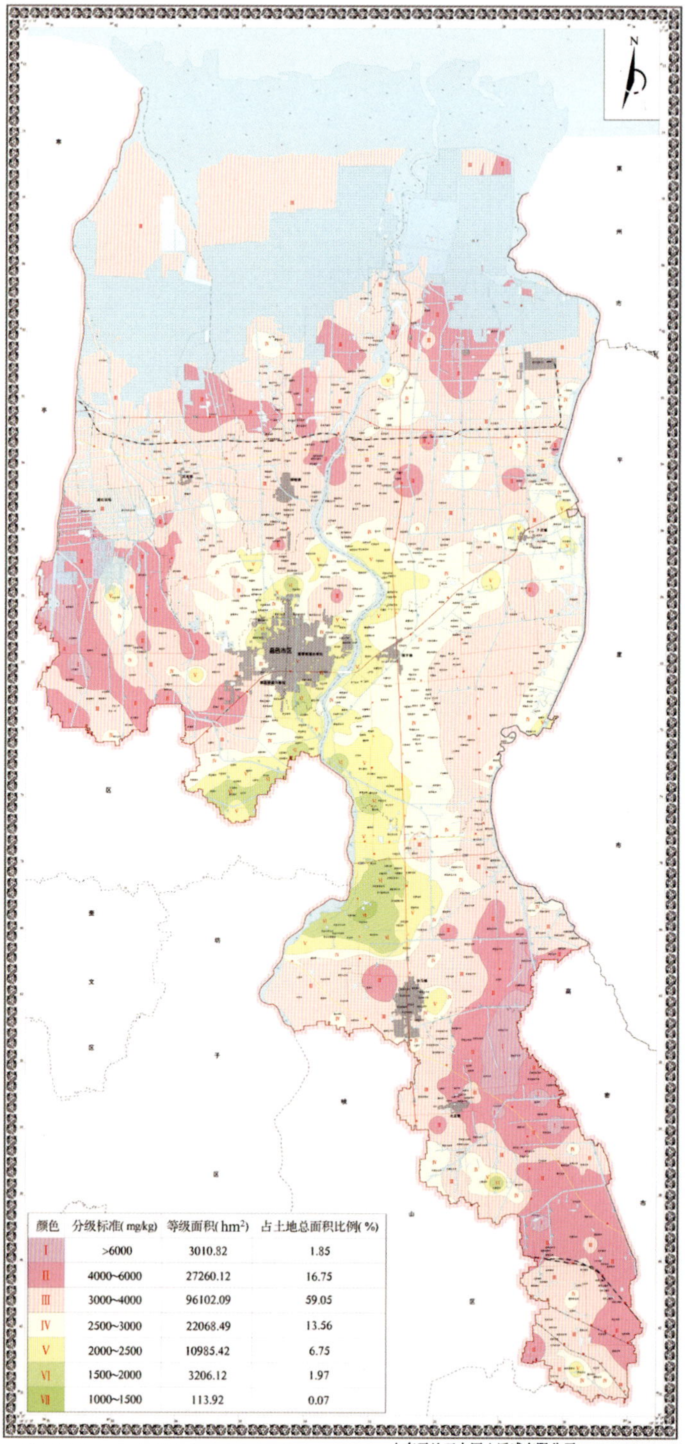

颜色	分级标准(mg/kg)	等级面积(hm²)	占土地总面积比例(%)
Ⅰ	>6000	3010.82	1.85
Ⅱ	4000~6000	27260.12	16.75
Ⅲ	3000~4000	96102.09	59.05
Ⅳ	2500~3000	22068.49	13.56
Ⅴ	2000~2500	10985.42	6.75
Ⅵ	1500~2000	3206.12	1.97
Ⅶ	1000~1500	113.92	0.07

1954年北京坐标系 1956年黄河高程系 比例尺:1:450000 山东天地亚太国土遥感有限公司 山东农业大学资源与环境学院 二〇一一年十月

昌邑市土壤交换性钙含量分布图

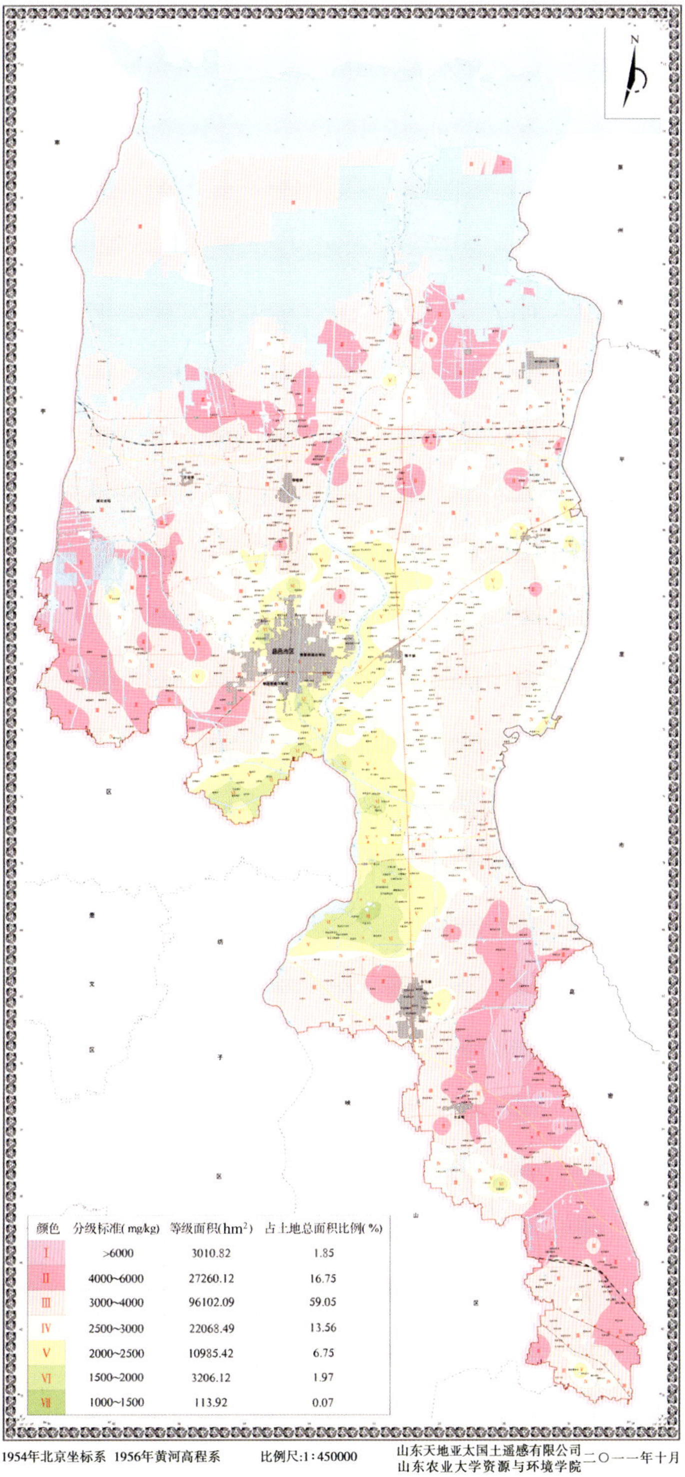

颜色	分级标准(mg/kg)	等级面积(hm^2)	占土地总面积比例(%)
Ⅰ	>6000	3010.82	1.85
Ⅱ	4000~6000	27260.12	16.75
Ⅲ	3000~4000	96102.09	59.05
Ⅳ	2500~3000	22068.49	13.56
Ⅴ	2000~2500	10985.42	6.75
Ⅵ	1500~2000	3206.12	1.97
Ⅶ	1000~1500	113.92	0.07

1954年北京坐标系 1956年黄河高程系 比例尺:1:450000 山东天地亚太国土遥感有限公司 山东农业大学资源与环境学院 二〇一一年十月

昌邑市土壤交换性镁含量分布图

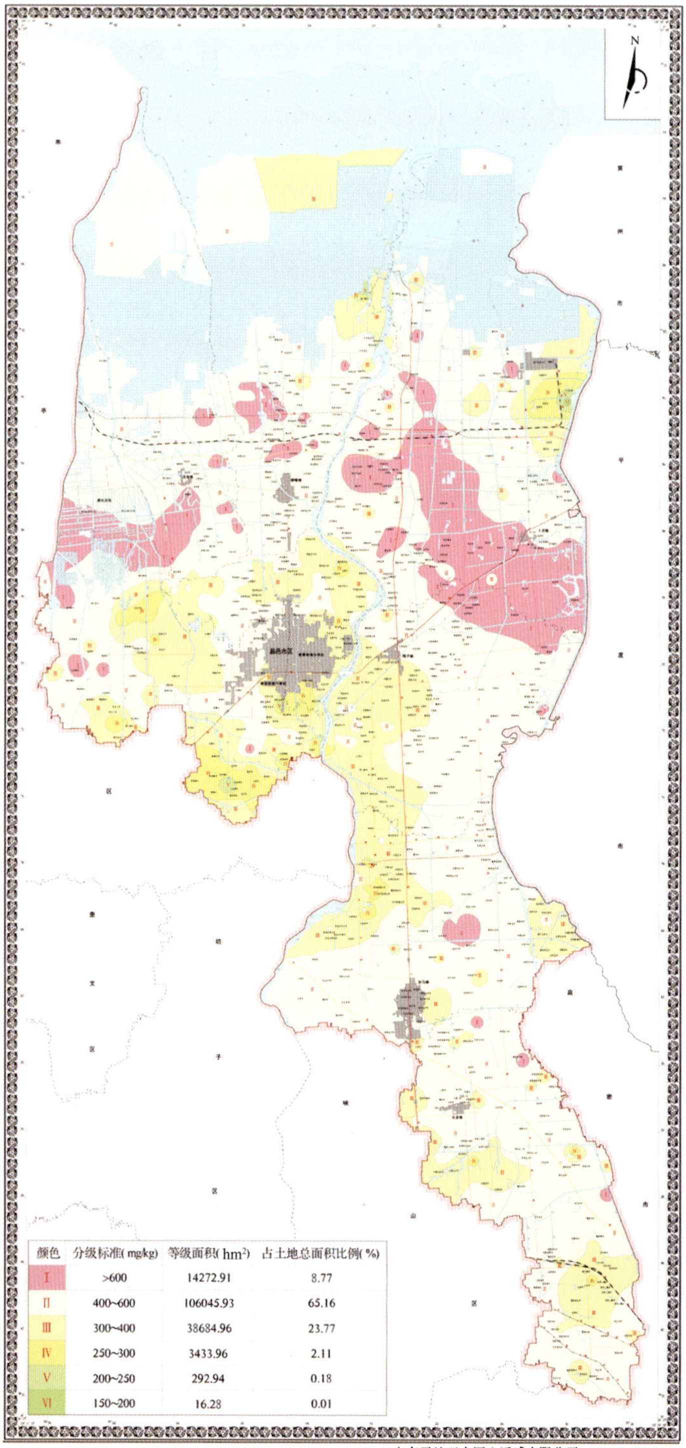

颜色	分级标准(mg/kg)	等级面积(hm²)	占土地总面积比例(%)
Ⅰ	>600	14272.91	8.77
Ⅱ	400~600	106045.93	65.16
Ⅲ	300~400	38684.96	23.77
Ⅳ	250~300	3433.96	2.11
Ⅴ	200~250	292.94	0.18
Ⅵ	150~200	16.28	0.01

1954年北京坐标系 1956年黄河高程系　比例尺:1∶450000　山东天地亚太国土遥感有限公司 山东农业大学资源与环境学院 二〇一一年十月

昌邑市土壤有效硫含量分布图

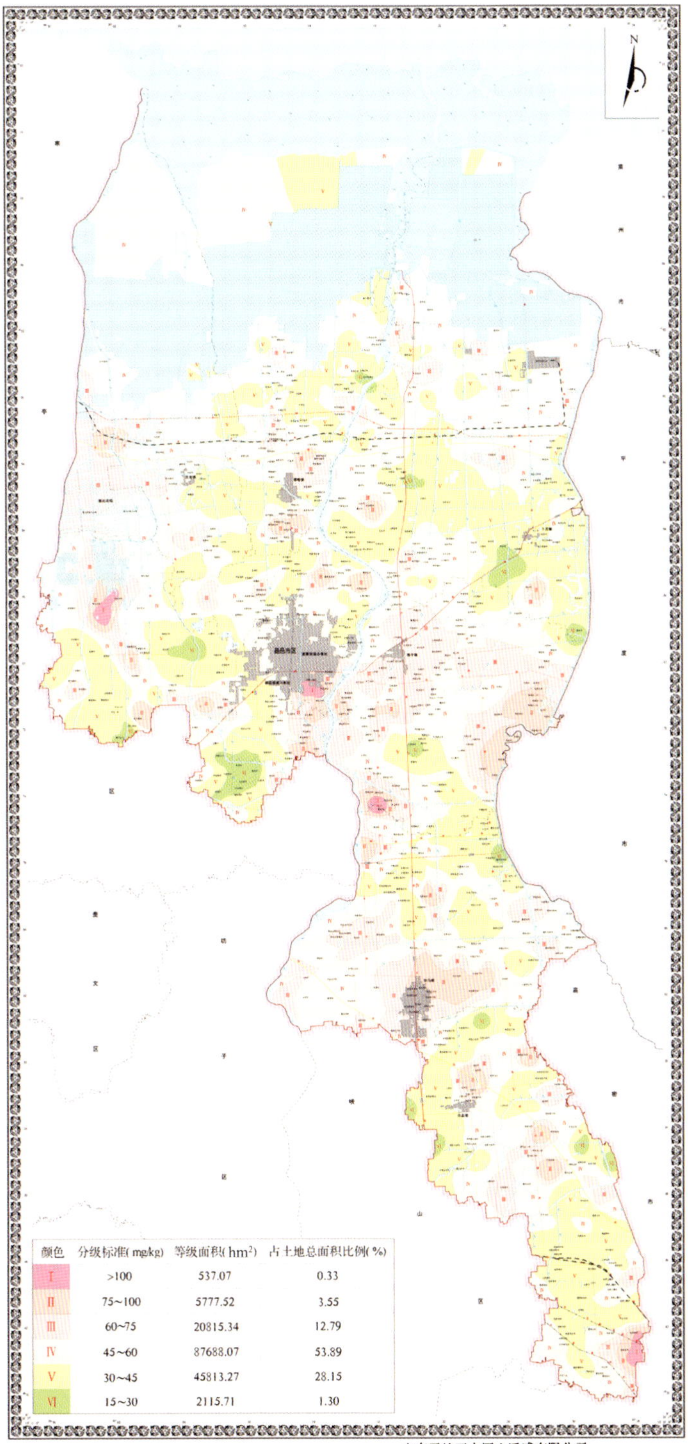

1954年北京坐标系 1956年黄河高程系 比例尺:1∶450000 山东天地亚太国土遥感有限公司 山东农业大学资源与环境学院 二〇一一年十月

昌邑市土壤有效硅含量分布图

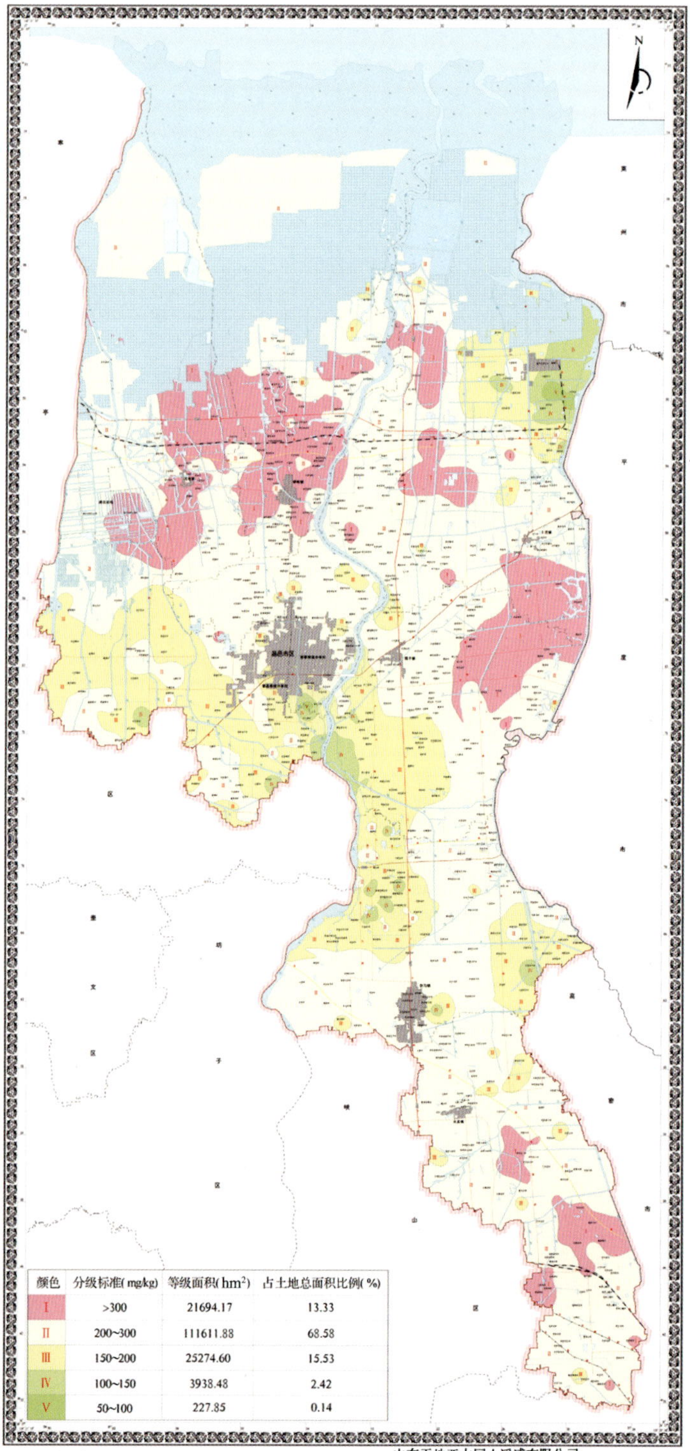

颜色	分级标准(mg/kg)	等级面积(hm²)	占土地总面积比例(%)
Ⅰ	>300	21694.17	13.33
Ⅱ	200~300	111611.88	68.58
Ⅲ	150~200	25274.60	15.53
Ⅳ	100~150	3938.48	2.42
Ⅴ	50~100	227.85	0.14

1954年北京坐标系 1956年黄河高程系　比例尺:1∶450000　山东天地亚太国土遥感有限公司 山东农业大学资源与环境学院　二〇一一年十月

昌邑市土壤有效锌含量分布图

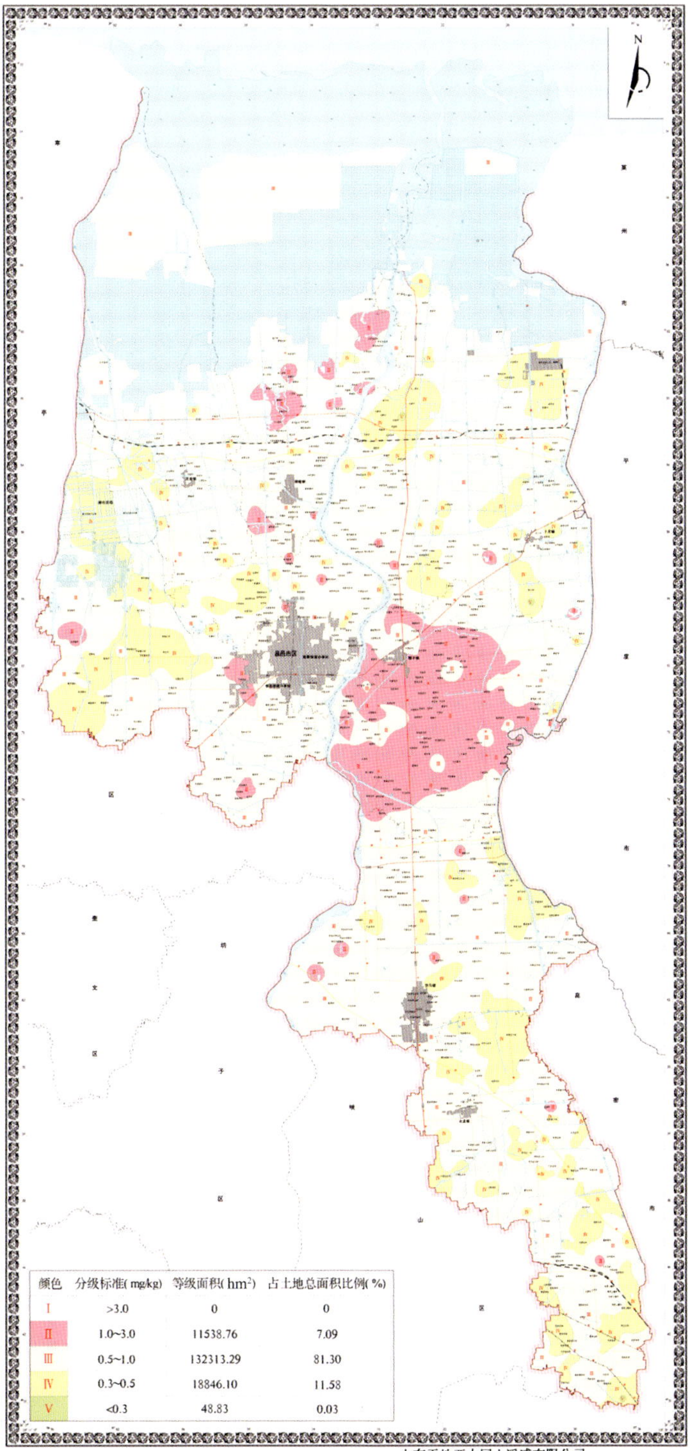

颜色	分级标准(mg/kg)	等级面积(hm^2)	占土地总面积比例(%)
Ⅰ	>3.0	0	0
Ⅱ	1.0~3.0	11538.76	7.09
Ⅲ	0.5~1.0	132313.29	81.30
Ⅳ	0.3~0.5	18846.10	11.58
Ⅴ	<0.3	48.83	0.03

1954年北京坐标系 1956年黄河高程系 比例尺:1∶450000 山东天地亚太国土遥感有限公司 山东农业大学资源与环境学院 二〇一一年十月

昌邑市土壤有效硼含量分布图

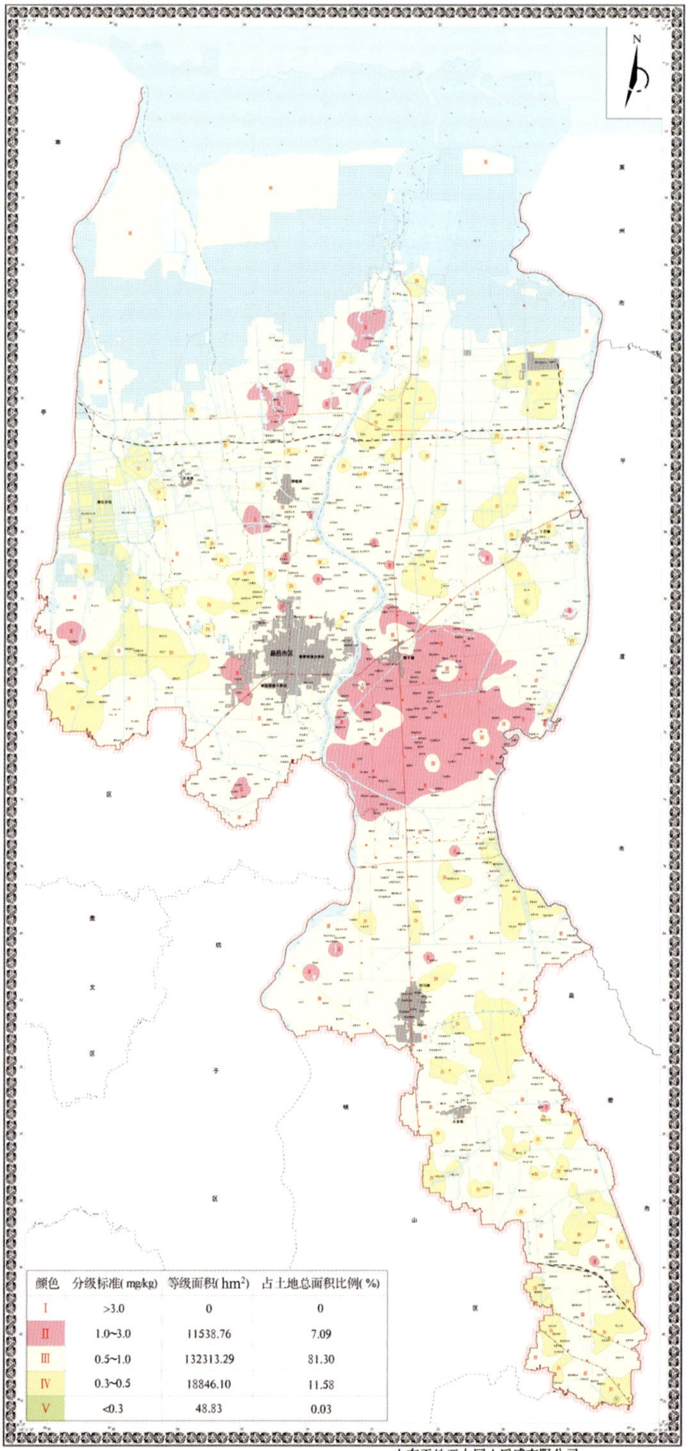

颜色	分级标准(mg/kg)	等级面积(hm^2)	占土地总面积比例(%)
Ⅰ	>3.0	0	0
Ⅱ	1.0~3.0	11538.76	7.09
Ⅲ	0.5~1.0	132313.29	81.30
Ⅳ	0.3~0.5	18846.10	11.58
Ⅴ	<0.3	48.83	0.03

1954年北京坐标系 1956年黄河高程系 比例尺:1:450000 山东天地亚太国土遥感有限公司 山东农业大学资源与环境学院 二〇一一年十月

昌邑市土壤有效锰含量分布图

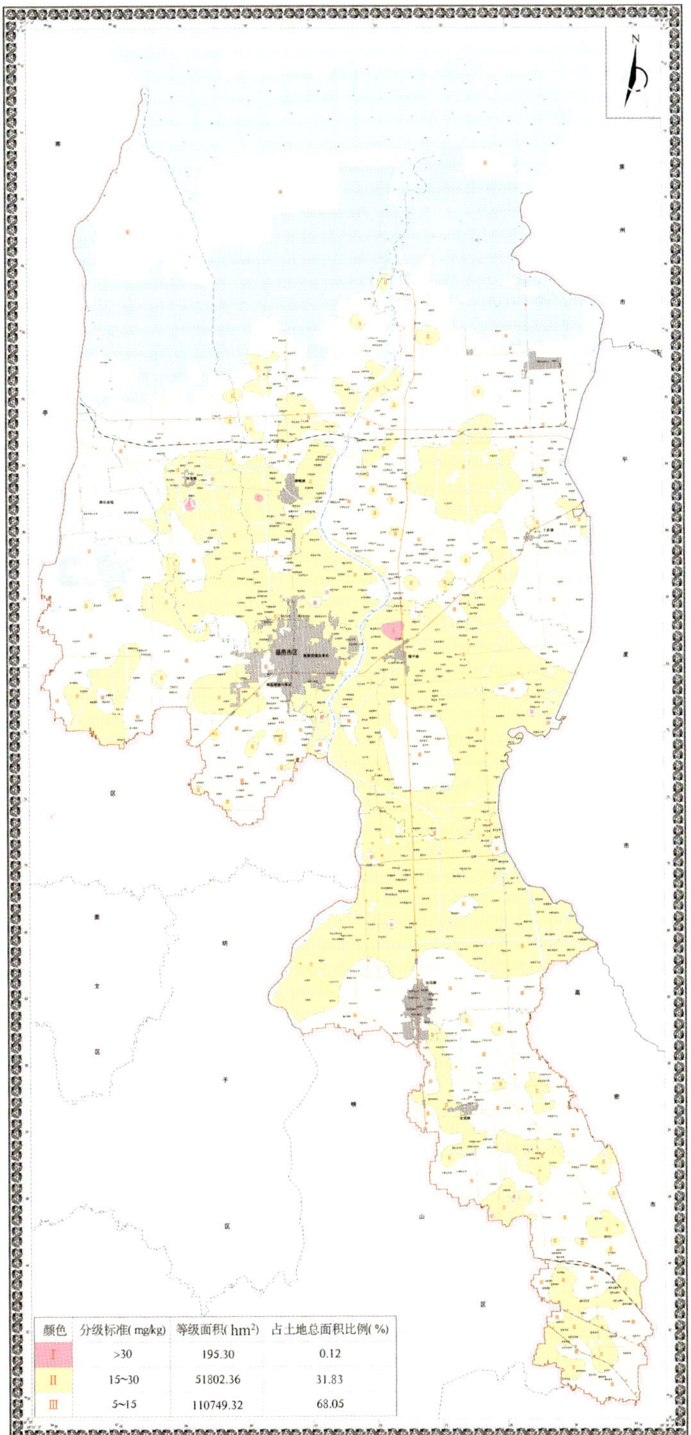

颜色	分级标准(mg/kg)	等级面积(hm^2)	占土地总面积比例(%)
Ⅰ	>30	195.30	0.12
Ⅱ	15~30	51802.36	31.83
Ⅲ	5~15	110749.32	68.05

1954年北京坐标系 1956年黄河高程系 比例尺:1:450000 山东天地亚太国土遥感有限公司 山东农业大学资源与环境学院 二〇一一年十月

昌邑市土壤有效钼含量分布图

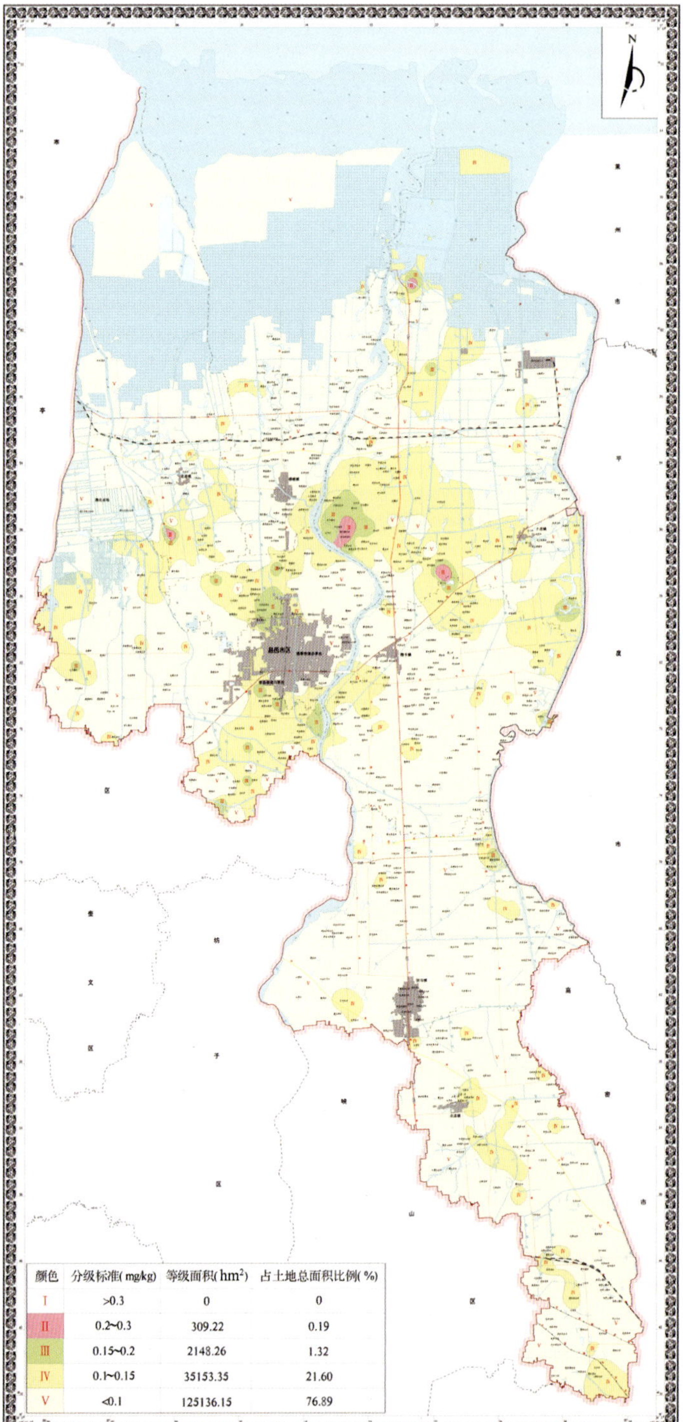

颜色	分级标准(mg/kg)	等级面积(hm^2)	占土地总面积比例(%)
Ⅰ	>0.3	0	0
Ⅱ	0.2~0.3	309.22	0.19
Ⅲ	0.15~0.2	2148.26	1.32
Ⅳ	0.1~0.15	35153.35	21.60
Ⅴ	<0.1	125136.15	76.89

1954年北京坐标系 1956年黄河高程系 比例尺:1∶450000 山东天地亚太国土遥感有限公司 山东农业大学资源与环境学院 二〇一一年十月

昌邑市土壤有效铜含量分布图

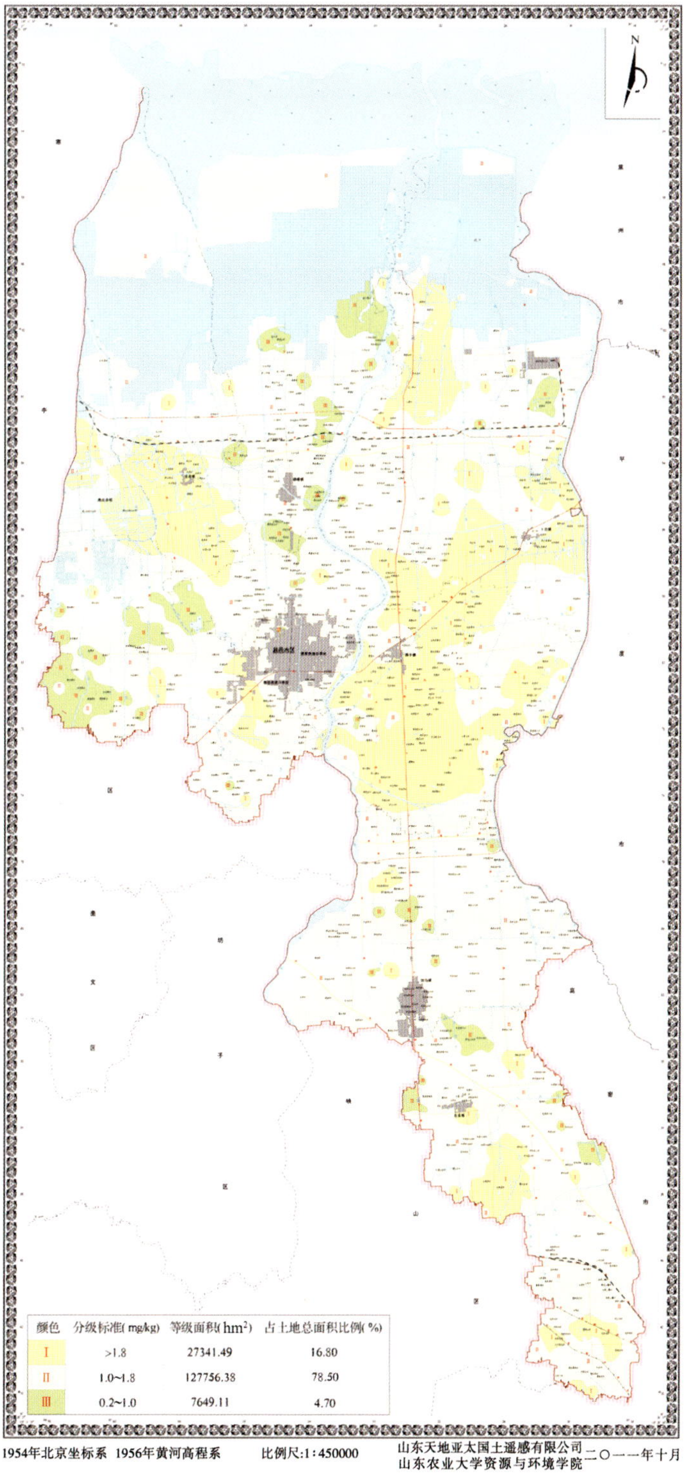

颜色	分级标准(mg/kg)	等级面积(hm^2)	占土地总面积比例(%)
Ⅰ	>1.8	27341.49	16.80
Ⅱ	1.0~1.8	127756.38	78.50
Ⅲ	0.2~1.0	7649.11	4.70

1954年北京坐标系　1956年黄河高程系　　比例尺:1∶450000　　山东天地亚太国土遥感有限公司
山东农业大学资源与环境学院　二〇一一年十月

昌邑市土壤有效铁含量分布图

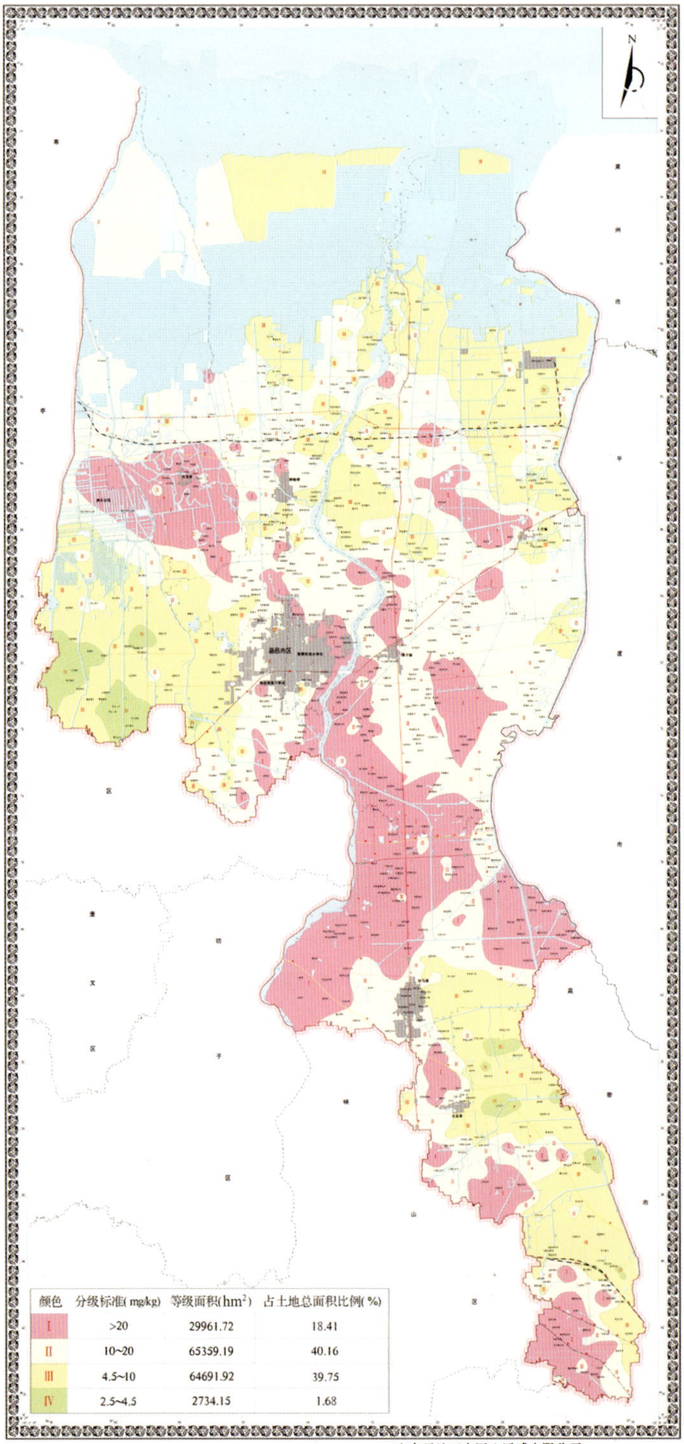

颜色	分级标准(mg/kg)	等级面积(hm^2)	占土地总面积比例(%)
Ⅰ	>20	29961.72	18.41
Ⅱ	10~20	65359.19	40.16
Ⅲ	4.5~10	64691.92	39.75
Ⅳ	2.5~4.5	2734.15	1.68

1954年北京坐标系 1956年黄河高程系 比例尺:1∶450000 山东天地亚太国土遥感有限公司 山东农业大学资源与环境学院 二〇一一年十月